# MATLAB 计算机视觉经典应用

丁伟雄 编著

電子工業出版社
Publishing House of Electronics Industry
北京 • BEIJING

## 内 容 简 介

本书是以 MATLAB R2020a 为平台编写的，概括地介绍了计算机视觉在各领域中的应用。每章均先对相关概念进行介绍，然后通过实例巩固概念，做到理论与实践相结合，使读者可以举一反三，领略计算机视觉在各领域中的广泛应用。

全书共 9 章，第 1 章简单介绍了 MATLAB R2020a 软件；第 2 章引出了计算机视觉的相关概念；第 3～9 章分别介绍了计算机视觉在图像处理、形态学、字符识别、拼接、目标匹配、遥感、人脸识别中的应用。

本书适合 MATLAB 中级和高级用户学习使用，也可作为高等院校相关专业本科生、研究生的教材，还可作为广大科研人员的参考用书。



**图书在版编目（CIP）数据**

MATLAB 计算机视觉经典应用 / 丁伟雄编著. —北京：电子工业出版社，2021.12

ISBN 978-7-121-42440-3

Ⅰ. ①M… Ⅱ. ①丁… Ⅲ. ①Matlab 软件 Ⅳ.①TP317

中国版本图书馆 CIP 数据核字（2021）第 244539 号

责任编辑：陈韦凯　　特约编辑：田学清
印　　刷：三河市鑫金马印装有限公司
装　　订：三河市鑫金马印装有限公司
出版发行：电子工业出版社
　　　　　北京市海淀区万寿路 173 信箱　　邮编：100036
开　　本：787×1092　1/16　印张：16.25　字数：416 千字
版　　次：2021 年 12 月第 1 版
印　　次：2021 年 12 月第 1 次印刷
定　　价：85.00 元

凡所购买电子工业出版社图书有缺损问题，请向购买书店调换。若书店售缺，请与本社发行部联系，联系及邮购电话：（010）88254888，88258888。

质量投诉请发邮件至 zlts@phei.com.cn，盗版侵权举报请发邮件至 dbqq@phei.com.cn。

本书咨询联系方式：chenwk@phei.com.cn。

# 前言

美国 MathWorks 公司的 MATLAB 软件是一款用于算法开发、数据可视化、数据分析、数值计算的高级技术计算语言和交互式环境，主要包括 MATLAB 和 Simulink 两大部分。MATLAB 软件和 Mathematica、Maple 并称为三大数学软件。MATLAB 的基本单位是矩阵，其指令表达式与数学、工程中常用的形式十分相似，故用 MATLAB 实现计算机视觉更为方便。

计算机视觉是一门研究如何使机器“看”的科学，更进一步说，就是指用摄像机和计算机代替人眼对目标进行识别、跟踪和测量等，并进一步做图形处理，成为更适合人眼观察的图像。作为一门科学学科，计算机视觉研究相关的理论和技术，其中，视图的建立能够从图像或多维数据中获取“信息”，形成人工智能系统。

目前，非常火的 VR（Virtual Reality，虚拟现实）、AR（Augmented Reality，增强现实）、3D（3 Dimensions，三维）处理等都是计算机视觉的一部分。计算机视觉的主要应用领域如下。

- 无人驾驶。
- 无人安防。
- 人脸识别。
- 车辆车牌识别。
- 以图搜图。
- VR/AR。
- 3D 重构。
- 医学图像分析。
- 无人机。

因为计算机视觉应用的广泛性，MATLAB 软件的灵活简单性，所以在目前市场上还没有较全面利用 MATLAB 平台实现计算机视觉在各领域中应用的书籍的情况下，本书应市场需求而编写。本书的编写特点如下。

- 跟时代步伐，应市场需求。

无人驾驶、无人安防、人脸识别、车辆车牌识别、VR/AR 等技术是社会发展的趋势，而利用计算机视觉可实现这些技术，但目前市场上与此相关的参考书是非常紧缺的，因此，应市场需求编写了本书。

- 内容由浅入深，易学易用。

本书在简单介绍 MATLAB 软件和计算机视觉相关概念的基础上，介绍了计算机视觉在图像处理、形态学、字符识别等领域的应用，每章的概念都是通过通俗易懂的语言叙述的，并通过实例进行巩固，做到理论与实践相结合，让读者易学易用、举一反三。

- 实例典型，图文并茂。

全书涉及的例子非常多，而且有一些例子使用的数据比较具有代表性。另外，对于抽象概念及实例结果，在许多地方都用图形来直观表示，使概念更直观、结果更明显、内容更丰富，从而使读者更易理解。

全书共 9 章，主要介绍的内容如下。

第 1 章：MATLAB R2020a 入门与提升，主要介绍 MATLAB R2020a 的功能特点、运行界面、命令行窗口、数据类型等内容。

第 2 章：计算机视觉概述，主要介绍计算机视觉的概念、发展、应用、相关学科等内容。

第 3 章：计算机视觉在图像处理中的应用，主要介绍图像处理基础、图像抖动、图像的镜像变换、图像的空间变换、图像退化等内容。

第 4 章：计算机视觉在形态学中的应用，主要介绍形态学去噪处理、形态学的原理、权值自适应的多结构形态学、形态学去噪的实现、边缘检测等内容。

第 5 章：计算机视觉在字符识别中的应用，主要介绍卷积神经网络实现图像分类、测手写数字的旋转角度、卷积自编码、残差网络等内容。

第 6 章：计算机视觉在拼接中的应用，主要介绍全景拼接、ICP 拼接。

第 7 章：计算机视觉在目标匹配中的应用，主要介绍点特征匹配目标、未标定立体图像校正、高斯混合模型。

第 8 章：计算机视觉在遥感中的应用，主要介绍多光谱技术分割图像、K 均值聚类算法、纹理滤波和空间信息、测量图像中的距离。

第 9 章：计算机视觉在人脸识别中的应用，主要介绍 KLT 算法、CAMShift 算法。

本书提供 PPT 和实例源程序配套资源，读者可以登录 www.hxedu.com.cn（华信教育资源网）查找本书并下载（需要先注册成为会员）。

本书由佛山科学技术学院的丁伟雄编著，张德丰也参与了少量编写工作。由于时间仓促，加之编著者水平有限，书中难免存在不足之处，希望广大读者批评指正。

编著者

2021 年 10 月

# 目录

# 第 1 章　MATLAB R2020a 入门与提升

MATLAB 的基本单位是矩阵，其表达式与数学、工程计算中常用的形式十分相似，极大地方便了用户学习和使用。在国际学术界，MATLAB 已经被确认为准确、可靠的科学计算标准软件。在许多国际学术期刊（特别是《信息科学》）上，都可以看到有关 MATLAB 应用的内容。在设计研究单位和工业部门，MATLAB 已经被认为是进行高效研究、开发的首选软件工具。

## 1.1　MATLAB R2020a 的功能特点

MATLAB 是一款功能强大的数学软件，它将数值分析、矩阵计算、可视化、动态系统建模仿真等功能集成在一个开发环境中，为科研和工作提供了强大支持。具体来说，它有如下功能。

- 矩阵运算功能，这是其他功能的基础。
- 数据可视化功能。
- GUI 程序设计功能。
- Simulink 仿真功能。
- 大量的专业工具箱功能。

MATLAB 还包括了丰富的预定义函数和工具箱。为达到某种目的而专门编写一组 MATLAB 函数并放入一个目录中，即可组成一个工具箱，因此，从某种意义上说，任何一个 MATLAB 用户都可以成为 MATLAB 工具箱的作者。一般来说，工具箱比预定义函数更为专业，在数值分析、数值和符号计算、控制系统的设计仿真、数字图像处理、数字信号处理、通信系统设计仿真、财务与金融分析等多个专业领域发挥着重要作用。

MATLAB 语言与其他计算机高级语言相比，有着明显的优点。

### 1．简单易用

MATLAB 是解释性语言，书写形式自由，变量不用定义即可直接使用。用户可以在命令行窗口中输入语句，直接计算表达式的值；也可以执行预先在 M 文件中写好的大型程序。MATLAB 允许用户以数学形式的语言描述表达式，是一种类似于“演算纸”的语言。它是用 C 语言开发的，因此，其流程控制语句几乎与 C 语言的流程控制语句一致，有一定编程基础的人员掌握起来更为容易。

### 2．平台可移植性强

MATLAB 拥有大量的平台独立措施，支持 Windows 98/2000/NT 和许多版本的 UNIX 系统。用户在一个平台上编写的代码不需要修改就可以在另一个平台上运行，为研究人员节省了大量的时间。

### 3．丰富的预定义函数

MATLAB 提供了极庞大的预定义函数库，提供了许多打包好的基本工程问题函数，如求解微分方程、求矩阵的行列式、求样本方差等，这些都可以直接调用预定义函数完成。另外，MATLAB 还提供了许多专用的工具箱，以解决特定领域的复杂问题，如信号处理工具箱、控制系统工具箱、图像工具箱等。用户可以自行编写自定义的函数，并将其作为自定义的工具箱。

### 4．以矩阵为基础的运算

MATLAB 被称为矩阵实验室，其运算是以矩阵为基础的，如标量常数可以被认为是 1×1 的矩阵。用户不需要为矩阵的输入、输出和显示编写一个子函数，以矩阵为基础数据结构的机制大大缩短了编程时间，将烦琐的工作交给系统来完成，使用户可以将精力集中于所需解决的实际问题上。

### 5．强大的图形处理能力

MATLAB 具有强大的图形处理能力，带有很多绘图和图形设置预定义函数，可以用区区几行代码绘制复杂的二维和多维图形。MATLAB 的 GUIDE 环境允许用户编写完整的图形界面程序，在 GUIDE 环境中，用户可以使用图形界面所需的各种控件，以及菜单栏和工具栏。

## 1.2 MATLAB R2020a 的新功能

MATLAB R2020a 是针对专业的研究人员打造的一款实用的数学运算软件，仅适用于 64 位操作系统。该软件提供了丰富的数学符号和公式，并且与主流的编程软件兼容，以下是其具体的新功能介绍。

### 1．共享工作

使用 MATLAB 实时编辑器，可以在可执行记事本中创建组合了代码、输出和格式化文本的 MATLAB 脚本与函数。

- 新增实时任务：使用实时编辑器（Live Editor）浏览各参数、查看结果并自动生成代码。
- 新增在实时编辑器中运行测试：直接通过实时编辑器工具条运行测试。
- 新增隐藏代码：在共享和导出实时脚本时隐藏代码。
- 新增保存到 Word：将实时脚本和函数另存为 Microsoft Word 文档。
- 新增动画：支持在绘图中使用动画，显示一段时间内的数据变化。
- 新增交互式表格：以交互方式筛选表格输出，并将生成的代码添加到实时脚本中。

### 2．App 构建

App 设计工具可以使用户无须成为专业的软件开发人员，即可创建专业的 App。

- 新增 uicontextmenu 函数：在 App 设计工具和基于 uifigure 的应用程序中添加和配置上下文菜单。
- 新增 uitoolbar 函数：向基于 uifigure 的应用程序中添加自定义工具栏。
- 新增 App 测试框架：自动执行其他按键交互，如右击和双击。
- 新增 uihtml 函数：将 HTML、JavaScript 或 CSS 内容添加到应用程序中。

- 新增 uitable 和 uistyle 函数：以互动方式对表格进行排序，并为表格 UI 组件中的行、列或单元格创建样式。

### 3. 数据导入和分析

从多个数据源访问、组织、清洗和分析数据。

- 新增实时编辑器任务：使用可自动生成 MATLAB 代码的任务对数据进行交互式预处理并操作表格和时间表。
- 新增分组工作流程：使用 grouptransform、groupcounts 及 groupfilter 执行分组操作。
- 新增数据类型 I/O：使用专用函数读取和写入矩阵、元胞数组、时间表。
- 新增 Parquet 文件支持：读取和写入单个或大量 Parquet 文件集。

### 4. 数据可视化

使用新绘图函数和自定义功能对数据进行可视化处理。

- 新增 boxchart 函数：创建盒须图以可视化分组的数值数据。
- 新增 exportgraphics 和 copygraphcis 函数：保存和复制图形，增强了对发布工作流的支持。
- 新增 tiledlayout 函数：定位、嵌套和更改布局的网格大小。
- 新增图表容器类：制作图表以显示笛卡儿坐标、极坐标或地理图的平铺。
- 新增内置坐标轴交互：通过默认情况下启用的平移、缩放、数据提示和三维旋转功能来浏览数据。

### 5. 大数据

无须做出重大改动，拓展对大数据的分析。

- 新增数据存储写出：将数据存储中的大型数据集写出到磁盘中，用于数据工程和基于文件的工作流。
- 新增自定义 Tall 数组：编写自定义算法以在 Tall 数组上对块或滑动窗口进行运算。
- 新增支持 Tall 数组的函数：有更多函数支持对 Tall 数组进行运算，包括 innerjoin、outerjoin、xcorr、svd 及 wordcloud。
- 新增自定义数据存储框架：使用自定义数据存储框架，从基于 Hadoop 的数据库中读取数据。
- 新增 FileDatastore 对象：通过将文件以小块形式导入来读取大型自定义文件。
- 新增数据存储方式：组合和变换数据存储。

### 6. 语言和编程

使用新的数据类型和语言构造编写更清晰、更精简的可维护代码。

- 新增文件编码：增强了对非 ASCII 码字符集的支持，以及与 MATLAB 文件的默认 UTF-8 编码的跨平台兼容性。
- 新增函数输入参数验证：声明函数输入参数，以简化输入错误检查。
- 新增十六进制数和二进制数：使用十六进制和二进制形式指定数字。

- 新增 String 数组支持：在 Simulink 和 Stateflow 中使用 String 数组。
- 新增枚举：通过枚举提高了集合运算的性能。

7. 性能

MATLAB 运行代码的速度几乎是四年前的两倍，而且不需要对代码做出任何更改。

- 新增探查器：使用火焰图直观地研究和改进代码的执行性能。
- 新增实时编辑器：提高了循环绘图和动画绘图的性能。
- 新增大型数组中的赋值：当通过下标索引对大型 table、datetime、duration 或 calendarDuration 数组中的元素赋值时，性能得到改善。
- 新增 uitable：当数据类型为数值、逻辑值或字符向量元胞数组时，性能得到提升。
- 新增对大型矩阵进行排序：使用 sortrows，可以更快地对大型矩阵数据进行排序。
- 新增启动：已提高 MATLAB 启动速度。
- 新增整体性能：已提升实时编辑器、App Designer 及内置函数调用性能。

8. 软件开发

软件开发工具可帮助我们管理和测试代码，它与其他软件系统集成并应用部署在云中。

- 新增在进程外执行 Python：在进程外执行 Python 函数，以避免出现库冲突现象。
- 新增项目：组织工作、自动执行任务和流程、与团队协作。
- 新增 C++接口：从 MATLAB 调用 C++库。
- 新增适用于 MATLAB 的 Jenkins 插件：运行 MATLAB 测试并生成 JUnit、TAP 及 Cobertura 等格式的测试报告。
- 新增参考架构：在 Amazon Web Services（AWS）和 Microsoft Azure 上部署并运行 MATLAB。
- 新增代码兼容性报告：从当前文件夹浏览器生成兼容性报告。

9. 控制硬件

MATLAB 控制 Arduino 和 Raspberry Pi 等常见微控制器，通过网络摄像头采集图像，还可以通过无人机获取传感器数据和图像数据。

- 新增无人机支持：使用 MATLAB，通过 Ryze Tello 无人机控制并获取传感器数据和图像数据。
- 新增 Parrot 无人机：使用 MATLAB 控制 Parrot 无人机并获取传感器数据和图像数据。
- 新增 Arduino：使用 MCP2515 CAN 总线拓展板访问 CAN 总线数据。
- 新增 Raspberry Pi 支持：通过 MATLAB 与 Raspberry Pi 4B 硬件通信，并将 MATLAB 函数作为独立可执行程序部署在 Raspberry Pi 上。
- 新增 MATLAB Online 中的 Raspberry Pi：通过 MATLAB Online 与 Raspberry Pi 硬件板通信。
- 新增低功耗蓝牙：读/写 BLE 设备。
- 新增支持的硬件：Arduino、Raspberry Pi、USB 网络摄像头和 ThingSpeak IoT。

## 1.3　MATLAB R2020a 运行界面

正确安装并激活 MATLAB R2020a，并把图标的快捷方式发送到桌面，即可双击 MATLAB 图标，启动 MATLAB R2020a，如图 1-1 所示。

图 1-1　MATLAB R2020a 主界面

MATLAB R2020a 主界面即用户的工作环境，包括菜单栏、工具栏、快捷按钮和各个不同用途的窗口。

## 1.4　MATLAB R2020a 命令行窗口

由图 1-1 可见，启动 MATLAB R2020a 后，将在命令行窗口中显示命令提示符“>>”，该命令提示符表示 MATLAB R2020a 已经准备就绪，正在等待用户输入命令，这时就可以在命令提示符后输入命令了，完成命令的输入后按 Enter 键，MATLAB 就会解释输入的命令，并在命令行窗口中给出计算结果。如果输入的命令以分号结束，再按 Enter 键，则 MATLAB 也会解释执行该命令，但是计算结果不显示在命令行窗口中。

退出 MATLAB 的方式有两种。

（1）单击命令行窗口右上角的“关闭”按钮。

（2）在命令行窗口中输入“exit”命令并按 Enter 键。

命令行窗口是 MATLAB 主界面上最明显的窗口，也是 MATLAB 中最重要的窗口，默认显示在主界面的右侧。用户可以在命令行窗口中进行 MATLAB 的多种操作，如输入各种指令、函数和表达式等，此窗口是 MATLAB 中使用最为频繁的窗口，并且此窗口显示除图形外的一切运行结果。

MATLAB 的命令行窗口不仅可以内嵌在 MATLAB 的主界面中，还可以以独立窗口的形式浮动在界面上。右击命令行窗口右上角的“显示命令行窗口”按钮，选择“取消停靠”选项，命令行窗口就会以浮动窗口的形式显示，如图 1-2 所示。

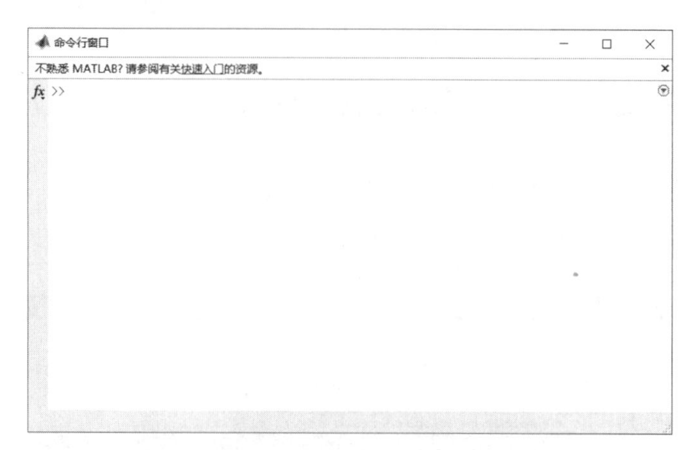


图 1-2　浮动命令行窗口

【例 1-1】在同一个图形中绘制正余弦曲线。

```
>> clear all;                    %清除工作空间变量
x = linspace(-2*pi,2*pi);        %变量范围
y1 = sin(x);                     %输出函数 y1
y2 = cos(x);                     %输出函数 y2
figure;plot(x,y1,x,y2,'-.');     %绘制正余弦曲线
```

运行程序，结果如图 1-3 所示。

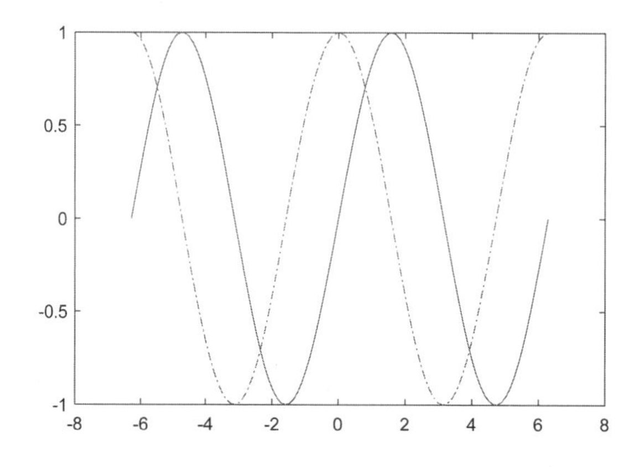


图 1-3　正余弦曲线的绘制结果

一般来说，一个命令行输入一条命令，命令行以 Enter 键结束。但一个命令行也可以输入若干条命令，各命令之间以逗号分隔，如果前一段命令后带有分号，则逗号可以省略。MATLAB 的常用命令如表 1-1 所示。

表 1-1　MATLAB 的常用命令

| 命　　令 | 功　　能 |
|---|---|
| clc | 清除命令行窗口中的所有代码 |
| clear | 清除工作空间中的所有变量 |
| clear all | 从工作空间清除所有变量和函数 |

续表

| 命　令 | 功　能 |
|---|---|
| clf | 清除图形窗口内容 |
| error | 显示出错信息 |
| who | 显示当前空间中所有变量的一个简单列表 |
| whos | 列出变量的大小、数据格式等详细信息 |
| what | 列出相应目录下的 M 文件 |
| which | 函数和文件定位 |
| disp | 显示文本或矩阵 |
| help | 查询所列命令的帮助信息 |
| save | 将工作空间变量保存到磁盘中 |
| load | 载入变量 |
| size | 求矩阵的维数 |
| length | 求向量或矩阵的长度 |
| copyfile | 复制文件 |
| delete | 删除文件和图形对象 |

# 1.5　帮助系统

MATLAB 的各个版本都为用户提供了详细的帮助系统，可以帮助用户更好地了解和运行 MATLAB。因此，不论用户是否用过 MATLAB，是否熟悉 MATLAB，都应该了解和掌握 MATLAB 的帮助系统。

在图 1-1 中，单击帮助按钮，即可打开 MATLAB 的联机帮助文档界面，如图 1-4 所示。

图 1-4　MATLAB 的联机帮助文档界面

在“Search Documentation”搜索框中输入需要查询的函数并按 Enter 键，即可进行函数查询，效果如图 1-5 所示。

在图 1-5 中，单击相应的链接即可对函数进行查询，从而可以了解函数的语法格式和用法等。

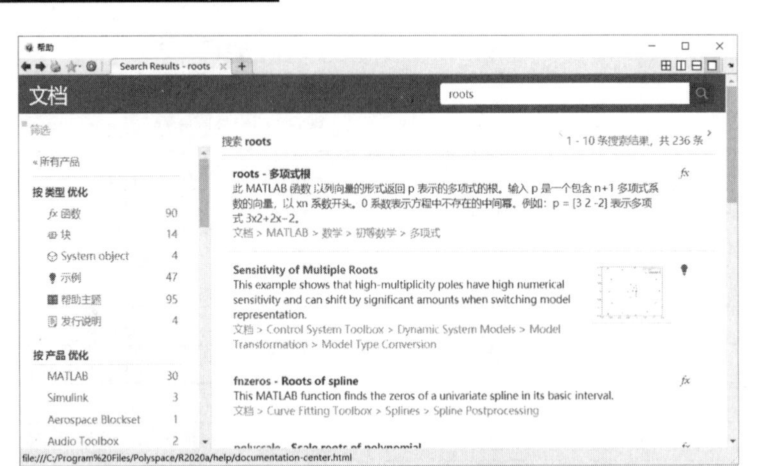


图 1-5　函数查询界面

此外，在 MATLAB 的命令行窗口中输入“demo”命令，即可调用关于演示程序的帮助系统，如图 1-6 所示。

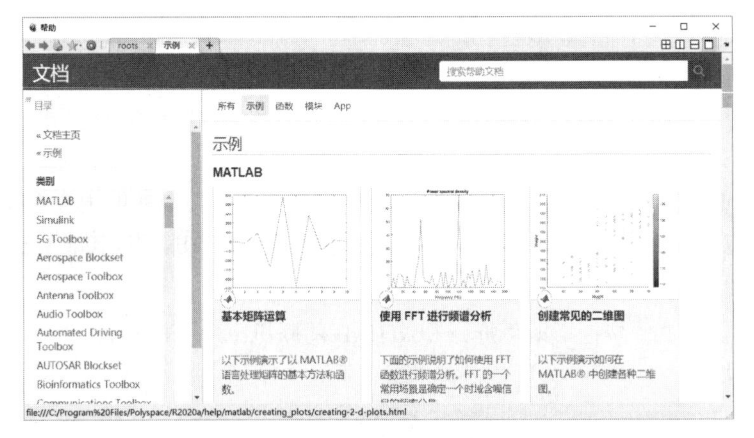


图 1-6　MATLAB 的 demo 帮助界面

在图 1-6 中，单击相应的链接即可打开对应的示例。例如，打开基本矩阵运算示例，如图 1-7 所示。

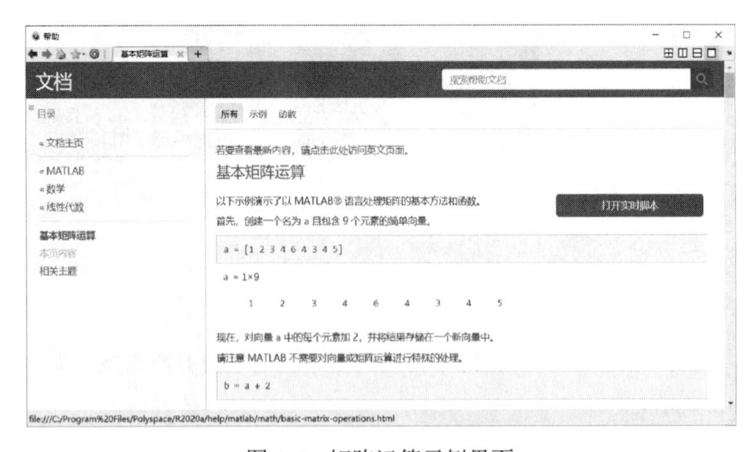


图 1-7　矩阵运算示例界面

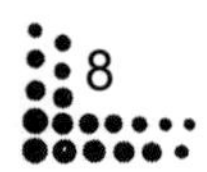

除此之外，用户还可以在MATLAB工具栏中选择“帮助”下拉菜单（见图1-8）中的“示例”选项，以打开MATLAB的demo帮助界面。

图1-8 “帮助”下拉菜单

# 1.6 数据类型

数据类型、常量与变量是MATLAB程序语言入门必须引入的一些基本概念。数组是一种在高级语言中被广泛使用的构造型数据结构。MATLAB为用户提供了曲线拟合图形界面，用户可以在该界面直接进行曲线拟合操作。

## 1.6.1 常量与变量

常量是程序语句中取不变值的量。例如，表达式 $y = 0.714*x$，其中就包含一个0.714这样的数值常数，它便是一个数值常量；在另一表达式s='The MathWorks'中，单引号内的英文字符串The MathWorks是一个字符串常量。

在MATLAB中，有一类常量是由系统默认给定一个符号来表示的。例如，pi代表圆周率π这个常数，即3.1415926…，类似于C语言中的符号常量，这些特殊常量有时又被称为系统预定义的变量，如表1-2所示。

表1-2 MATLAB中的特殊常量

| 符　号 | 含　义 |
|---|---|
| i或j | 虚数单位，定义为 $\sqrt{-1}$ |
| Inf或inf | 正无穷，由零作为除数引入此常量 |
| NaN | 数据缺失或不完整，表示非数值量，产生于0/0、∞/∞、0*∞等运算 |
| pi | 圆周率π的双精度表示 |
| eps | 容差变量，当某量的绝对值小于eps时，可以认为此量为零，即浮点数的最小分辨率，在计算机中，此值为 $2^{-52}$ |
| Realmin或realmin | 最小浮点数，$2^{-1022}$ |
| Realmax或realmax | 最大浮点数，$2^{1023}$ |

在编写循环时，用户往往习惯使用i、j作为循环变量，此时要注意不要与虚数单位混淆。

**【例1-2】** 预定义变量在被赋值之后就成为新的值，只有当该变量被清除时才恢复预定义变量本身的含义。

```
>> clear all;
>> pi=5            %将 pi 赋值为 5，覆盖圆周率的值
pi =
     5
>> 2*pi^2          %用新的值参与计算
ans =
    50
>> clear pi        %清除变量 pi
>> pi              %pi 的值恢复圆周率的值
ans =
    3.1416
```

变量是指在程序运行中其值可以改变的量，由变量名表示。在 MATLAB 中，变量名有自己的命名规则，可以归纳为如下几条。

（1）变量名必须以字母开头，且只能由字母、数字或下画线 3 类符号组成，不能含有空格和标点符号等。

（2）变量名区分字母的大小写。例如，“x”和“X”是不同的变量。

（3）变量名不能超过 63 个字符，第 63 个字符后的字符将被忽略，对于 MATLAB 6.5 以前的版本，变量名不能超过 31 个字符。

（4）关键字（如 if、while 等）不能作为变量名。

（5）最好不要用表 1-2 中的特殊常量作为变量名。

### 1.6.2 矩阵与数组

矩阵和数组是 MATLAB 运算中涉及的一组基本运算量。

（1）矩阵是一个数学概念，一般高级语言并未引入将其作为基本的运算量，但 MATLAB 是个例外。

一般高级语言是不认可将两个矩阵视为两个简单变量而直接进行加减乘除运算的，要完成矩阵的四则运算必须借助循环结构。MATLAB 将矩阵引入作为基本运算量后，运算方式并没有完全遵守上述规定。MATLAB 不但实现了矩阵的简单加减乘除运算，而且许多与矩阵相关的其他运算也因此得到了简化。

（2）在 MATLAB 中，二维数组和矩阵其实是数据结构形式相同的两种运算量。二维数组和矩阵的表示、建立、存储根本没有区别，区别只在于它们的运算符和运算法则不同。

（3）数组的维和向量的维是两个完全不同的概念。数组的维是从数组元素排列后所形成的空间结构去定义的：线性结构是一维，平面结构是二维，立体结构是三维，当然还有四维以至多维。向量的维相当于一维数组中的元素个数。

**【例 1-3】**在 MATLAB 中，可以通过赋值直接创建矩阵。

```
>> a=1:6  %行向量
a =
     1     2     3     4     5     6
>> b=[1 4;5 8;3 9]       %3×2 的矩阵
```

```
b =
      1      4
      5      8
      3      9
>> c=b(:,2)              %取 b 的第 2 列
c =
      4
      8
      9
>> s=input('请输入一行字符串：','s');
请输入一行字符串：MATLAB Strong
>> s
s =
    'MATLAB Strong'
```

在此用到了“[]”和“:”操作符。也可以使用预定义函数创建矩阵，input 就是一个预定义函数。MATLAB 中用于创建数组或矩阵的部分函数如表 1-3 所示。

表 1-3　MATLAB 中用于创建数组或矩阵的部分函数

| 函　数 | 说　明 |
| --- | --- |
| ones(n)<br>ones(sz1,...,szN)<br>ones(size(A)) | 构建一个 n×n 的 1 矩阵（矩阵的元素全部为 1）<br>构建一个 m×n×⋯×p 的 1 矩阵<br>构建一个与矩阵 A 同样大小的 1 矩阵 |
| zeros(n)<br>zeros(sz1,...,szN)<br>zeros(size(A)) | 构建一个 n×n 的 0 矩阵（输出矩阵的元素全部为 0）<br>构建一个 m×n×⋯×p 的 0 矩阵<br>构建一个与矩阵 A 同样大小的 0 矩阵 |
| eye(n)<br>eye(sz1,...,szN)<br>eye(size(A)) | 构建一个 n×n 的单位矩阵<br>构建一个 m×n×⋯×p 的单位矩阵<br>构建一个与矩阵 A 同样大小的单位矩阵 |
| magic(n) | 构建一个 n×n 的魔方矩阵，其每一行、每一列元素之和都相等 |
| rand(n)<br>rand(m,n,...,p) | 构建一个 n×n 的矩阵，其元素为 0～1 均匀分布的随机数<br>构建一个 m×n×⋯×p 的矩阵，其元素为 0～1 均匀分布的随机数 |
| randn(n)<br>randn(m,n,...,p) | 构建一个 n×n 的矩阵，其元素为零均值、单位方差的正态分布随机数<br>构建一个 m×n×⋯×p 的矩阵，其元素为零均值、单位方差的正态分布随机数 |
| hilb(n) | 构建一个 n×n 的 Hilbert 矩阵 |
| vander(v) | 构建一个 Vander 矩阵 |
| hankel(r,c) | 构建一个 Hankel 矩阵 |
| handamrd(n) | 构建一个 n×n 的 Hadamard 矩阵 |

在 MATLAB 中，矩阵或数组元素的访问方法有 3 种。

（1）全下标方式。全下标方式使用形如 a(m,n,p,...)的方式访问数组元素，其中各参数为元素在各个维度上的索引值。

（2）单下标方式。单下标方式以列优先的方式将矩阵的全部元素重新排列为一个列向量，再指定元素的索引，形如 a(index)。

（3）逻辑 1 方式。逻辑 1 方式建立一个与矩阵同型的逻辑型数组，抽取该数组等于 1 的位置对应的元素。

**【例 1-4】** 对矩阵或数组元素进行访问。

```
>> rand('seed',2)
>> a=rand(3,3)          %3×3 的矩阵
a =
    0.0258    0.1901    0.2319
    0.9210    0.8673    0.1562
    0.7008    0.4185    0.7385
>> a(3,1)               %全下标方式
ans =
    0.7008
>> a(3)                 %单下标方式
ans =
    0.7008
>> b=a>0.75
b =
  3×3 logical 数组
   0   0   0
   1   1   0
   0   0   0
>> a(b)                 %逻辑 1 方式
ans =
    0.9210
    0.8673
```

在矩阵的操作中，还可能用到“:”（冒号）操作符、end 函数和空矩阵“[]”。其中，冒号操作符表示提取一整行或一整列；end 函数表示下标的最大值，即最后一行或最后一列；空矩阵可以充当右值，用于删除矩阵或矩阵的一部分。右值就是赋值表达式中位于等号右边，用于赋值给其他变量或表达式的值。

## 1.7 结构化程序设计

结构化程序设计包括 3 种结构：顺序结构、选择结构、循环结构。与 C 语言类似，MATLAB 也采用 if、else、switch、for 等关键字来实现选择结构和循环结构。不同的是，C 语言用“{}”标记一个语句块，而 MATLAB 则使用 end 关键字标记语句块的结束。

### 1.7.1 选择结构

MATLAB 的选择结构有 if 语句和 switch 语句两种形式。if 语句最为常用，switch 语句适用于选择分支比较整齐、分支较多、没有优先关系的场合。对 if 语句来说，只有一种选择是其中最简单的一种，其格式如下：

```
if expression
```

```
    statements
end
```

当 expression 为真（true 或 1）时，就执行 if 与 end 之间的语句。

当有两种选择时，格式如下：

```
if expression
    statements1
else
    statements2
end
```

如果 expression 为真（true 或 1），则执行 statements1；否则执行 statements2。

如果程序需要有 3 个或 3 个以上的选择分支，则可使用如下语句格式：

```
if expression
    statements1
elseif expression
    statements2
else
    statementsN
end
```

在这种格式的语句中，else 语句可有可无，当程序遇到某个表达式为真时，即执行对应的程序语句，其他的分支将被跳过。

if 语句是可以嵌套的，如：

```
if expression1
    statements1
else
     if expression2
         statements2
    end
end
```

选择结构也可以由 switch 语句实现，在多选择分支时使用 switch 语句更为方便，其语句格式如下：

```
switch switch_expression
   case case_expression
      statements
   case case_expression
      statements
     ...
   otherwise
      statements
end
```

如果 switch_expression 等于 case 中的某一个表达式，则执行相应的程序语句。当 switch_expression 与所有表达式都不相等时，就执行 otherwise 对应的程序语句，但 otherwise 语句并不是必需的。

【例 1-5】利用 if 语句遍历一个矩阵，并赋予对应的新值。

```
>> clear all;  %清除工作空间中的所有变量
nrows = 4;
ncols = 6;
A = ones(nrows,ncols);
%遍历矩阵并为每个元素分配一个新值
%在主对角线上分配 2，在相邻的对角线上分配-1，在其他地方分配 0
for c = 1:ncols
    for r = 1:nrows

        if r == c
            A(r,c) = 2;
        elseif abs(r-c) = = 1
            A(r,c) = -1;
        else
            A(r,c) = 0;
        end

    end
end
A
```

运行程序，输出如下：

```
A =
     2    -1     0     0     0     0
    -1     2    -1     0     0     0
     0    -1     2    -1     0     0
     0     0    -1     2    -1     0
```

【例 1-6】利用 switch 语句，根据在命令提示符处输入的值，有条件地显示不同的文本。

```
>> clear all;
n = input('Enter a number: ');
switch n
    case -1
        disp('negative one')
    case 0
        disp('zero')
    case 1
        disp('positive one')
    otherwise
        disp('other value')
end
```

运行程序，输出如下：

```
Enter a number: 9
```

```
other value
```

### 1.7.2　循环结构

与 C 语言类似，MATLAB 中有两种循环结构的语句：for 循环和 while 循环。但 MATLAB 没有 do-while 语句。for 循环格式一般采用如下形式：

```
for index = values
    statements
end
```

index 为一个向量，向量长度代表循环执行的次数。对于 index 中的每个元素值，程序都执行一遍循环体程序；index 也可以是字符串、字符串矩阵或字符串构成的元胞数组。for 循环会自动遍历 index 中的每个元素值，不需要手动修改，因此，在循环体程序中，应避免人为修改循环变量 index 的值，以免造成错误。

【例 1-7】使用 while 循环计算 10!。

```
>> clear all;
n = 10;
f = n;
while n > 1
      n = n-1;
      f = f*n;
end
disp(['n! = ' num2str(f)])
```

运行程序，输出如下：

```
n! = 3628800
```

除了 if 语句、switch 语句、for 语句和 while 语句，MATLAB 还有其他流程控制命令。

- break：通常与 if 语句一起使用，用于在一定条件下跳出循环的执行。在有多重循环时，只能跳出 break 所在的最里层循环，无法跳出整个循环。
- continue：用于结束本次 for 循环或 while 循环，紧接着程序开始执行下一次循环，并不跳出整个循环。continue 命令也常常与 if 语句一起出现。continue 与 break 的区别是 continue 只结束本次循环，而 break 则跳出该循环。
- return：可以直接结束程序的运行，并返回上一层函数。
- echo on/off：在执行 M 文件时，显示/关闭显示文件中的命令。
- pause：用于暂停程序，等待用户按任意键继续，pause(n)表示暂停 n 秒后继续执行。

## 1.8　M 文件

MATLAB 提供了 M 文件。M 文件有两类：脚本文件和函数文件，这两类文件都以.m 为扩展名。脚本 M 文件可以理解为较为简单的 M 文件，因为它没有输入/输出变量。函数 M 文件相对脚本 M 文件稍显复杂，从表面上来看，函数 M 文件只是在同功能的脚本 M 文件的基础上，在文件代码的开始处多添加了一行函数声明而已。

用户可以自己定义 M 函数文件然后调用它。这样，只需传递给它相应的参数，即可将结果输出给用户。用户只看到输入的参数和输出的计算结果，即一个函数就是一个黑箱。这些特性使得函数在解决某些问题的较大型程序中占据着很重要的位置，因而，MATLAB 提供了一个结构，用来以文本 M 函数文件的形式创建用户自己的函数。

M 函数文件是一个以.m 为后缀的文本文件，函数需要给定一些输入参数，并能够对输入变量进行若干操作而实现特定的功能，然后将所需结果输出。M 函数文件必须满足一些标准。

（1）在存储 M 函数文件时，文件名必须与文件内主函数名一致，这是因为，在调用 M 函数文件时，系统查询的是相应的文件名而不是函数名，如果两者不一致，则打不开目的文件或打开的是其他文件。因此，在存储 M 函数文件时，应将文件名与主函数名统一，以便理解与使用。

（2）M 函数文件名最多可以有 31 个字符，这是由操作系统决定的，有些系统可能允许的最大字符数还要少。MATLAB 会忽略第 31 个（或操作系统限制的）字符以外的字符。

（3）函数名必须以一个字母开头，第一个字母之后可以是任意的字母、数字、下画线，这个命名规则与变量的命名规则相同。

（4）函数语句的第一行是函数声明行，且必须包含 function 这个词，在该行要声明函数名、输入变量列表及输出变量列表等。

（5）在函数声明行之后，第一个连续的注释行是该函数的帮助主题，也称 H1 行，当使用 lookfor 命令时，可以查看该行信息。H1 行通常包含的是大写的函数名，以及这个函数功能的一个简要描述。

（6）H1 行之后至第一个可执行或空行之间的所有注释语句均为帮助信息，这部分给出了函数的完整帮助信息。当通过 MATLAB 帮助系统查看函数的帮助信息时，看到的是这部分内容。

（7）一个连续的注释行之后的所有语句构成了函数体，它是实现编程目的的核心所在，可以包括任何可执行的 MATLAB 语句。

（8）一个 M 函数文件在函数的任何地方遇到 return 或这个函数的最后一行被执行完时终止。

（9）在函数体中，对语句的解释和说明文本即注释部分，注释语句是以%开头的。

（10）在 M 函数文件中，只有 H1 行是一个 M 函数文件所必需的，其他内容都是可以省略的，当然，如果没有函数体，则该函数为一空函数，不能产生任何作用。

**【例 1-8】**汉诺塔（又称河内塔）问题是印度的一个古老传说：神勃拉玛在一个庙里留下了 3 根金刚石棒，第一根上面套着 64 个圆的金片，最大的一个在底下，其余的一个比一个小，依次叠上去，庙里的众僧把它们一个个地从这根棒上搬到另一根棒上，规定可利用中间的一根棒作为辅助，但每次只能搬一个，而且大的不能放在小的上面。

根据需要，建立一个带移动箭头的 M 函数文件 move.m，代码为：

```
function move(x,y)
disp([x,'-->',y]);
```

建立一个实现汉诺塔问题的 M 函数文件 hannuo.m，代码为：

```
function hannuo(n,a,b,c)
if(n==1)
    move(a,c);
else
```

```
        hannuo(n-1,a,c,b);
        move(a,c);
        hannuo(n-1,b,a,c);
end
```

保存 M 函数文件，并在命令行窗口中输入以下代码：

```
>> clear all;
n=input('Please input the number of hannuo:')
hannuo(n,'1','2','3');
```

运行程序，输出如下：

```
Please input the number of hannuo:4
n =
      4
1-->2
1-->3
2-->3
1-->2
3-->1
3-->2
1-->2
1-->3
2-->3
2-->1
3-->1
2-->3
1-->2
1-->3
2-->3
```

# 1.9　矩阵的操作

前面对矩阵的一些运算及操作进行了介绍，本节对矩阵的数理分析进行介绍。

## 1.9.1　矩阵的扩展

在 MATLAB 中，可以实现矩阵的扩展的函数有 4 个，下面给予介绍。

（1）cat 系列函数。

在 MATLAB 中，可以通过 cat 系列函数将多个小尺寸矩阵按照指定的连接方式组合成大尺寸矩阵。这些函数包括 cat、horzcat 和 vertcat。

cat 函数可以按照指定的方向将多个小尺寸矩阵连接成大尺寸矩阵，其基本格式为：

```
C = cat(dim, A1, A2, A3, A4, ...)
```

其中，dim 用于指定连接方向。对于两个矩阵的连接，cat(1,A,B)实际上相当于[A;B]，近似于把两个矩阵当作两个列元素来连接；cat(2,A,B)相当于[A,B]，近似于把两个矩阵当作两个行元素来连接。

horzcat(A1,A2,...)在水平方向上连接矩阵，相当于 cat(A1,A2,...)；vercat(A1,A2,...)在垂直方向上连接矩阵，相当于 cat(1,A1,A2,...)。

不管哪个连接函数，都必须保证被操作的矩阵可以被连接，即在某个方向上尺寸一致。例如，horzcat 函数要求被连接的所有矩阵都具有相同的行数，vertcat 函数要求被连接的所有矩阵都具有相同的列数。

**【例 1-9】** 通过 cat 系列函数扩展矩阵。

```
>> A = magic(3), B = pascal(3)
A =
     8     1     6
     3     5     7
     4     9     2
B =
     1     1     1
     1     2     3
     1     3     6
>> C = cat(1, A, B)
C =
     8     1     6
     3     5     7
     4     9     2
     1     1     1
     1     2     3
     1     3     6
>> D=vertcat(A,B)
D =
     8     1     6
     3     5     7
     4     9     2
     1     1     1
     1     2     3
     1     3     6
>> E = cat(2, A, B)
E =
     8     1     6     1     1     1
     3     5     7     1     2     3
     4     9     2     1     3     6
```

（2）repmat 函数。

在 MATLAB 中，repmat 函数用于实现对矩阵块状的赋值。repmat 函数的调用格式为：

```
B = repmat(A,r1,...,rN)
```

可以将 a 行 b 列的元素 A 当作“单个元素”，扩展出 r1,...,rN 个由此“单个元素”组成的扩展矩阵。

**【例 1-10】** 利用块状复制函数 repmat 扩展矩阵。

```
>> A = diag([100 200 300])          %创建矩阵
A =
   100     0     0
     0   200     0
     0     0   300
>> B = repmat(A,2)                  %以 2×2 形式复制矩阵
B =
   100     0     0   100     0     0
     0   200     0     0   200     0
     0     0   300     0     0   300
   100     0     0   100     0     0
     0   200     0     0   200     0
     0     0   300     0     0   300
```

（3）blkdiag 函数。

在 MATLAB 中，提供 blkdiag 函数以对角块生成矩阵。blkdiag 函数的调用格式为：

```
out = blkdiag(a,b,c,d,...)
```

将矩阵 a、b、c、d 等当作“单个元素”，安排在新矩阵的主对角位置上，其他位置用零矩阵块填充。

**【例 1-11】** 利用 blkdiag 函数以对角块生成矩阵。

```
>> clear all;
>> A=eye(2),B=ones(2,3)
A =
     1     0
     0     1
B =
     1     1     1
     1     1     1
>> out=blkdiag(A,B)
out =
     1     0     0     0     0
     0     1     0     0     0
     0     0     1     1     1
     0     0     1     1     1
```

（4）kron 函数。

在 MATLAB 中，提供 kron 函数以实现矩阵的块操作。kron 函数的调用格式为：

```
K = kron(A,B)
```

把矩阵 A 当作一个“元素块”，先复制扩展出 size(A)规模的元素块，然后将每个元素块与 A 的相应位置的元素值相乘。

**【例 1-12】** 利用 kron 函数对矩阵实现块操作。

```
>> A = eye(4);
B = [1 -1;-1 1];
>> K = kron(A,B)
```

```
K =
     1    -1     0     0     0     0     0     0
    -1     1     0     0     0     0     0     0
     0     0     1    -1     0     0     0     0
     0     0    -1     1     0     0     0     0
     0     0     0     0     1    -1     0     0
     0     0     0     0    -1     1     0     0
     0     0     0     0     0     0     1    -1
     0     0     0     0     0     0    -1     1
```

### 1.9.2 索引扩展

索引扩展是对矩阵进行扩展的最常用、易用的方法。前面在讲到索引寻址时，其中的数字索引有一定的范围限制。例如，对于 $m$ 行 $n$ 列的矩阵 $\boldsymbol{A}$，要索引寻址访问一个已有元素，通过单下标索引访问，就要求 $a \leqslant m$，因为 $\boldsymbol{A}$ 只有 $m$ 行 $n$ 列。

但索引扩展中使用的索引数字就没有这些限制；相反，必然要用超出上述限制的索引数字指定当前矩阵尺寸外的一个位置，并对其进行赋值，以完成扩展操作。

通过索引扩展，一条语句只能增加一个元素，并同时在未指定的新添位置上默认赋值为 0，因此，要扩展多个元素，就需要组合运用多条索引扩展语句，且经常要通过索引寻址来修改特定位置上被默认赋值为 0 的元素。

【例 1-13】索引扩展。

```
>> A=eye(3)
A =
     1     0     0
     0     1     0
     0     0     1
>> A(4,5)=22   %索引扩展
A =
     1     0     0     0     0
     0     1     0     0     0
     0     0     1     0     0
     0     0     0     0    22
```

通过例 1-13 可见，组合应用索引扩展和索引寻址重新赋值命令，在矩阵的索引扩展中是经常会遇到的。

### 1.9.3 改变形状

MATLAB 中有大量内置函数可以对矩阵进行改变形状的操作，包括数组/矩阵的转置，数组/矩阵的平移和翻转，以及数组/矩阵尺寸的重新调整。

#### 1. 数组/矩阵的转置

在 MATLAB 中，进行数组/矩阵的转置的最简单的方法是通过转置操作符（'），使用时需要注意以下几点。

（1）对于有复数元素的数组/矩阵，转置操作符（'）在变化数组形状的同时会将复数元素转化为其共轭复数。

（2）如果对复数数组/矩阵进行非共轭转置，则可以通过点转置操作符（.'）实现。

（3）共轭和非共轭转置也可以通过 MATLAB 函数完成，函数 transpose 实现非共轭转置，其功能等同于点转置操作符（.'）的功能；函数 ctranspose 实现共轭转置，其功能等同于转置操作符（'）的功能。当然，上述这 4 种方法对于实数数组的转置，结果是一样的。

**【例 1-14】** 实现数组/矩阵的转置。

```
>> A = magic(4)
A =
    16     2     3    13
     5    11    10     8
     9     7     6    12
     4    14    15     1
>> B = A.'
B =
    16     5     9     4
     2    11     7    14
     3    10     6    15
    13     8    12     1
>>  transpose(A)
ans =
    16     5     9     4
     2    11     7    14
     3    10     6    15
    13     8    12     1
```

在实际使用中，由于操作符较简便，所以经常会使用操作符而不是转置函数来实现转置。但是在复杂的嵌套运算中，转置函数可能是唯一的可用方法。因此，两类转置方式读者都需要掌握。

### 2. 矩阵的翻转

MATLAB 提供了 4 个函数以实现矩阵的翻转，如表 1-4 所示。

表 1-4 矩阵翻转函数

| 函　数 | 说　明 |
| --- | --- |
| fliplr(A) | 左右翻转矩阵 |
| flipud(A) | 上下翻转矩阵 |
| flipdim(A,k) | 按 k 指定的方向翻转矩阵<br>对于二维矩阵，k=1 相当于 flipud(A)，k=2 相当于 fliplr(A) |
| rot90(A,k) | 把 A 逆时针旋转(k+90)°，k 不指定时默认为 1 |

**【例 1-15】** 矩阵的翻转。

```
>> A=rand(3,4)
A =
    0.8147    0.9134    0.2785    0.9649
```

```
        0.9058    0.6324    0.5469    0.1576
        0.1270    0.0975    0.9575    0.9706
>> fliplr(A)
ans =
        0.9649    0.2785    0.9134    0.8147
        0.1576    0.5469    0.6324    0.9058
        0.9706    0.9575    0.0975    0.1270
>> flipud(A)
ans =
        0.1270    0.0975    0.9575    0.9706
        0.9058    0.6324    0.5469    0.1576
        0.8147    0.9134    0.2785    0.9649
>> flipdim(A,2)
ans =
        0.9649    0.2785    0.9134    0.8147
        0.1576    0.5469    0.6324    0.9058
        0.9706    0.9575    0.0975    0.1270
>> rot90(A,2)
ans =
        0.9706    0.9575    0.0975    0.1270
        0.1576    0.5469    0.6324    0.9058
        0.9649    0.2785    0.9134    0.8147
>> rot90(A)
ans =
        0.9649    0.1576    0.9706
        0.2785    0.5469    0.9575
        0.9134    0.6324    0.0975
        0.8147    0.9058    0.1270
```

### 3．矩阵尺寸的调整

对于改变矩阵形状，还有一个常用函数 reshape，它可以把已知矩阵改变成指定的行列尺寸。reshape 函数的调用格式为：

```
B=reshape(A,a,b)
```

将 m 行 n 列的矩阵 A 调整为 a 行 b 列的尺寸，并赋值为变量 B，这里必须满足 m.n=a.b。在尺寸调整前后，两个矩阵的单下标索引不变，即 A(x)必然等于 B(x)（只要 x 是符合取值范围要求的单下标数字）。也就是说，按照列优先原则把 A 和 B 的元素排成一列，结果必然是一样的。

**【例 1-16】**矩阵尺寸的调整。

```
>> A = 1:10;
B = reshape(A,[5,2])
B =
      1     6
      2     7
      3     8
```

```
     4     9
     5    10
>> A = zeros(3,2,3);
B = reshape(A,9,2)
B =
     0     0
     0     0
     0     0
     0     0
     0     0
     0     0
     0     0
     0     0
     0     0
```

# 第 2 章　计算机视觉概述

计算机视觉（Computer Vision，CV）主要研究如何用图像采集设备和计算机软件代替人眼对物体进行分类识别、目标跟踪和视觉分析等。

## 2.1　计算机视觉是什么

计算机视觉是指用计算机实现人的视觉功能——对客观世界的三维场景的感知、识别和理解。

这意味着计算机视觉技术的研究目标是使计算机具有通过二维图像认知三维环境信息的能力。因此，不仅需要使机器能感知三维环境中物体的几何信息（形状、位置、姿态、运动等），还能对它们进行描述、存储、识别与理解。可以认为，计算机视觉与人类或动物的视觉是不同的，它借助几何、物理和学习技术来构筑模型，用统计的方法处理数据。

人工智能的完整闭环包括感知、认知、推理再反馈到感知的过程，视觉在我们的感知系统中占据大部分的感知过程。因此，研究视觉是研究计算机感知的重要一步。

### 1．学科的诞生

计算机视觉真正的诞生时间是在 1966 年，MIT（麻省理工学院）人工智能实验室成立了计算机视觉学科，标志着计算机视觉成为一门人工智能领域中可研究的学科，同时，历史的发展也证明了计算机视觉是人工智能领域中增长最快的一个学科。

### 2．视觉理论

20 世纪 80 年代初，MIT 人工智能实验室的 David Marr 出版了《视觉》（全名《Vision：A Computational Investigation into the Human Representation and Processing of Visual Information》）一书，提出了一个观点：视觉是分层的。

他认为视觉是个信息处理任务，应该从 3 个层次来研究和理解，即计算理论、算法、实现算法的机制或硬件。

（1）计算理论：这个层次研究的是对什么信息进行计算和为什么要进行这些计算。

（2）算法：这个层次研究的是如何进行所要求的计算，即设计特定的算法。

（3）实现算法的机制或硬件：这个层次研究的是完成某一特定算法的计算机构。

视觉理论使人们对视觉信息的研究有了明确的内容和较完整的基本体系，目前仍被看作研究的主流。

### 3．关键任务

计算机视觉的关键任务主要如下。

- 物体识别：识别图像物体属于的类别。

- 物体检测：用框去标出物体的位置，并给出物体的类别。
- 分类+定位：分类问题就是给输入图像分配标签；找到图像中某一目标物体在图像中的位置，即定位。
- 图像分割：将数字图像细分为多个图像子区域（像素的集合，也被称为超像素）的过程。

## 2.2　计算机视觉的发展

计算机视觉领域的突出特点是多样性与不完善性。图 2-1 列出了计算机视觉与其他领域的关联。

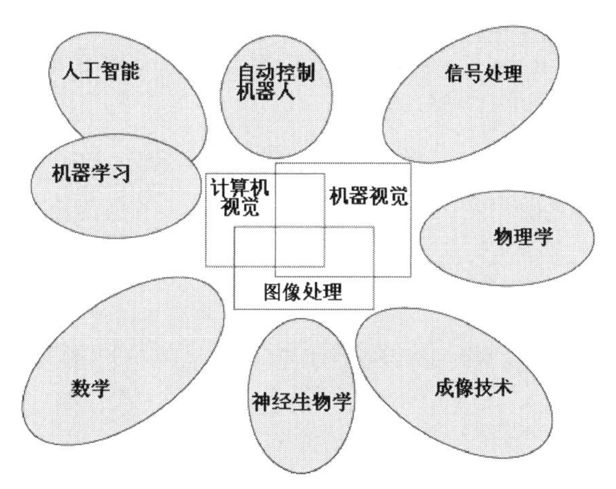


图 2-1　计算机视觉与其他领域的关联

20 世纪 70 年代后期，人们已开始掌握部分解决具体计算机视觉任务的方法，可惜这些方法通常都仅适用于一群“狭隘”的目标（如脸孔、指纹、文字等），因而无法广泛地应用于不同场合。

对这些方法的应用通常作为某些解决复杂问题的大规模系统的一个组成部分（如医学图像的处理，工业制造中的质量控制与测量）。在计算机视觉的大多数实际应用当中，计算机被预设为用于解决特定的任务，然而基于机器学习的方法正日渐普及，一旦机器学习的研究进一步发展，未来“泛用型”的计算机视觉应用或许可以成真。

人工智能研究的一个主要问题是如何让系统具备“计划”和“决策能力”，从而使之完成特定的技术动作（如移动一个机器人通过某种特定环境）。这一问题便与计算机视觉问题息息相关。在这里，计算机视觉系统作为一个感知器，为决策提供信息。另外一些研究方向包括模式识别和机器学习（这也隶属于人工智能领域，但与计算机视觉有着重要的联系），也由此，计算机视觉时常被看作人工智能与计算机科学的一个分支。

物理学是与计算机视觉有着重要联系的另一领域。

计算机视觉关注的目标在于充分理解电磁波（主要是可见光与红外线部分）遇到物体表面被反射所形成的图像，而这一过程便是基于光学物理和固态物理的，一些尖端的图像感知系统甚至会应用量子力学理论来解析影像表示的真实世界。同时，物理学中的很多测量难题也可以通过计算机视觉得到解决。也由此，计算机视觉同样可以被看作物理学的拓展。

另一个具有重要意义的领域是神经生物学，特别是其中的生物视觉系统部分。

20 世纪中期，人类对各种动物的眼睛、神经元，以及与视觉刺激相关的脑部组织都进行了广泛的研究，这些研究得出了一些有关“天然的”视觉系统如何运作的描述，这也形成了计算机视觉中的一个子领域——人工系统，使之在不同的复杂程度下模拟生物的视觉运作。同时，在计算机视觉领域中，一些基于机器学习的方法也参考了部分生物机制。

计算机视觉的另一个相关领域是信号处理。很多有关单元变量信号的处理方法，特别是对时变信号的处理，都可以很自然地被扩展为计算机视觉中对二元变量信号或多元变量信号的处理方法。这类处理方法的一个主要特征便是它们的非线性及图像信息的多维性，在信号处理学中形成了一个特殊的研究方向。

除了上面提到的领域，很多研究课题同样可被看作纯粹的数学问题。例如，计算机视觉中的很多问题，其理论基础便是统计学、最优化理论及几何学。

## 2.3 计算机视觉的相关概念

在深入理解计算视觉之前，先来了解一下与计算机视觉相关的概念。

### 2.3.1 图像和视频

图像和视频是计算机视觉的基石，没有图片和视频就谈不上视觉。因此，下面先来了解一下图像与视频的相关概念。

**1. 图像**

一幅图像包含维数、高度、宽度、深度、通道数、颜色格式、数据首地址、结束地址、数据量等。

（1）图像深度。

图像深度是指存储每个像素所用的位数（bits）。当一个像素占用的位数越多时，它能表现的颜色就更多、更丰富。假设有一幅 400 像素×400 像素的 8 位图，那么这幅图的原始数据量是多少？像素值如果是整型的话，那么取值范围是多少？

- 原始数据量计算：400×400×(8/8)B=160000B。
- 取值范围：0 到 2 的 8 次方，即 0～255。

（2）图像格式与压缩。

常见的图像格式有 JPEG、PNG、BMP 等，本质上都是图像的一种压缩编码方式，如 JPEG 压缩。

- 将原始图像分为 8×8 的小块，每个小块里有 64 像素。
- 将图像中每个 8×8 的小块进行 DCT 变换（越是复杂的图像，越不容易被压缩）。
- 不同的图像被分割后，每个小块的复杂度不一样，因此，最终的压缩结果也不一样。

**2. 视频**

原始视频=图像序列，视频中的每幅有序图像称为帧。压缩后的视频会采取各种算法减小数据的容量，其中 IPB 就是最常见的算法。

- I 帖：表示关键帧，可以理解为这一幅画面的完整保留；解码时只需本帧数据就可以完成（因为包含完整画面）。
- P 帧：表示这一帧跟之前的一个 I 帧（或 P 帧）的差别，解码时需要用之前缓存的画面叠加上本帧定义的差别来生成最终画面。也就是说，P 帧没有完整画面数据，而只有与前一帧画面相比的差别数据。
- B 帧：表示双向差别帧，记录本帧与前后帧的差别（具体比较复杂，有 4 种情况）。换言之，要解码 B 帧，不仅要取得之前的缓存画面，还要解码之后的画面，要通过前后画面与本帧数据的叠加取得最终画面。B 帧压缩率高，但是解码比较麻烦。
- 码率：码率越大，体积越大；码率越小，体积越小。

码率就是数据传输时单位时间传送的数据位数，一般用的单位是 kbps，即取样率（并不等同于采样率，采样率用的单位是 Hz，表示单位时间采样的次数）。码率越高，精度就越高，处理出来的文件就越接近原始文件，但是文件体积与码率是成正比的，因此，几乎所有的编码格式重视的都是如何用最低的码率达到最小的失真，围绕这个核心衍生出来了 cbr（固定码率）与 vbr（可变码率）。码率越高越清晰，反之则画面粗糙且多马赛克。

- 帧率：影响画面流畅度，与画面流畅度成正比，帧率越高，画面越流畅；帧率越低，画面越有跳动感。如果码率为变量，则帧率也会影响体积，帧率越高，每秒钟经过的画面就越多，需要的码率也越高，体积也越大。

帧率就是在一秒钟时间里传输的图像的帧数，也可以理解为图形处理器每秒钟刷新的次数。

- 分辨率：影响图像大小，与图像大小成正比，即分辨率越高，图像越大；分辨率越低，图像越小。
- 清晰度：在码率一定的情况下，分辨率与清晰度成反比，即分辨率越高，图像越不清晰，分辨率越低，图像越清晰。

在分辨率一定的情况下，码率与清晰度成正比，即码率越高，图像越清晰；码率越低，图像越不清晰。

- 带宽。例如，在 ADSL 线路上传输图像，上行带宽只有 512kbps，但要传输 4 路 CIF 分辨率的图像。按照常规，CIF 分辨率建议码率是 512kbps，照此计算就只能传输 1 路，降低码率势必会影响图像质量。此时，为了确保图像质量，就必须降低帧率，这样一来，即便降低码率也不会影响图像质量，但在图像的连贯性上会有影响。

### 2.3.2 摄像机

摄像机可进行以下分类。

- 监控摄像机（网络摄像机和模拟摄像机）。
- 不同行业需求的摄像机（超宽动态摄像机、红外摄像机、热成像摄像机等）。
- 智能摄像机。
- 工业摄像机。

当前的摄像机硬件可以分为监控摄像机、专业行业应用的摄像机、智能摄像机和工业摄像机。而在监控摄像机里面，当前使用比较多的两种类型是网络摄像机和模拟摄像机，它们的主要区别是成像的原理不太一样。

网络摄像机一般比模拟摄像机的清晰度要高一些。模拟摄像机当前应该说是慢慢处于一个被淘汰的状态，它可以理解为上一代的监控摄像机。而网络摄像机则是当前主流的摄像机之一。大概在 2013 年的时候，可能市场上 70%～80%都是模拟摄像机，而现在可能 60%～70%都是网络摄像机。

除此之外，不同的行业会有特定的摄像机，超宽动态摄像机、红外摄像机、热成像摄像机都是在专用的特定领域里面可能用到的，而且它们获得的画面跟图像是完全不一样的。

现在还有智能摄像机、工业摄像机。工业摄像机一般价格也比较贵，因为它专用于各种工业领域，或者用来做一些精密仪器，以及有高精度、高清晰度要求的摄像机。

### 2.3.3 CPU 和 GPU

接下来讨论一下 CPU 与 GPU。如果说要进行计算机视觉跟图像处理，那么肯定逃不过 GPU 运算，这可能也是接下来需要学习或自学的一个知识点。

这是因为当前大部分关于计算机视觉的论文都是用 GPU 去实现的。但是在应用领域，因为 GPU 的价格比较昂贵，所以 CPU 的应用场景相对来说占大部分。

CPU 与 GPU 的差别主要在哪里呢？它们的差别主要可以在两方面去对比，一是性能，二是吞吐量。

将性能换成另外一个单词，叫作 Latency（低延时性）。当性能越好时，处理分析的效率越高，相当于延时性就越低，这个是性能。吞吐量就是同时能够处理的数据量。

CPU 具有高性能，即超低延时性，能够快速处理复杂运算，并且能达到一个很好的性能要求。而 GPU 是以一个叫作运算单元为格式的，它的优点不在于低延时性，因为它确实不善于做复杂运算，它的每个处理器都非常小，相对来说会很弱，但是它可以让所有的弱处理器同时去做运算，相当于能够同时处理大量的数据，这就意味着它的吞吐量非常大。CPU 重视的是性能，GPU 重视的是吞吐量。

因此，GPU 大多时候会跟另外一个词语联系在一起，叫作并行计算，意思就是它可以同时做大量的线程运算。那么为什么图像会特别适合用 GPU 运算呢？这是因为 GPU 最开始的设计就是图形处理单元，意思就是可以把每个像素分割为一个线程去运算，每个像素只做一些简单的运算，这就是最开始图形处理器出现的原理。

当 GPU 用于图形渲染时，要计算的是每个像素的变换。因此，每个像素变换的计算量是非常小的，可能就是一个公式的计算，可以放在一个简单的计算单元里面去进行，这就是 CPU 与 GPU 的差别。

基于这样的差别，我们才会去设计什么时候用 CPU，什么时候用 GPU。如果当前设计的算法的并行能力不是很强，从头到尾、从上到下都是一个复杂的计算，没有太多可并行的地方，那么即使使用了 GPU，也不能帮助我们很好地提升计算性能。

因此，我们要了解的是为什么要用 GPU，以及在什么样的情况下用 GPU 能够使它的效果最好。

## 2.4 计算机视觉的应用

计算机视觉的应用主要表现在以下几方面。

- 物体的识别和检测。

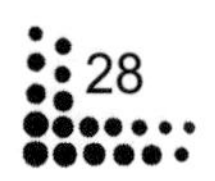

- 语义分割。
- 运动和跟踪。
- 视觉问答。
- 三维重建。

### 2.4.1 物体的识别和检测

物体检测一直是计算机视觉中非常基础且重要的一个研究方向。物体识别和检测，顾名思义，即给定一幅输入图像，算法能够自动找出图像中的常见物体，并将其所属类别及位置输出出来。当然也就衍生出了诸如人脸检测（Face Detection）、车辆检测（Viechle Detection）等细分类的检测算法。一个典型的物体识别和检测效果如图 2-2 所示。

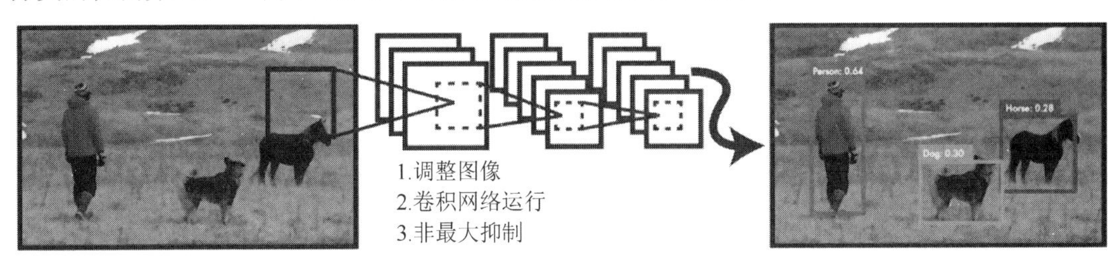


图 2-2　一个典型的物体识别和检测效果

### 2.4.2 语义分割

图像语义分割，从字面意思上理解，就是让计算机根据图像的语义来进行分割。语义在语音识别中指的是语音；在图像领域，语义指的是图像的内容，即对图像意思的理解。图 2-3 为一幅语义分割效果图。

目前，语义分割的应用领域主要有地理信息系统、无人驾驶、医疗影像分析、机器人等。

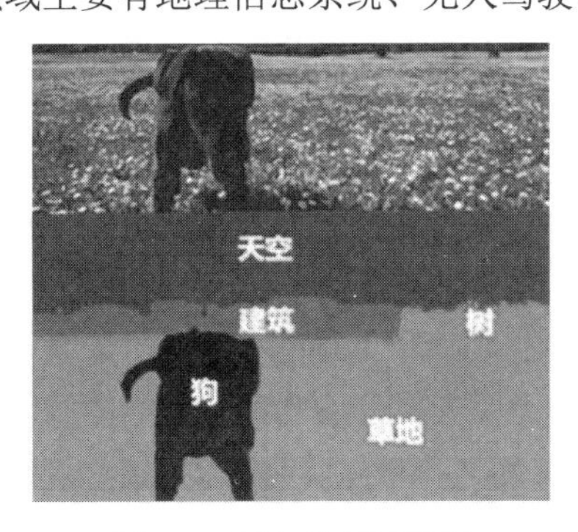


图 2-3　语义分割效果图

### 2.4.3 运动和跟踪

跟踪也属于计算机视觉领域的基础问题之一，近年来也得到了非常充足的发展，方法也由过去的非深度算法跨向了深度学习算法，精度也越来越高。不过实时的深度学习跟踪算法的精度一直难以提升，而精度非常高的跟踪算法的速度又十分慢，因此在实际应用中也很难派上用场。

视觉跟踪是指对图像序列中的运动目标进行检测、提取、识别和跟踪，以获得运动目标的运动参数，如位置、速度、加速度和运动轨迹等，从而进行下一步的处理与分析，实现对运动目标的行为理解，以完成更高一级的检测任务。图 2-4 为跟踪行人运动状态下的参数变化曲线图。

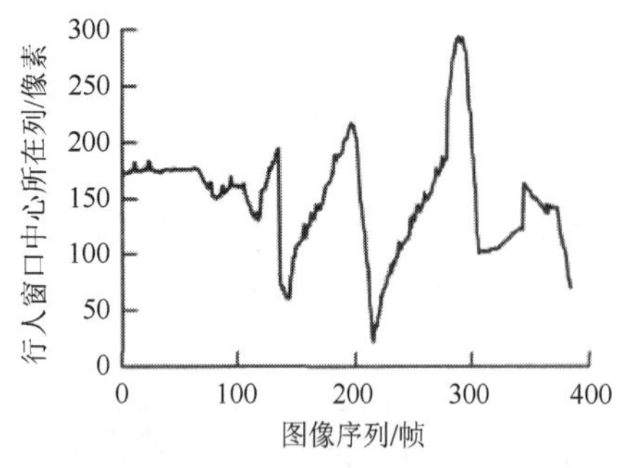


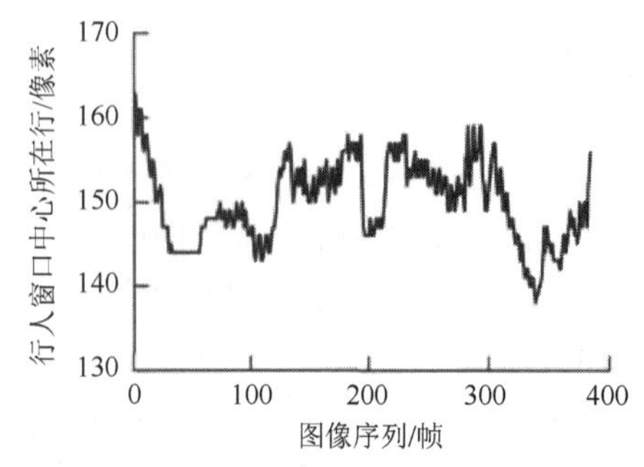


（a）行人矩形中心位置变化曲线

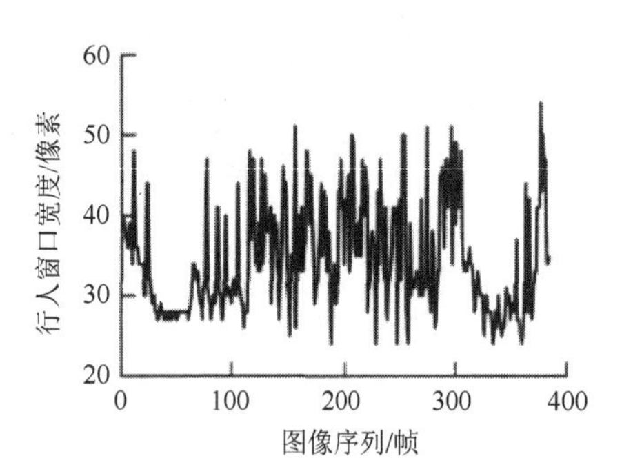


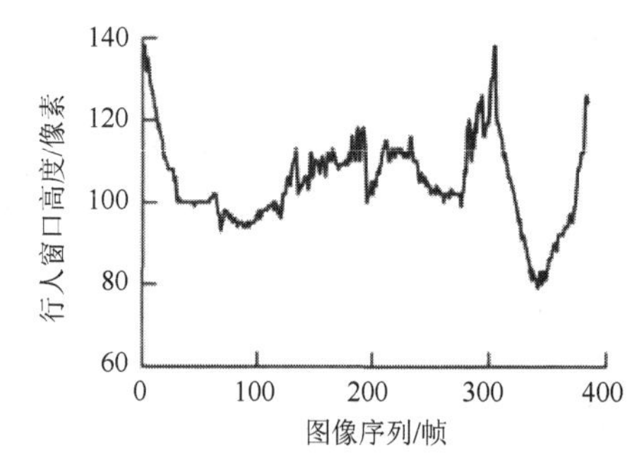


（b）行人矩形宽度和高度变化曲线

图 2-4　跟踪行人运动状态下的参数变化曲线图

跟踪算法需要从视频中去寻找被跟踪物体的位置，并适应各类光照变换、运动模糊及表观的变化等。但实际上，跟踪是一个不适定问题。例如，跟踪一辆车，如果从车的尾部开始跟踪，当车辆在行驶过程中表观发生了非常大的变化时，如旋转了 180° 变成了侧面，那么现有的跟踪算法在很大程度上是跟踪不到的，因为它们的模型大多基于第一帧来学习，虽然在随后的跟踪过程中也会更新，但受限于训练样本过少，所以难以得到一个良好的跟踪模型，在被跟踪物体的表观发生巨大变化时，就难以适应了。因此，就目前而言，跟踪算不上是计算机视觉领域特别热门的一个研究方向，很多算法都改进自检测或识别算法。

### 2.4.4　视觉问答

视觉问答（Visual Question Answering）简称 VQA，是近年来非常热门的一个方向。一般来说，视觉问答系统需要将图像和问题作为输入，结合这两部分信息，产生一条人类语言作为输出。针对一幅特定的图像，如果想要机器以自然语言处理（NLP）来回答关于该图像的某个特定问题，就需要让机器对图像的内容、问题的含义和意图、相关的常识有一定的理解。就其本性而言，这是一个多学科研究问题。图 2-5 为视觉问答过程图。

图 2-5　视觉问答过程图

### 2.4.5　三维重建

基于视觉的三维重建指的是通过摄像机获取目标场景或物体的数据图像，并对此图像进行分析处理，再结合计算机视觉知识推导出现实环境中物体的三维信息。三维重建技术的重点在于如何获取目标场景或物体的深度信息。在景物深度信息已知的条件下，只需经过点云数据的配准及融合，即可实现景物的三维重建。图 2-6 为三维重建效果图。

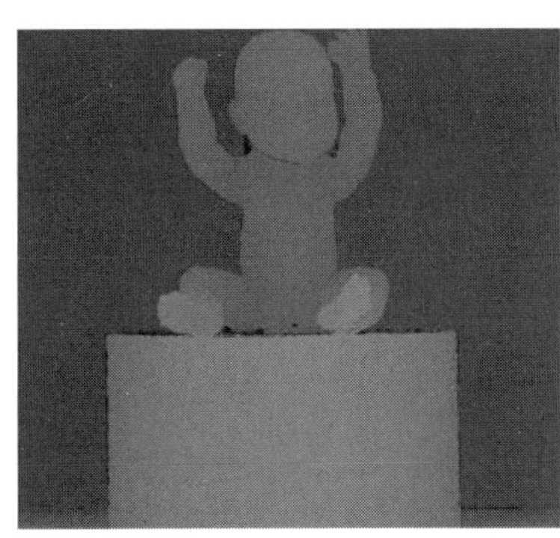

图 2-6　三维重建效果图

基于三维重建模型的深层次应用研究也可以随即展开。学习图像处理的人员会接触到更广泛、更多元的技术，而三维重建背景会非常专注于细分的算法，因为三维重建本身还有更细分的技术，所以在研究生阶段的学习中，会有很具体的专业方向，如航拍地形的三维重建或佛像的三维重建。在这里，因为场景有区别，所以运用的拍摄技术和重建技术都是不一样的，而且一些不同技术之间也没有关系（当然三维重建本身的概念是相同的）。关于三维重建未来的热点和难度，这个领域可以做得很专业，场景也有很多，每个场景都有不同的挑战，在此不展开深入介绍。

## 2.5 计算机视觉的相关学科

为了清晰起见，下面把一些与计算机视觉有关的学科研究目标和方法加以归纳。

- 图像处理。

可通过图像处理使输出图像有较高的信噪比，或者通过增强处理突出图像的细节，以便操作员检验。在计算机视觉研究中，经常利用图像处理技术进行预处理和特征抽取。

- 模式识别（图像识别）。

模式识别技术根据从图像中抽取的统计特性或结构信息，把图像分成预定的类别，如文字识别或指纹识别。在计算机视觉中，模式识别技术经常用于对图像中的某些部分（如分割区域）进行识别和分类。

- 图像理解（景物分析）。

在人工智能视觉研究初期，经常使用图像理解这个术语，以强调二维图像与三维景物之间的区别。图像理解除了需要复杂的图像处理，还需要具有关于景物成像的物理规律的知识，以及与景物内容有关的知识。

在建立计算机视觉系统时，需要用到图像处理、模式识别、图像理解等相关学科中的有关技术，但计算机视觉研究的内容要比这些学科更为广泛。计算机视觉的研究与人类视觉的研究密切相关。要实现建立与人的视觉系统相类似的通用计算机视觉系统的目标，需要建立人类视觉的计算机理论。

# 第 3 章　计算机视觉在图像处理中的应用

本章主要介绍与计算机视觉相关的图像处理问题，主要包括图像的识别、变换、复原等内容。

## 3.1　图像处理基础

图像处理是 MATLAB 在具体工程问题中的一大成功应用。在进行 MATLAB 基础学习时，尝试进行图像处理操作，既有利于掌握 MATLAB 运算的操作方法，又能因为图像的可视化而增强学习 MATLAB 的兴趣。

在 MATLAB 中，基本数据结构为数列，大部分图像也是以数列的方式存储的。例如，对于包含 1024 列 768 行的彩色图像，在 MATLAB 中被存储为 1024×768 的矩阵，其中，矩阵的值为彩色值。这是以二维数列方式存储的图像，还有些图像使用三维数列方式进行存储。这样，通过将图形存储为数列，MATLAB 就可以使用数学函数对图像进行处理了。

### 3.1.1　图像表达式

在 MATLAB 中，图像可以以两种方式表达，分别为像素索引和空间位置。

**1．像素索引**

像素索引是表达图像最方便的方法。在使用像素索引时，图像被视为离散单元，按照空间顺序，从上往下、从左往右排列，如图 3-1 所示（像素索引值为正整数）。

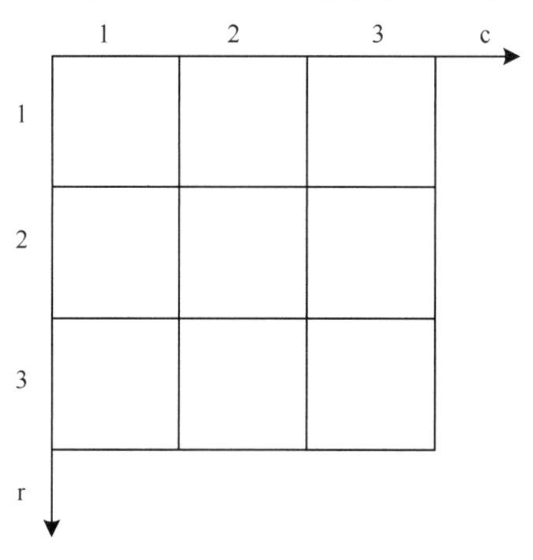


图 3-1　像素索引

在使用像素索引时，像素值与索引有一一对应的关系。例如，位于第 2 行第 2 列的像素值存储在矩阵元素(2,2)中，可以使用 MATLAB 提供的函数进行访问。例如，使用命令“I(2,2)”，可以获取第 2 行、第 2 列的像素值；还可以使用命令“RGB(2,2,:)”获取 RGB 图像中第 2 行、第 2 列的 R、G、B 值。

2．空间位置

空间位置图像表达方式是将图像与空间位置联系起来的一种表达方式，这种表达方式与像素索引表达方式没有实质的区别，但使用空间位置连续值可取代像素索引离散值进行表示，如图 3-2 所示。

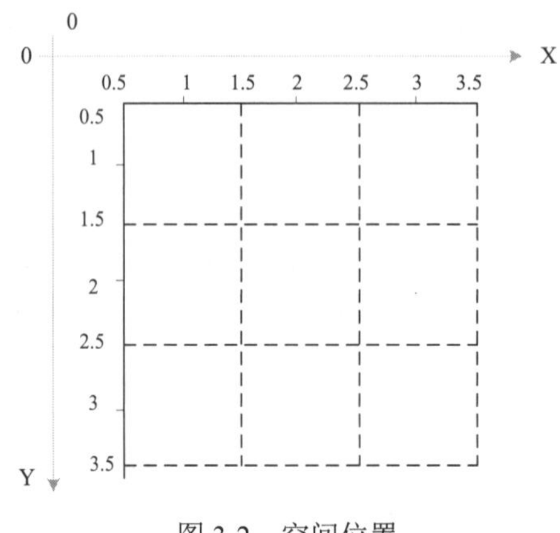


图 3-2　空间位置

例如，对于包含 1024 列 768 行的图像，使用默认的空间位置表示，X 向数据存储位置为[1,1024]，Y 向数据存储位置为[1,768]，由于数据存储位置为坐标范围的中点位置，所以使用的位置范围分别为[0.5,1024.5]和[0.5,768.5]。

与像素索引不同，空间位置的表达方式还可以将空间方位逆转，如将 X 向数据存储位置定义为[1024,1]。另外，还可以使用非默认空间位置表示。

**【例 3-1】**绘制一幅使用非默认空间位置存储的 magic 图像。

```
>> A=magic(5);
>> X=[19.5 23.5];
>> Y=[8.0 12.0];
>> image(A,'XData',X,'YData',Y);
>> axis image,colormap(jet(25))
```

运行上述代码，结果如图 3-3 所示。

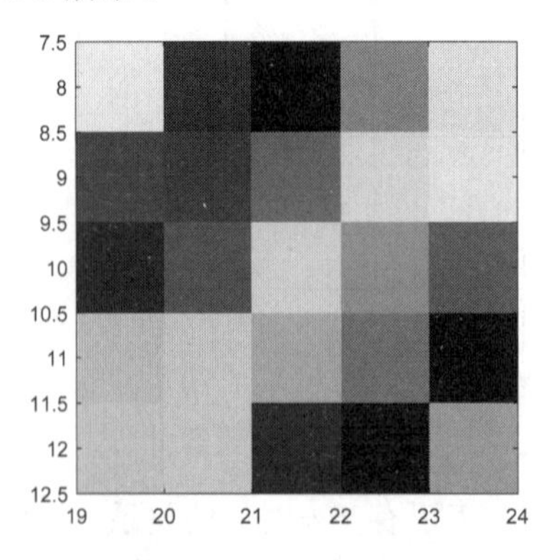


图 3-3　使用非默认空间位置存储的 magic 图像

### 3.1.2　MATLAB 支持的图像文件格式

图像格式指的是在存储介质上存储图像采用的格式。操作系统、图像处理软件不同，支持的图像格式可能不同。目前，经常采用的图像格式有 BMP、GIF、TIFF、PCX、JPEG、PSD、PCD 和 WMF 等。MATLAB 支持大部分的图像格式。

在 MATLAB 中，可以使用 imfinfo 函数获取图像文件信息。虽然根据文件类型的不同，获取的信息也不一样，但对于所有格式的图像文件，都可以获取以下信息。

- 文件名。
- 文件格式。
- 文件格式版本。
- 文件修改日期。
- 文件大小。
- 横向像素量。
- 纵向像素量。
- 像素值位数。
- 图像类型，如真彩色、灰度值等。

### 3.1.3　图像的类型

在 MATLAB 中，图像的类型分为 4 类，分别如下。

- 二进制图像。
- 灰度图像。
- RGB（真彩色）图像。
- 索引（伪彩色）图像。

#### 1. 二进制图像

二进制图像也称为二值图像，通常用一个二维数组来描述，1 位表示一个像素，组成图像的像素值非 0 即 1，没有中间值，通常 0 表示黑色，1 表示白色。二进制图像一般用来描述文字或图形，优点是占用空间小，缺点是当表示人物或风景图像时只能描述其轮廓。

在 MATLAB 中，二进制图像是用一个 0 和 1 组成的二维逻辑矩阵表示的。这两个值分别对应黑和白，以这种方式来操作图像可以更容易识别出图像的结构特征。二进制图像操作只返回与其形式或结构有关的信息，如果希望对其他类型的图像进行同样的操作，则首先要将其转换为二进制图像，这可以通过调用 MATLAB 提供的 im2bw 函数来实现。二进制图像经常使用位图格式存储。

#### 2. 灰度图像

灰度图像有时也称为强度图像，是一个数据矩阵，其中的值表示某一范围内的强度。灰度图像表示为单个矩阵，矩阵的每个元素对应一个图像像素，矩阵可能是 double、uint8 或 uint16 类型。尽管灰度图像很少与颜色图一起保存，但它仍需要用颜色图来显示。实际上，灰度图像被当作索引图像来处理。

典型的双精度灰度图像及其像素值矩阵如图 3-4 所示。

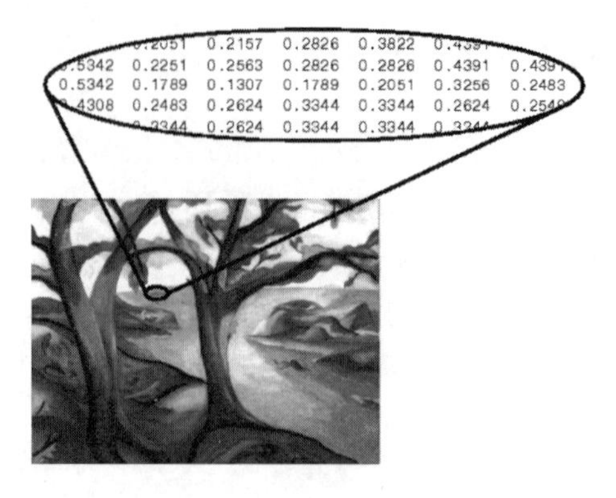


图 3-4 典型的双精度灰度图像及其像素值矩阵

要显示灰度图像，需要用 imagesc（图像缩放）函数，它允许设置灰度图像的强度范围。imagesc 函数会调整图像数据以使用整个颜色图。使用 imagesc 函数的双输入形式显示灰度图像，例如：

```
imagesc(I,[0 1]); colormap(gray);
```

imagesc 函数的第二个输入参数指定了所需的强度范围。imagesc 函数通过将范围内的第一个值（通常是 0）映射到第一个颜色图条目，将第二个值（通常是 1）映射到最后一个颜色图条目来显示灰度图像 I。这两者之间的颜色值在余下的颜色图颜色中呈线性分布。

尽管常规的做法是使用灰度颜色图显示灰度图像，但也可以使用其他颜色图。例如，以下语句以不同深浅的蓝色和绿色显示灰度图像 I：

```
imagesc(I,[0 1]); colormap(winter);
```

要将具有任意值范围的矩阵 A 显示为灰度图像，需要使用 imagesc 函数的单参数形式。当使用一个输入参数时，imagesc 函数会将数据矩阵的最小值映射为第一个颜色图条目，将最大值映射为最后一个颜色图条目。例如，以下这两个线条是等价的：

```
imagesc(A); colormap(gray)
imagesc(A,[min(A(:)) max(A(:))]); colormap(gray)
```

### 3．RGB 图像

RGB 图像有时称为真彩色图像，以 $m \times n \times 3$ 数据数组形式存储，该数组定义了对应图像每个像素的红色、绿色和蓝色分量。RGB 图像不使用调色板，每个像素的颜色由存储在每个像素位置的颜色平面的红色、绿色和蓝色的强度决定。图形文件格式将 RGB 图像存储为 24 位图像，其中红色、绿色和蓝色分量各占 8 位，这样便可能产生 1600 万种颜色。由于它可复制现实中图像的精度，因此被称为真彩色图像。

MATLAB 中的 RGB 数组可以是 double、uint8 或 uint16 类型。在 double 类的 RGB 数组中，每个颜色分量都是 0 到 1 之间的值。颜色分量为(0,0,0)的像素显示为黑色，颜色分量为(1,1,1)的像素显示为白色。每个像素的 3 个颜色分量都沿数据数组的第三个维度存储。例如，像素(10,5)的红色、绿色和蓝色分量分别存储在 RGB(10,5,1)、RGB(10,5,2)和 RGB(10,5,3)中。

要显示 RGB 图像，需要使用 image 函数：

```
image(RGB)
```

图 3-5 显示的是 double 类的 RGB 图像及其调色板矩阵。

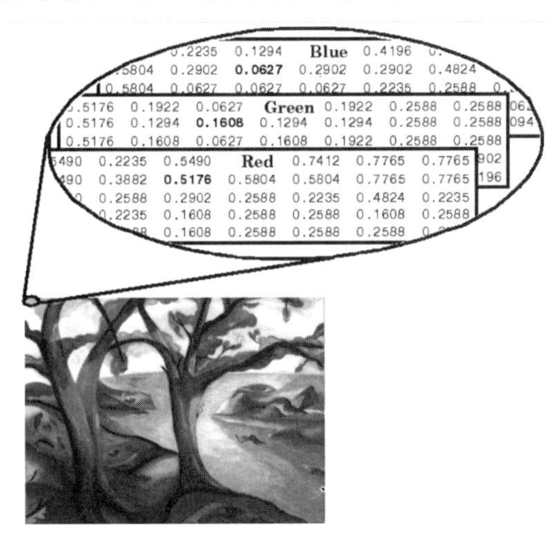

图 3-5 double 类的 RGB 图像及其调色板矩阵

要确定(2,3)处像素的颜色，需要查看存储在(2,3,1:3)中的 RGB 三元组。假设(2,3,1)包含值 0.5176，(2,3,2)包含 0.1608，(2,3,3)包含 0.0627，则(2,3)处像素的颜色是(0.5176,0.1608,0.0627)。

### 4. 索引图像

索引图像是一种把像素值直接作为 RGB 调色板下标的图像。在 MATLAB 中，索引图像包含一个数据矩阵和一个颜色映射（调色板）矩阵 map。数据矩阵可以是 uint8、uint16 或 double 类型。map 是一个 $m$×3 的数据阵列，其中每个元素的值均为[0,1]区间的双精度浮点型数据。map 矩阵中的每一行分别表示红色、绿色和蓝色的颜色值。索引图像可把像素的值直接映射为调色板数值，每个像素的颜色通过使用数据矩阵的像素值作为 map 矩阵的下标来获得，如值 1 指向 map 矩阵的第 1 行，值 2 指向第 2 行，依次类推。调色板通常与索引图像存储在一起，在装载图像时，调色板将和图像一同自动装载。

图 3-6 展示了索引图像的像素值与 map 矩阵的映射关系，图像中的像素以整数表示，该整数是颜色图中存储的颜色值的索引。

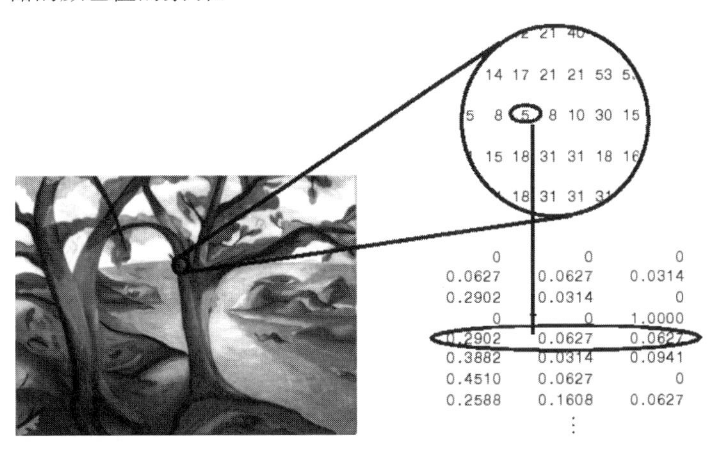

图 3-6 索引图的像素值与 map 矩阵的映射关系

## 3.2 图像抖动

“抖动”是印刷业和出版业中常用的一种工艺。老式的针式打印机只能打印出来黑点和白点，可是黑白图片是有灰度级的，那么该如何打印出图片呢？抖动由此而生，它试图通过在白色背景上生成黑色的二值图像来给出色调变化的直观印象，可以假想一下，黑点越密，远距离观察就越黑，因此，如何控制黑点的分布就是抖动算法的核心。在 MATLAB 中，通过函数 dither，可以将灰度图像或彩色图像经抖动处理生成二值图像。dither 函数的语法格式为：

```
X = dither(RGB,map)
%通过抖动颜色图 map 矩阵中的颜色创建 RGB 图像的索引图像近似值
X = dither(RGB,map,Qm,Qe)
%指定沿每个颜色轴为逆向颜色图使用的量化位数 Qm 和用于颜色空间误差计算的量化位数 Qe
BW = dither(I)
%通过抖动将灰度图像 I 转换为二值（黑白）图像 BW
```

【例 3-2】图像的抖动处理。

```
>> street1 = imread('street1.jpg'); %读入彩色图像
>> a_gray = rgb2gray(street1);
subplot(121);imshow(a_gray);
>> title('原始图像');
>> %经抖动处理转变为二值图像
bw = dither(a_gray);
subplot(122);imshow(bw);
>> title('二值图像');
```

运行程序，效果如图 3-7 所示。

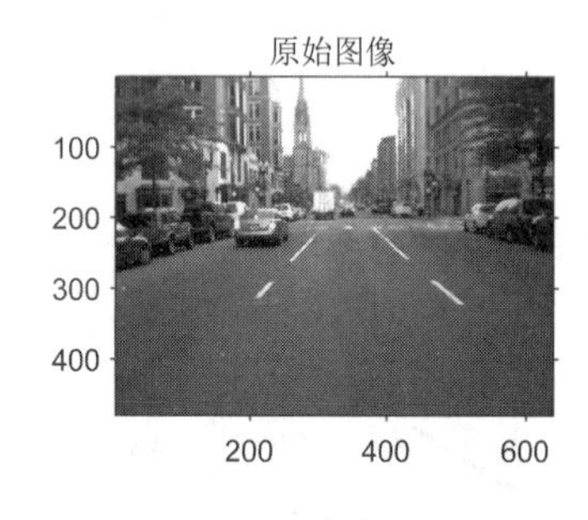


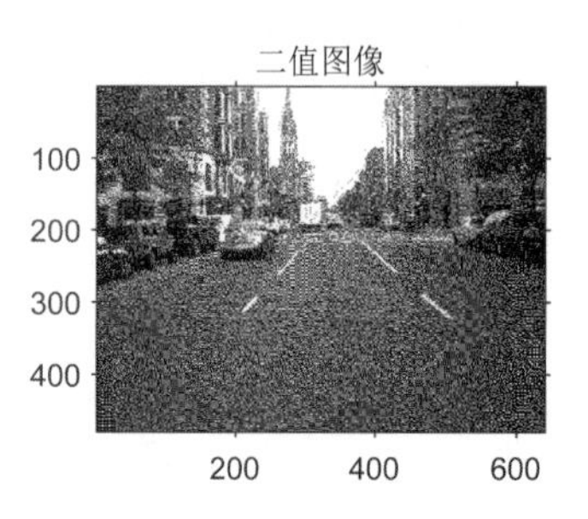


图 3-7　图像的抖动效果

由此可以看到，虽然该图像为二值图像，但是轮廓依然可以显现出来，但效果远远不尽如人意。

抖动技术成为印刷业和出版业中的主要技术，特别是在纸张质量和印刷分辨率不高的情况下（如报纸的印刷），该技术是可行的。

再拓展一下，我们仅仅用了两个灰度级（0 和 1）就能够显示出灰度变化，如果灰度级更多，如 4 个，那么或许可以显示出灰度变化更好的图像，因此，基于这种原理，可以在保持图像质量的前提下，压缩图像的灰度级。这样更加利于图像在计算机中的保存或发挥其他作用。

【例 3-3】以下展示 8 个颜色级下的抖动处理效果。

```
%首先读入一幅彩色图像
street1 = imread('street1.jpg'); %读入彩色图像
subplot(121);imshow(street1);
title('原始图像');
%利于[X,map] = rgb2ind(rgb_image,n,dither_option)将上面的图像转变为 8 种颜色
[X1,map1] = rgb2ind(street1,8,'nodither');
subplot(122);imshow(X1,map1);
title('8 种颜色图像')
```

运行程序，效果如图 3-8 所示。

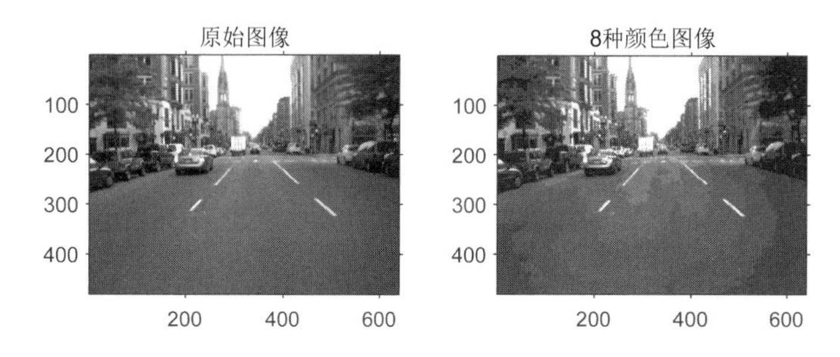


图 3-8　8 个颜色级下的抖动处理效果

这次可以看到，经过抖动处理之后，图像出现了好多小点，伪轮廓明显变少，图像有点模糊，但是视觉上的效果要优于没有抖动处理的效果。

## 3.3　图像去雾处理

雾霾天气往往会给人类的生产和生活带来极大的不便，也大大增大了交通事故的发生概率。一般而言，在恶劣天气（如雾天、雨天等）条件下，户外景物图像的对比度和颜色会被改变或退化，图像中蕴含的许多特征也会被覆盖或模糊，这会导致某些视觉系统（如电子卡口、门禁监控等）无法正常工作。因此，从在雾霾天气下采集的退化图像中复原和增强景物的细节信息具有重要的现实意义。数字图像处理技术已被广泛应用于科学和工程领域，如地形分类系统、户外监控系统、自动导航系统等。为了保证视觉系统全天候正常工作，就必须使视觉系统适应各种天气状况。

### 3.3.1　空域图像增强

图像增强是指按特定的需要突出一幅图像中的某些信息，并同时减弱或去除某些不需要的信息的处理技术。图像增强的主要作用是相对于原来的图像，处理后的图像能更加有效地满足某些特定应用的要求。根据图像处理空间的不同，图像增强方法基本上可分为两大类：频域处理法、空域处理法。频域处理法的基础是卷积定理，它通过进行某种图像变换（如傅里叶变换、小波变换等）得到频域结果并修改的方法来实现对图像的增强处理。空域处理法直接对图像中的像素进行处理，一般以图像灰度的映射变换为基础，并根据图像增强的目标采用所需的映射变换，常见的图像对比度增强、图像灰度层次优化等均属于空域处理法。

### 3.3.2 直方图均衡化

直方图是图像的一种统计表达式。对于一幅灰度图像来说，其灰度统计直方图可以反映该图像中不同灰度级出现的情况。一般而言，图像的视觉效果和其直方图有对应关系，调整或变换其直方图的形状会对图像的显示效果有很大的影响。

直方图均衡化主要用于增强像素灰度值动态范围偏小的图像的对比度，基本思想是把原始图像的灰度统计直方图变换为均匀分布形式，这样就增大了像素灰度值的动态范围，从而达到增强图像整体对比度的效果。

数字图像是离散化的数值矩阵，其直方图可以被视为一个离散函数，表示数字图像中每个灰度级与其出现概率间的统计关系。假设一幅数字图像 $f(x,y)$ 的像素总数为 $N$ ；$r_k$ 表示第 $k$ 个灰度级对应的灰度；$n_k$ 表示灰度为 $r_k$ 的像素个数，即频数。如果用横坐标表示灰度级，用纵坐标表示频数，则直方图可被定义为 $P(r_k)=\dfrac{n_k}{N}$，其中，$P(r_k)$ 表示灰度 $r_k$ 出现的相对频数，即概率。直方图在一定程度上能反映数字图像的概貌性描述，包括图像的灰度范围、灰度分布、整幅图像的亮度均值和阴暗对比度等，并可以此为基础进行分析来得出对图像进行进一步处理的重要依据。直方图均衡化也叫作直方图均匀化，就是把给定图像的直方图变换成均匀分布的直方图，是一种较为常用的灰度增强算法。直方图均衡化通常包括以下 3 个主要步骤。

（1）预处理。输入图像，计算该图像的直方图。

（2）灰度值变换表。根据输入图像的直方图计算得到灰度值变换表。

（3）查表变换。执行变换 $x'=H(x)$，表示将步骤（1）中得到的直方图用于步骤（2）得到的灰度值变换表，并进行查表变换操作，通过遍历整幅图像的每个像素，将原始图像灰度值 $x$ 放入灰度值变换表 $H(x)$ 中，可得到变换后的新灰度值 $x'$。

根据信息论的相关理论，可以知道图像在经直方图均衡化后，将会包含更多的信息量，进而能突出某些图像特征。假设图像具有 $n$ 级灰度，其第 $i$ 级灰度出现的概率为 $p_i$，则该级灰度所含的信息量为

$$I(i)=p_i\log\frac{1}{p_i}=-p_i\log p_i$$

整幅图像的信息量为

$$H=\sum_{i=0}^{n-1}I(i)=-\sum_{i=0}^{n-1}p_i\log p_i \tag{3-1}$$

信息论已经证明，具有均匀分布直方图的图像的信息量 $H$ 最大。也就是说，当 $p_0=p_1=\cdots=p_{n-1}=\dfrac{1}{n}$ 时，式（3-1）有最大值。

**【例 3-4】**利用直方图均衡化对带雾图像实现去雾处理。

```
clear all
blockSize=15;                    %每个 block 为 15 个像素
w0=0.6;
t0=0.1;
% A=200;
I=imread('wu.jpg');
```

```
h = figure;
%表示 3（行数）×2（列数）的图像，1 代表所画图形的序号
subplot(321);imshow(I);
title('原始图像');
grayI=rgb2gray(I);
subplot(323);imshow(grayI,[]);
title('原始图像灰度图')
subplot(324);imhist(grayI,64);
title('灰度图像均衡化')
%统计<50 像素的像素所占的比例
[COUNT x]=imhist(grayI);
under_50=0;
for i=0:50
    under_50=under_50+COUNT(x==i);
end
under_50
total=size(I,1)*size(I,2)*size(I,3);
percent=under_50/total
if(percent>0.02)
    error('此图像不需要无模糊处理.');
else if(percent<0.001)
        w=0.6;
    else if (percent>0.01)
            w=0.3;
        else
            w=0.45;
        end
    end
end
[h,w,s]=size(I);
min_I=zeros(h,w);

for i=1:h
    for j=1:w
        dark_I(i,j)=min(I(i,j,:));%取每个点的像素为 RGB 分量中最低的那个通道的值
    end
end
Max_dark_channel=double(max(max(dark_I)))
dark_channel=double(dark_I);
t=1-w0*(dark_channel/Max_dark_channel);
T=uint8(t*255);
t=max(t,t0);
I1=double(I);
J(:,:,1) = uint8((I1(:,:,1) - (1-t)*Max_dark_channel)./t);
J(:,:,2) = uint8((I1(:,:,2) - (1-t)*Max_dark_channel)./t);
J(:,:,3) = uint8((I1(:,:,3) - (1-t)*Max_dark_channel)./t);
```

```
subplot(322);imshow(J);
title('Haze-Free 图像:');
grayJ=rgb2gray(J);
subplot(325);imshow(grayJ,[]);
title('去雾后灰度图')
subplot(326);imhist(grayJ,64);
title('均衡化灰度图像')
```

运行程序，效果如图 3-9 所示。

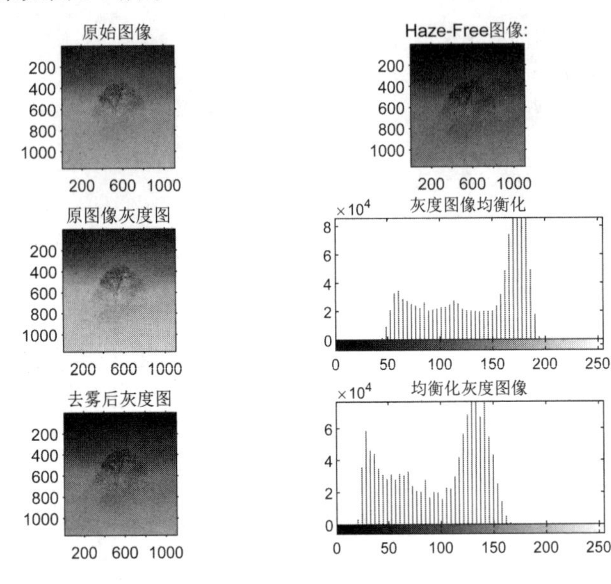


图 3-9　直方图均衡化去雾处理

### 3.3.3　Retinex 图像增强

在图像增强算法中，Retinex 理论在彩色图像增强、图像去雾、彩色图像恢复方面拥有很好的效果，下面介绍一下该算法。

#### 1．Retinex 理论

Retinex 理论是 Land 和 McCann 于 20 世纪 60 年代提出的，其基本思想是人感知到某点的颜色和亮度并不仅仅取决于该点进入人眼的绝对光线，还与它周围的颜色和亮度有关。Retinex 这个词是由视网膜（Retina）和大脑皮层（Cortex）两个词组合构成的。Land 之所以设计这个词，是为了表明他不清楚视觉系统的特性究竟取决于这两个生理结构中的哪一个，或者与两者都有关系。

Land 的 Retinex 模型建立在以下几方面基础上。

（1）真实世界是无颜色的，我们感知的颜色是光与物质相互作用的结果。我们见到的水是无色的，但是水膜、肥皂膜是五彩缤纷的，那是薄膜表面光干涉的结果。

（2）每一颜色区域都是由给定波长的红、绿、蓝三原色构成的。

（3）三原色决定了每个单位区域的颜色。

Retinex 理论的基本内容是物体的颜色是由物体对长波（红）、中波（绿）和短波（蓝）光

线的反射能力决定的，而不是由反射光强度的绝对值决定的；物体的色彩不受光照非均性的影响，具有一致性，即 Retinex 理论是以色感一致性（颜色恒常性）为基础的。如图 3-10 所示，观察者看到的物体的图像是由物体表面对入射光图像反射得到的，反射率图像由物体本身决定，不受入射光图像的影响。

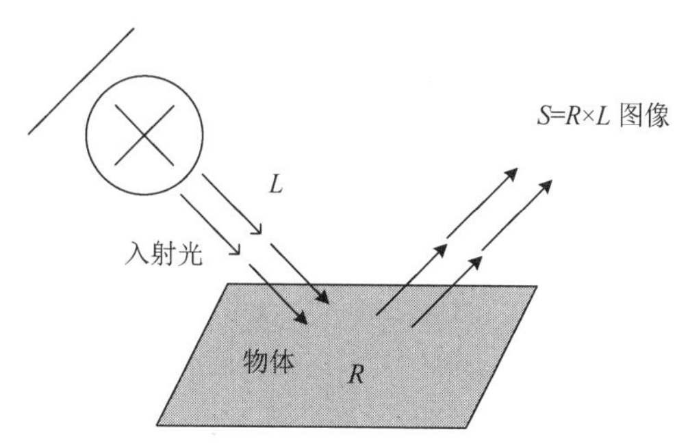


图 3-10　Retinex 理论图像的构成

Retinex 理论的基本假设是原始图像是入射光图像和反射率图像的乘积，即可表示为以下形式：

$$S(x,y)=R(x,y)\cdot L(x,y)$$

基于 Retinex 的图像增强的目的就是从原始图像中估计出入射光图像，从而分解出反射率图像，消除光照不均的影响，以改善图像的视觉效果。正如人类视觉系统那样。在处理过程中，通常将图像转至对数域，即

$$s=\log S$$
$$l=\log L$$
$$r=\log R$$

从而将乘积关系转换为和的关系：

$$\log(S)=\log(R\cdot L)$$
$$\log S=\log R+\log L$$
$$s=r+l$$

Retinex 方法的核心就是估计照度 $L$，从原始图像中估测 $L$ 分量，并去除 $L$ 分量，得到原始反射分量 $R$，即

$$L=f(S)$$
$$R=S-f(S)$$

函数 $f(S)$ 实现对照度 $L$ 的估计。

### 2. Retinex 增强处理的 MATLAB 实现

本实例采用 Retinex 图像增强算法进行对比，自定义编写 defogging 函数，使它对 RGB 图像的 R、G、B 三层通道分别应用 Retinex 算法进行处理，再将得到的处理结果整合到新的图像中。为了提高程序的普适性，代码中对部分参数的赋值方式进行了改进，采用随机数取值的方式生成参数，实现的代码为：

```
function In = defogging(f, flag)
% f——图像矩阵
% flag——显示标记
```

```
%   In——结果图像
if nargin < 2
    flag = 1;
end
%提取图像的 R、G、B 分量
fr = f(:, :, 1);
fg = f(:, :, 2);
fb = f(:, :, 3);
%数据类型归一化
mr = mat2gray(im2double(fr));
mg = mat2gray(im2double(fg));
mb = mat2gray(im2double(fb));
%定义 alpha 参数
alpha = randi([80 100], 1)*20;
%定义模板大小
n = floor(min([size(f, 1) size(f, 2)])*0.5);
%计算中心
n1 = floor((n+1)/2);
for i = 1:n
    for j = 1:n
        %高斯函数
        b(i,j)   = exp(-((i-n1)^2+(j-n1)^2)/(4*alpha))/(pi*alpha);
    end
end
%卷积滤波
nr1 = imfilter(mr,b,'conv', 'replicate');
ng1 = imfilter(mg,b,'conv', 'replicate');
nb1 = imfilter(mb,b,'conv', 'replicate');
ur1 = log(nr1);
ug1 = log(ng1);
ub1 = log(nb1);
tr1 = log(mr);
tg1 = log(mg);
tb1 = log(mb);
yr1 = (tr1-ur1)/3;
yg1 = (tg1-ug1)/3;
yb1 = (tb1-ub1)/3;
%定义 beta 参数
beta = randi([80 100], 1)*1;
%定义模板大小
x = 32;
for i = 1:n
    for j = 1:n
        %高斯函数
        a(i,j)   = exp(-((i-n1)^2+(j-n1)^2)/(4*beta))/(6*pi*beta);
    end
```

```
end
%卷积滤波
nr2 = imfilter(mr,a,'conv', 'replicate');
ng2 = imfilter(mg,a,'conv', 'replicate');
nb2 = imfilter(mb,a,'conv', 'replicate');
ur2 = log(nr2);
ug2 = log(ng2);
ub2 = log(nb2);
tr2 = log(mr);
tg2 = log(mg);
tb2 = log(mb);
yr2 = (tr2-ur2)/3;
yg2 = (tg2-ug2)/3;
yb2 = (tb2-ub2)/3;
%定义 eta 参数
eta = randi([80 100], 1)*200;
for i = 1:n
    for j = 1:n
        %高斯函数
        e(i,j)   = exp(-((i-n1)^2+(j-n1)^2)/(4*eta))/(4*pi*eta);
    end
end
%卷积滤波
nr3 = imfilter(mr,e,'conv', 'replicate');
ng3 = imfilter(mg,e,'conv', 'replicate');
nb3 = imfilter(mb,e,'conv', 'replicate');
ur3 = log(nr3);
ug3 = log(ng3);
ub3 = log(nb3);
tr3 = log(mr);
tg3 = log(mg);
tb3 = log(mb);
yr3 = (tr3-ur3)/3;
yg3 = (tg3-ug3)/3;
yb3 = (tb3-ub3)/3;
dr = yr1+yr2+yr3;
dg = yg1+yg2+yg3;
db = yb1+yb2+yb3;
cr = im2uint8(dr);
cg = im2uint8(dg);
cb = im2uint8(db);
% 集成处理后的分量，得到结果图像
In = cat(3, cr, cg, cb);
%结果显示
if flag
    figure;
```

```
        subplot(2, 2, 1); imshow(f); title('原始图像', 'FontWeight', 'Bold');
        subplot(2, 2, 2); imshow(In); title('处理后的图像', 'FontWeight', 'Bold');
        % 灰度化，用于计算直方图
        Q = rgb2gray(f);
        M = rgb2gray(In);
        subplot(2, 2, 3); imhist(Q, 64); title('原灰度直方图', 'FontWeight', 'Bold');
        subplot(2, 2, 4); imhist(M, 64); title('处理后的灰度直方图', 'FontWeight', 'Bold');
end
```

调用 defogging 函数实现图像去雾处理的代码为：

```
>> f=imread('sweden.jpg');
flag=5;
In = defogging(f, flag);
```

运行程序，效果如图 3-11 所示。

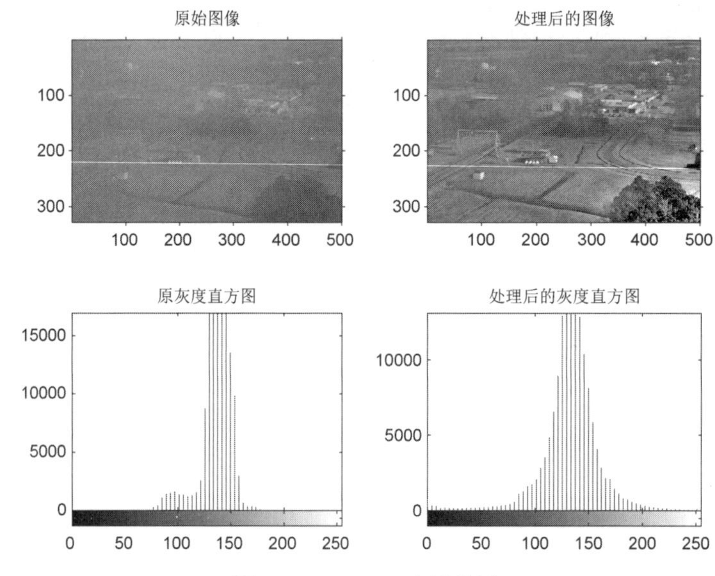


图 3-11　Retinex 去雾效果

去雾处理前后的直方图分布表明，Retinex 图像增强可以在一定程度上保持原始图像的局部特征，处理结果较平滑，颜色特征也较自然，具有良好的去雾效果。

### 3.3.4　平滑滤波

平滑运算的目的是消除或尽量减少噪声，改善图像的质量。假设加性噪声是随机独立分布的，那么此时利用邻域的平均或加权平均就可以有效抑制噪声干扰。从信号分析的观点来看，图像平滑本质上是低通滤波器，它通过信号的低频部分，阻截高频噪声信号。但由于图像边缘也处于高频部分，所以往往带来另外一个问题：在对图像进行平滑操作时，往往对图像的细节造成一定程度的破坏。

如果 $S$ 为像素 $(x_0, y_0)$ 的邻域集合（包含 $(x_0, y_0)$ ），$(x, y)$ 表示 $S$ 中的元素，$f(x, y)$ 表示 $(x, y)$ 点的灰度值，$a(x, y)$ 表示各点的权重，则对 $(x_0, y_0)$ 进行平滑可表示为

$$f'(x_0,y_0)=\frac{1}{\sum\limits_{(x,y)\in S}a(x,y)}\left[\sum_{(x,y)\in S}a(x,y)f(x,y)\right]$$

一般而言，权重相对于中心都是对称的。对于如下 $3\times3$ 大小的模板，其权重都是相等的：

$$T=\frac{1}{5}\begin{bmatrix}0&1&0\\1&1&1\\0&1&0\end{bmatrix}$$

这个模板对应的函数表达式为

$$f'(x,y)=\frac{1}{5}\left[f(x,y-1)+f(x-1,y)+f(x,y)+f(x+1,y)+f(x,y+1)\right]$$

可表示为

$$f'(x,y)=\frac{1}{5}\left[1\times f(x,y-1)+1\times f(x-1,y)+\cdots+1\times f(x,y+1)\right]=\frac{1}{5}T\times f$$

也就是说，邻域运算可以用邻域与模板的卷积得到，这也极大地方便了计算。

**【例 3-5】**对图像添加不同滤波器，进行邻域平均法处理。

```
>> clear all;
I = imread('cameraman.tif');
subplot(2,2,1); imshow(I);
xlabel('（a）原始图像');
H = fspecial('motion',20,45);
MotionBlur = imfilter(I,H,'replicate');
subplot(2,2,2);imshow(MotionBlur);
xlabel('（b）运动滤波器');
H = fspecial('disk',10);
blurred = imfilter(I,H,'replicate');
subplot(2,2,3); imshow(blurred);
xlabel('（c）圆形均值滤波器');
H = fspecial('unsharp');
sharpened = imfilter(I,H,'replicate');
subplot(2,2,4); imshow(sharpened);
xlabel('（d）掩模滤波器');
```

运行程序，效果如图 3-12 所示。

（a）原始图像

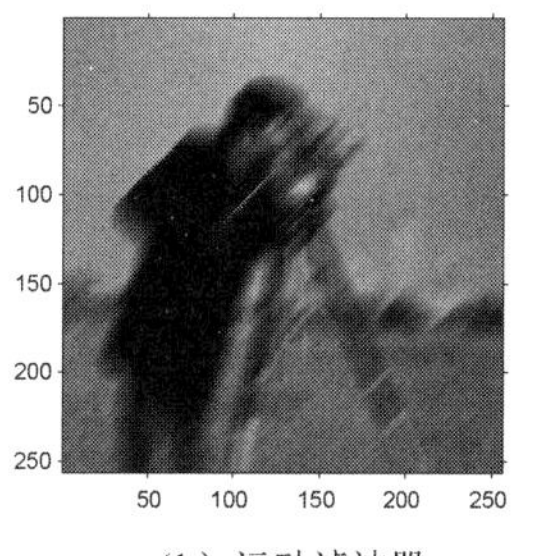


（b）运动滤波器

图 3-12　用不同滤波器对图像进行平滑处理

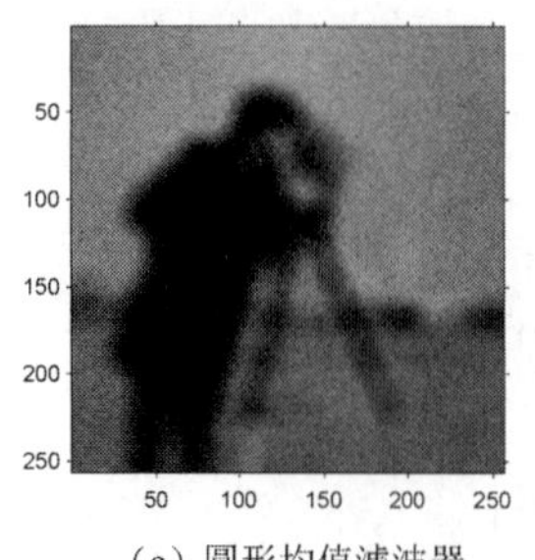
（c）圆形均值滤波器

（d）掩模滤波器

图 3-12　用不同滤波器对图像进行平滑处理（续）

### 3.3.5　中值滤波器

中值滤波器是一种去除噪声的非线性处理方法，是由 Turky 在 1971 年提出的。它的基本原理是把数字图像或数字序列中一点的值用该点的一个邻域中各点值的中值代替。中值的定义如下：有一组数字 $x_1, x_2, \cdots, x_n$，把这 $n$ 个数按值的大小顺序排列，即 $x_{i1} \leqslant x_{i2} \leqslant \cdots \leqslant x_{in}$。

$$\boldsymbol{y} = \mathrm{Med}\{x_1, x_2, \cdots, x_n\} = \begin{cases} x_{i\left(\frac{n+1}{2}\right)}, & n\text{为奇数} \\ \dfrac{1}{2}\left[x_{i\left(\frac{n}{2}\right)} + x_{i\left(\frac{n}{2}+1\right)}\right], & n\text{为偶数} \end{cases}$$

其中，$\boldsymbol{y}$ 称为序列 $x_1, x_2, \cdots, x_n$ 的中值。把一个点的特定长度或形状的邻域称为窗口。在一维情形下，中值滤波器是一个含有奇数个像素的滑动窗口，窗口正中间那个像素的值用窗口内各像素值的中值代替。设输入序列为 $\{x_i, i \in I\}$，$I$ 为自然数集合或子集，窗口长度为 $n$，则滤波器输出为

$$y_i = \mathrm{Med}\{x_i\} = \mathrm{Med}\{x_{i-u}, \cdots, x_i, \cdots, x_{i+u}\}$$

其中，$i \in I$，$u = \dfrac{(n-1)}{2}$。

中值滤波器的概念很容易推广到二维，此时可以利用某种形式的二维窗口。设 $\{x_{ij}, (i,j) \in I^2\}$ 表示数字图像各点的灰度值，则滤波窗口为 $\boldsymbol{A}$ 的二维中值滤波可定义为

$$y_i = \mathrm{Med}_{\boldsymbol{A}}\{x_{ij}\} = \mathrm{Med}\{x_{i+r,j+s},\ (r,s) \in \boldsymbol{A}(i,j) \in I^2\}$$

二维中值滤波器可以取方形，也可以取近似圆形或十字形。

中值滤波是非线性运算，因此，对于随机性质的噪声输入，数学分析是相当复杂的。由大量实验可得，对于零均值正态分布的噪声输入，中值滤波器的输出与输入噪声的密度分布有关，输出噪声方差与输入噪声密度函数的平方成反比。

对于随机噪声的抑制能力，中值滤波性能要比平均值滤波性能差些。但对于脉冲干扰来讲，特别是脉冲宽度较小、相距较远的窄脉冲，中值滤波是很有效的。

**【例 3-6】**使用 6×6 的滤波窗口进行中值滤波处理。

```
>> clear all;
I=imread('cameraman.tif');
subplot(2,3,1),imshow(I);
xlabel('（a）原始图像');
```

```
J=imnoise(I,'salt & pepper',0.01);          % 加均值为 0、方差为 0.01 的椒盐噪声
subplot(2,3,2),imshow(J);
xlabel('（b）添加椒盐噪声图像');
K = medfilt2(J,[6,6]);                       % 6×6 的滤波窗口
%用 6×6 的滤波窗口对图像 J 进行中值滤波处理
%若用[m,n]的滤波窗口进行中值滤波处理，则语法为 K = medfilt2(J,[m,n])
subplot(2,3,3),imshow(K,[]);
xlabel('（c）中值滤波');
subplot(2,3,4),imshow(I);
xlabel('（d）原始图像');
J2=imnoise(I,'gaussian',0.01);              % 加均值为 0、方差为 0.01 的高斯噪声
subplot(2,3,5),imshow(J2);
xlabel('（e）添加高斯噪声');
K2 = medfilt2(J2,[6,6]);                     % 6×6 的滤波窗口
subplot(2,3,6),imshow(K2,[]);
xlabel('（f）中值滤波');
```

运行程序，效果如图 3-13 所示。

（a）原始图像　（b）添加椒盐噪声图像　（c）中值滤波

（d）原始图像　（e）添加高斯噪声　（f）中值滤波

图 3-13　中值滤波效果

### 3.3.6　自适应滤波

MATLAB 图像处理工具箱中的 wiener2 函数可以实现对图像噪声的自适应滤除。wiener2 函数根据图像的局部方差来调整滤波器的输出。当局部方差大时，滤波器的平滑效果较差；当局部方差小时，滤波器的平滑效果好。

wiener2 函数采用的算法是首先估计出像素的局部矩阵和方差：

$$\boldsymbol{\mu}=\frac{1}{MN}\sum_{n_1,n_2\in\eta}a(n_1,n_2)$$

$$\sigma^2=\frac{1}{MN}\sum_{n_1,n_2\in\eta}a^2(n_1,n_2)-\boldsymbol{\mu}^2$$

其中，$\eta$ 是图像中每个像素的 $M\times N$ 的邻域。

然后，对每个像素利用 wiener2 滤波器估计出其灰度值：

$$b(n_1,n_2)=\boldsymbol{\mu}+\frac{\sigma^2-v^2}{\sigma^2}(a(n_1,n_2)-\boldsymbol{\mu})$$

其中，$v^2$ 是图像中噪声的方差。

**【例 3-7】**对带有高斯噪声的 RGB 图像实现自适应滤波处理。

```
>> clear all;
RGB = imread('saturn.png');
subplot(131);imshow(RGB);
xlabel('（a）原始图像')
I = rgb2gray(RGB);
J = imnoise(I,'gaussian',0,0.025);
subplot(132);imshow(J);
xlabel('（b）带高斯噪声的图像')
K = wiener2(J,[5 5]);
subplot(133), imshow(K)
xlabel('（c）自适应滤波处理')
```

运行程序，效果如图 3-14 所示。

（a）原始图像

（b）带高斯噪声的图像

（c）自适应滤波处理

图 3-14　自适应滤波效果

### 3.3.7　锐化滤波器

邻域平均可以模糊图像，因为平均对应积分，所以可以利用微分来锐化图像。非线性锐化滤波器就是应用微分对图像进行处理的，其中最常用的就是利用梯度，即图像沿某个方向的灰度变化率。对于一个连续函数 $f(x,y)$，梯度定义如下：

$$\mathrm{grad}[f(x,y)]=\left[\frac{\partial f}{\partial x},\frac{\partial f}{\partial y}\right]\underline{\underline{\mathrm{def}}}\Delta f$$

梯度是一个向量，需要用两个模板分别沿 $x$ 和 $y$ 方向计算。梯度的模（以 2 为模，对应欧氏距离）为

$$\left|\Delta f\right| = \left[\left(\frac{\partial f}{\partial x}\right)^2 + \left(\frac{\partial f}{\partial y}\right)^2\right]^{\frac{1}{2}}$$

$$\left|\Delta f\right| = \left[\left(\Delta_x f\right)^2 + \left(\Delta_y f\right)^2\right]^{\frac{1}{2}}$$

其中

$$\Delta_x = \frac{\Delta f}{\Delta x} = f(x+1, y) - f(x, y)$$

$$\Delta_y = \frac{\Delta f}{\Delta y} = f(x, y+1) - f(x, y)$$

常用的空域非线性锐化滤波微分算子有 Sobel 算子、Prewitt 算子、LOG 算子（高斯拉普拉斯算子）等。

### 1．Sobel 算子

Sobel 算子主要用作边缘检测，是一种离散型差分算子，用来计算图像亮度函数灰度的近似值。

边缘是指其周围像素灰度急剧变化的那些像素的集合。边缘存在于目标、背景和区域之间，因此，它是图像分割所依赖的最重要的依据。由于边缘是位置的标志，对灰度的变化不敏感，因此，它也是图像匹配的重要特征。

Sobel 边缘检测的核心在于像素矩阵的卷积，卷积对于数字图像处理非常重要，很多图像处理算法都是通过卷积实现的。卷积运算的本质就是对指定的图像区域的像素值进行加权求和，其计算过程为：首先，将图像区域中的每个像素值分别与卷积模板的每个元素对应相乘；然后，将卷积的结果做求和运算，运算得到的和就是最终的结果。

矩阵的卷积公式如下：

$$\boldsymbol{g} = \boldsymbol{f} \times \boldsymbol{h}$$

$$\boldsymbol{g}(i, j) = \sum_{k,l} \boldsymbol{f}(i-k, j-l)\boldsymbol{h}(k, l) = \sum_{k,l} \boldsymbol{f}(k, l)\boldsymbol{h}(i-k, j-l)$$

3×3 的窗口 $\boldsymbol{M}$ 与卷积模板 $\boldsymbol{C}$ 的卷积运算如下：

$$\boldsymbol{M} = \begin{bmatrix} M_1 & M_2 & M_3 \\ M_4 & M_5 & M_6 \\ M_7 & M_8 & M_9 \end{bmatrix} \qquad \boldsymbol{C} = \begin{bmatrix} C_1 & C_2 & C_3 \\ C_4 & C_5 & C_6 \\ C_7 & C_8 & C_9 \end{bmatrix}$$

$$M_5' = M_1 \times C_1 + M_2 \times C_2 + M_3 \times C_3 + M_4 \times C_4 + M_5 \times C_5 + M_6 \times C_6 + M_7 \times C_7 + M_8 \times C_8 + M_9 \times C_9$$

$\boldsymbol{G}_x$ 和 $\boldsymbol{G}_y$ 是 Sobel 算子的卷积因子，如图 3-15 所示，将这两个因子和原始图像做如下卷积运算：

$$\boldsymbol{G}_x = \begin{bmatrix} -1 & 0 & +1 \\ -2 & 0 & +2 \\ -1 & 0 & +1 \end{bmatrix} \times \boldsymbol{A}，\quad \boldsymbol{G}_y = \begin{bmatrix} +1 & +2 & +1 \\ 0 & 0 & 0 \\ -1 & -2 & -1 \end{bmatrix} \times \boldsymbol{A}$$

其中，$\boldsymbol{A}$ 代表原始图像矩阵。

由此可得到图像中的每个点的横向和纵向灰度值。最后通过如下公式来计算改变后图像灰度值的大小：

$$G=\sqrt{G_x^2+G_y^2}$$

但是，通常为了提高效率，使用不开平方的近似值，虽然这样做会损失精度，但是效率高：

$$|G|=|G_x|+|G_y|$$

| -1 | 0 | +1 |
|---|---|---|
| -2 | 0 | +2 |
| -1 | 0 | +1 |

| +1 | +2 | +1 |
|---|---|---|
| 0 | 0 | 0 |
| -1 | -2 | -1 |

图 3-15　Sobel 算子的卷积因子

将 Sobel 算子的实现划分以下为 5 步。

（1）计算 $G_x$ 、 $G_y$ 与梯度模板每行的乘积。

（2）两个 3×3 矩阵的卷积就是将每一行每一列对应相乘然后相加。

（3）求得 3×3 模板运算后的 $G_x$ 、 $G_y$ 。

（4）求 $G_x^2+G_y^2$ 的平方根或直接对 $G_x$ 和 $G_y$ 取绝对值后求和。

（5）设置一个阈值，当运算后的像素值大于该阈值时，输出全为 1；当小于该阈值时，输出全为 0。

**【例 3-8】** 利用 Sobel 算子实现图像的边缘检测。

```
clear all;
A=imread('gujia.jpg');
I = rgb2gray(A);
subplot(2,2,1);   imshow(I);
title('原图');
hx=[-1 -2 -1;0 0 0 ;1 2 1];              %产生 Sobel 垂直梯度模板
hy=hx';                                  %产生 Sobel 水平梯度模板
gradx=filter2(hx,I,'same');
gradx=abs(gradx);                        %计算图像的 Sobel 垂直梯度
subplot(2,2,2);imshow(gradx,[]);
title('图像的 Sobel 垂直梯度');
grady=filter2(hy,I,'same');
grady=abs(grady);                        %计算图像的 Sobel 水平梯度
subplot(2,2,3);
imshow(grady,[]);
title('图像的 Sobel 水平梯度');
grad=gradx+grady;                        %得到图像的 Sobel 梯度
subplot(2,2,4);
imshow(grad,[]);
title('图像的 Sobel 梯度');
```

运行程序，效果如图 3-16 所示。

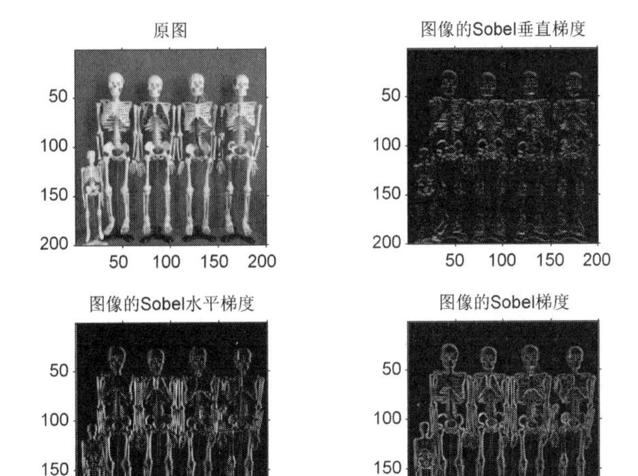


图 3-16 例 3-8 的运行效果

### 2. Roberts 算子

Roberts 算子又称为交叉微分算法，是基于交叉差分的梯度算法，通过局部差分计算检测边缘线条。常用它来处理具有陡峭的低噪声图像，当图像边缘接近于+45° 或-45° 时，该算法的处理效果更理想。它的缺点是对边缘的定位不太准确，提取的边缘线条较粗。

Roberts 算子的模板分为水平方向模板和垂直方向模板：

$$\boldsymbol{d}_x=\begin{bmatrix}-1 & 0\\ 0 & 1\end{bmatrix},\quad \boldsymbol{d}_y=\begin{bmatrix}0 & -1\\ 1 & 0\end{bmatrix}$$

从其模板可以看出，Roberts 算子能较好地增强±45° 的图像边缘。

例如，下面给出 Roberts 算子的模板，在像素点 $P$ 处，$x$ 和 $y$ 的梯度大小 $g_x$ 和 $g_y$ 分别为

$$g_x=\frac{\partial f}{\partial x}=P_9-P_5$$

$$g_y=\frac{\partial f}{\partial y}=P_8-P_6$$

| | | |
|---|---|---|
| $P_1$ | $P_2$ | $P_3$ |
| $P_4$ | $P_5$ | $P_6$ |
| $P_7$ | $P_8$ | $P_9$ |

| | |
|---|---|
| -1 | 0 |
| 0 | 1 |

| | |
|---|---|
| 0 | -1 |
| 1 | 0 |

Roberts算子的模板

**【例 3-9】**实现 Roberts 算子与 Sobel 算子。

```
>> I=imread('peppers.png');
%读取图像
I1=im2double(I);
%将彩图序列变成双精度
I2=rgb2gray(I1);
%将彩色图变成灰色图
```

```
[thr, sorh, keepapp]=ddencmp('den','wv',I2);
I3=wdencmp('gbl',I2,'sym4',2,thr,sorh,keepapp);
%小波除噪
I4=medfilt2(I3,[9 9]);
%中值滤波
I5=imresize(I4,0.2,'bicubic');
%图像大小
BW1=edge(I5,'sobel');
%Sobel 图像边缘提取
BW2=edge(I5,'roberts');
%Roberts 图像边缘提取
BW4=edge(I5,'log');
%LoG 图像边缘提取
BW5=edge(I5,'canny');
%Canny 图像边缘提取
h=fspecial('gaussian',5);
%高斯滤波
BW6=edge(I5,'zerocross',[ ],h);
%Zerocross 图像边缘提取
figure;
subplot(1,3,1);
imshow(I2);
title('原图');
subplot(1,3,2);
imshow(BW1);
title('Sobel 算子');
subplot(1,3,3);
imshow(BW2);
title('Roberts 算子');
```

运行程序，效果如图 3-17 所示。

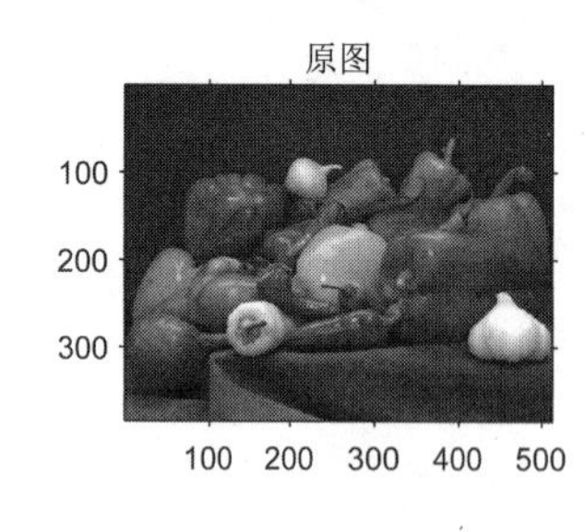


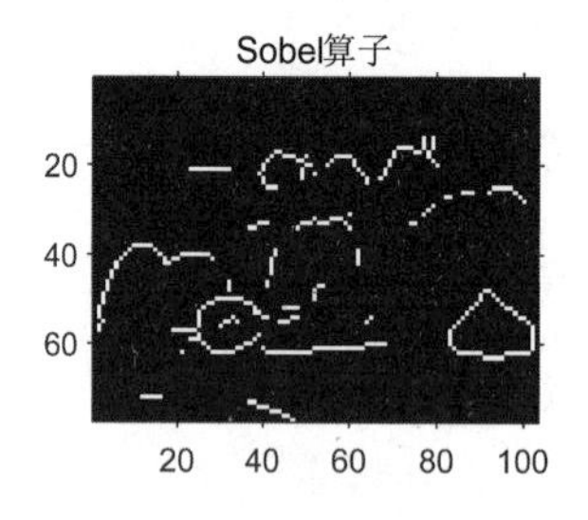


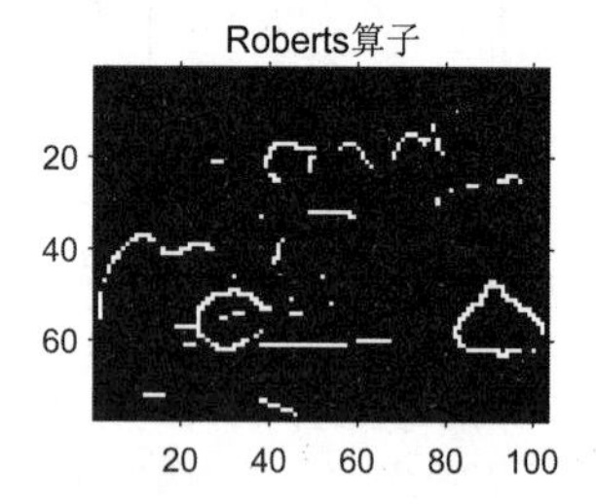


图 3-17　例 3-9 的运行效果

### 3．Prewitt 算子

Prewitt 算子同样也是一种一阶微分算子，它利用像素点上下左右邻点的灰度差，在边缘达到极值检测边缘的目的，对噪声具有平滑作用。

Prewitt 算子的原理是在图像空间利用两个方向模板与图像进行邻域卷积，这两个方向模板一个用来检测水平边缘，一个用来检测垂直边缘。

相比 Roberts 算子，Prewitt 算子对噪声有抑制作用，抑制噪声的原理是像素平均，因此，对于噪声较多的图像，它处理得比较好，但是由于像素平均相当于对图像进行低通滤波，所以 Prewitt 算子对边缘的定位性能不如 Roberts 算子。

那么，为什么 Prewitt 算子对噪声有抑制作用呢？请看 Prewitt 算子的卷积核，如图 3-18 所示。

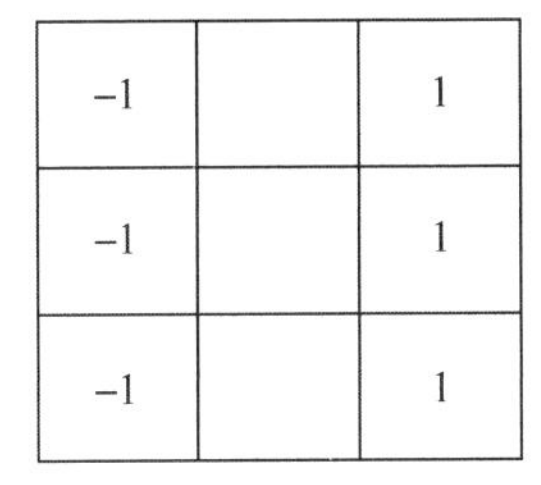

| | | |
|---|---|---|
| –1 | | 1 |
| –1 | | 1 |
| –1 | | 1 |

Prewitt_X

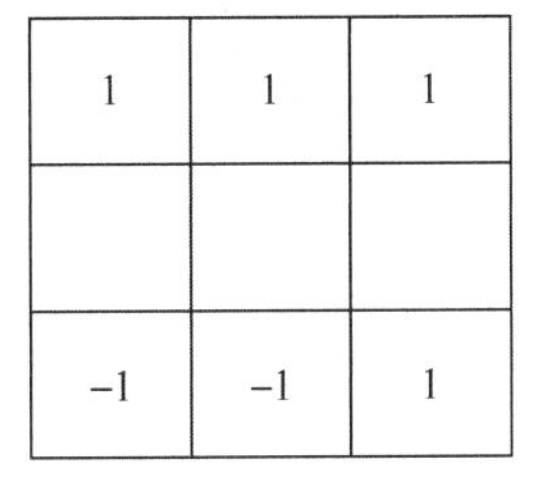

| | | |
|---|---|---|
| 1 | 1 | 1 |
| | | |
| –1 | –1 | 1 |

Prewitt_Y

图 3-18 Prewitt 算子的卷积核

图像与 Prewitt_X 卷积后可以反映图像的垂直边缘，与 Prewitt_Y 卷积后可以反映图像的水平边缘。最重要的是，这两个卷积是可分离的：

$$\text{Preweitt\_X}=\begin{bmatrix}1\\1\\1\end{bmatrix}\times\begin{bmatrix}-1 & 0 & 1\end{bmatrix}，\ \text{Preweitt\_Y}=\begin{bmatrix}1 & 1 & 1\end{bmatrix}\times\begin{bmatrix}1\\0\\-1\end{bmatrix}$$

从分离的结果来看， Prewitt_X 算子实际上先对图像进行垂直方向的非归一化均值平滑，然后进行水平方向的差分；然而 Prewitt_Y 算子实际上先对图像进行水平方向的非归一化均值平滑，然后进行垂直方向的差分。这就是 Prewitt 算子能够抑制噪声的原因。

**【例 3-10】**对图像实现 Prewitt 算子检测。

```
>> clear all;
sourcePic=imread('lena.jpg');          %提取图像
grayPic=mat2gray(sourcePic);
[m,n]=size(grayPic);
newGrayPic=grayPic;
PrewittNum=0;
PrewittThreshold=0.5;                  %设定阈值
for j=2:m-1                            %进行边界提取
    for k=2:n-1
        PrewittNum=abs(grayPic(j-1,k+1)-grayPic(j+1,k+1)+grayPic(j-1,k)-grayPic(j+1,k)+grayPic(j-1,
k-1)-grayPic(j+1,k-1))+abs(grayPic(j-1,k+1)+grayPic(j,k+1)+grayPic(j+1,k+1)-grayPic(j-1,k-1)-grayPic(j,k-1)-
grayPic(j+1,k-1));
        if(PrewittNum > PrewittThreshold)
            newGrayPic(j,k)=255;
        else
```

```
                newGrayPic(j,k)=0;
            end
        end
end
figure,imshow(newGrayPic);
title('Prewitt 算子的处理结果')
```

运行程序，结果如图 3-19 所示。

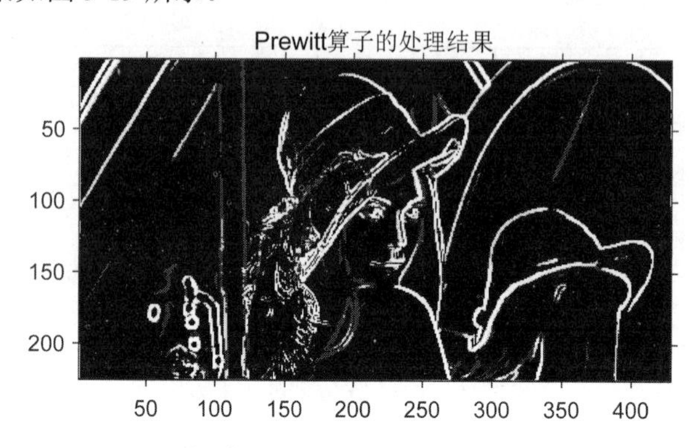


图 3-19　Prewitt 算子的处理结果

### 4．Laplacian 算子

什么是 Laplacian 算子？在图像锐化增强中，我们希望找到一种各向同性的边缘检测算子，这个算子就是 Laplacian 算子，该算子及其对 $f(x,y)$ 的作用如下：

$$\nabla^2 f = \frac{\partial^2 f}{\partial x^2} + \frac{\partial^2 f}{\partial y^2}$$

由一维信号的锐化公式可得到二维数字图像的锐化公式为

$$g(m,n) = f(m,n) + \alpha[-\nabla^2 f(m,n)] \tag{3-2}$$

在数字图像处理中，$\frac{\partial^2 f}{\partial x^2}$ 和 $\frac{\partial^2 f}{\partial y^2}$ 可用差分方程表示为

$$\frac{\partial^2 f}{\partial x^2} = f(m+1,n) + f(m-1,n) - 2f(m,n)$$

$$\frac{\partial^2 f}{\partial y^2} = f(m,n+1) + f(m,n-1) - 2f(m,n)$$

将以上两式代入式（3-2）中，可得图像的拉普拉斯锐化表示为

$$g(m,n) = (1+4\alpha)f(m,n) - \alpha[f(m+1,n) + f(m-1,n) + f(m,n+1) + f(m,n-1)]$$

式中，$\alpha$ 为锐化强度系数（一般取正整数），$\alpha$ 越大，锐化的程度就越强，对应于图中的“过冲”就越大。

**【例 3-11】** 对比 Robert 算子、Laplacian 算子、Sobel 算子、Prewitt 算子对图像的检测效果。

```
>> clear all;
img = imread('lena.jpg');              %提取图像
[ROW,COL] = size(img);
img = double(img);
```

```
new_img = zeros(ROW,COL);       %新建画布
%定义 Robert 算子
roberts_x = [1,0;0,-1];
roberts_y = [0,-1;1,0];
for i = 1:ROW - 1
    for j = 1:COL - 1
        funBox = img(i:i+1,j:j+1);
        G_x = roberts_x .* funBox;
        G_x = abs(sum(G_x(:)));
        G_y = roberts_y .* funBox;
        G_y = abs(sum(G_y(:)));
        roberts_xy   = G_x * 0.5 + G_y * 0.5;
        new_img(i,j) = roberts_xy;
    end
end
subplot(411);
imshow(new_img/255),title("Robert 算子的图像");
% 定义 Laplacian 算子
laplace = [0,1,0;1,-4,1;0,1,0];
for i = 1:ROW - 2
    for j = 1:COL - 2
        funBox = img(i:i+2,j:j+2);
        G = laplace .* funBox;
        G = abs(sum(G(:)));
        new_img(i+1,j+1) = G;
    end
end
subplot(412);
imshow(new_img/255),title("Laplacian 算子的图像");
%定义 Sobel 算子
sobel_x = [-1,0,1;-2,0,2;-1,0,1];
sobel_y = [-1,-2,-1;0,0,0;1,2,1];
for i = 1:ROW - 2
    for j = 1:COL - 2
        funBox = img(i:i+2,j:j+2);
        G_x = sobel_x .* funBox;
        G_x = abs(sum(G_x(:)));
        G_y = sobel_y .* funBox;
        G_y = abs(sum(G_y(:)));
        sobelxy   = G_x * 0.5 + G_y * 0.5;
        new_img(i+1,j+1) = sobelxy;
    end
end
```

```
subplot(413);
imshow(new_img/255),title("Sobel 算子的图像");
%定义 Prewitt 算子
sobel_x = [-1,0,1;-1,0,1;-1,0,1];
sobel_y = [-1,-1,-1;0,0,0;1,1,1];
for i = 1:ROW - 2
    for j = 1:COL - 2
        funBox = img(i:i+2,j:j+2);
        G_x = sobel_x .* funBox;
        G_x = abs(sum(G_x(:)));
        G_y = sobel_y .* funBox;
        G_y = abs(sum(G_y(:)));
        sobelxy  = G_x * 0.5 + G_y * 0.5;
        new_img(i+1,j+1) = sobelxy;
    end
end
subplot(414);
imshow(new_img/255),title("Prewitt 算子的图像");
```

运行程序，效果如图 3-20 所示。

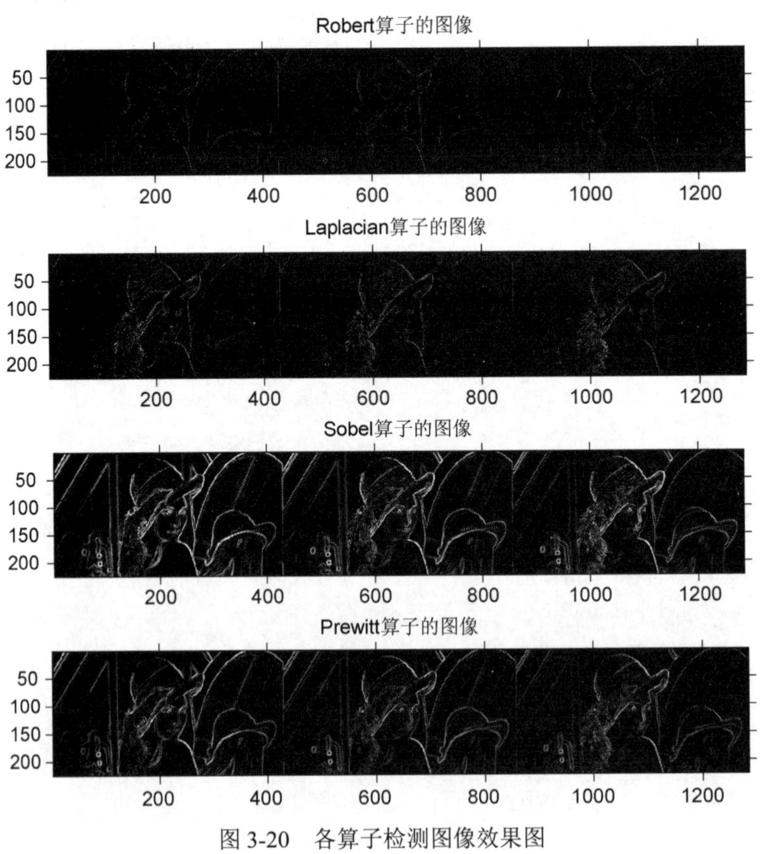


图 3-20　各算子检测图像效果图

### 5. LoG 算子

前面学习了用 Laplacian 算子对图像进行边缘检测，我们知道，它对离散点和噪声比较敏感。于是，首先对图像进行高斯卷积滤波降噪处理，然后采用 Laplacian 算子进行边缘检测，就可以提高算子对噪声和离散点的敏感度，在这一过程中，Laplacian of Gaussian（LoG，高斯拉普拉斯）算子就诞生了。

高斯卷积函数定义为

$$G_\sigma(x,y)=\frac{1}{\sqrt{2\pi\sigma^2}}\exp\left(-\frac{x^2+y^2}{2\sigma^2}\right)$$

原始图像与高斯卷积定义为

$$\left|\Delta G_\sigma(x,y)\times f(x,y)\right|=\left|\Delta G_\sigma(x,y)\right|\times f(x,y)=G_\sigma(x,y)\times f(x,y)$$

因为

$$\frac{\mathrm{d}}{\mathrm{d}t}[h(t)\times f(t)]=\frac{\mathrm{d}}{\mathrm{d}t}\int f(\tau)h(t-\tau)\mathrm{d}\tau=\int f(\tau)\frac{\mathrm{d}}{\mathrm{d}t}h(t-\tau)\mathrm{d}\tau=f(t)\times\frac{\mathrm{d}}{\mathrm{d}t}h(t)$$

所以，LoG 算子 $G_\sigma(x,y)$ 可以先对高斯卷积函数进行偏导操作，然后进行卷积求解。用公式表示为

$$\frac{\partial}{\partial x}G_\sigma(x,y)=\frac{\partial}{\partial x}\mathrm{e}^{-\frac{(x^2+y^2)}{2\sigma^2}}=-\frac{x}{\sigma^2}\mathrm{e}^{-\frac{(x^2+y^2)}{2\sigma^2}}$$

$$\frac{\partial^2}{\partial^2 x}G_\sigma(x,y)=\frac{x^2}{\sigma^4}\mathrm{e}^{-\frac{(x^2+y^2)}{2\sigma^2}}-\frac{1}{\sigma^2}\mathrm{e}^{-\frac{(x^2+y^2)}{2\sigma^2}}=\frac{x^2-\sigma^2}{\sigma^4}\mathrm{e}^{-\frac{(x^2+y^2)}{2\sigma^2}}$$

因此，LoG 核函数可定义为

$$\mathrm{LoG}\underline{\underline{\Delta}}G_\sigma(x,y)=\frac{\partial^2}{\partial x^2}G_\sigma(x,y)+\frac{\partial^2}{\partial y^2}G_\sigma(x,y)=\frac{x^2+y^2-2\sigma^2}{\sigma^4}\mathrm{e}^{-\frac{(x^2+y^2)}{\sigma^2}}$$

$$\begin{aligned}\nabla^2 g(x,y)&=\frac{\partial^2 g(x,y,\sigma)}{\partial x^2}U_x+\frac{\partial^2 g(x,y,\sigma)}{\partial y^2}U_y\\&=\frac{\partial\nabla_g(x,y,\sigma)}{\partial x}U_x+\frac{\partial\nabla_g(x,y,\sigma)}{\partial y}U_y\\&=\left(\frac{x^2}{\sigma^2}-1\right)\frac{\mathrm{e}^{\frac{-(x^2+y^2)}{2\sigma^2}}}{\sigma^2}+\left(\frac{y^2}{\sigma^2}-1\right)\frac{\mathrm{e}^{\frac{-(x^2+y^2)}{2\sigma^2}}}{\sigma^2}\\&=\frac{1}{\sigma^2}\left(\frac{(x^2+y^2)}{\sigma^2}-2\right)\mathrm{e}^{\frac{-(x^2+y^2)}{2\sigma^2}}\end{aligned}$$

高斯函数和一阶导数如图 3-21 所示，二阶导数如图 3-22 所示。

LoG 算子可以利用高斯差分来近似，其中差分是由两个高斯滤波与不同变量的卷积结果求得的：

$$\sigma\nabla^2 g(x,y,\sigma)=\frac{\partial g}{\partial\sigma}\approx\frac{g(x,y,k\sigma)-g(x,y,\sigma)}{k\sigma-\sigma}$$

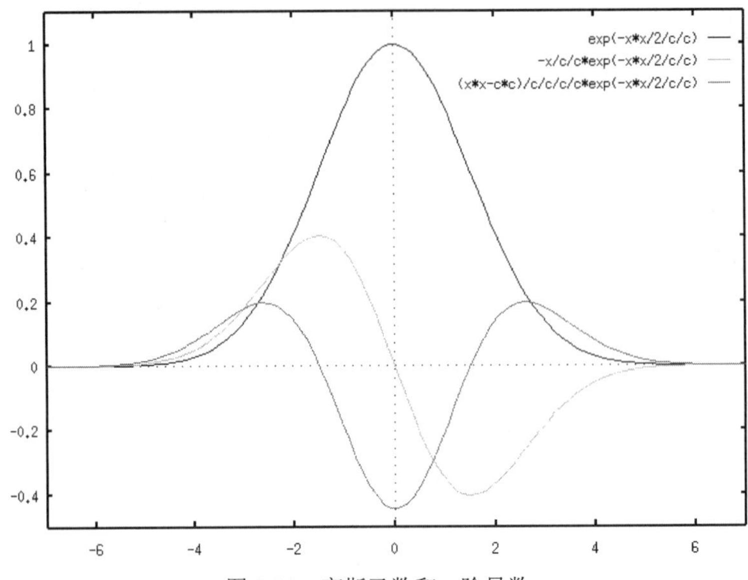


图 3-21　高斯函数和一阶导数

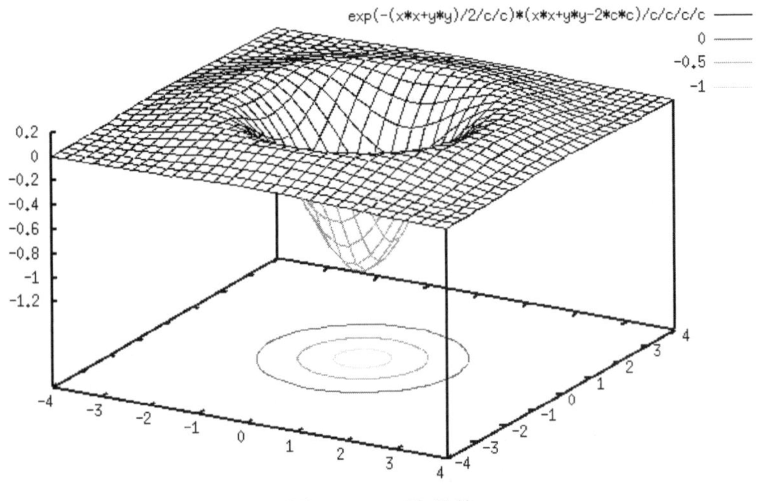


图 3-22　二阶导数

【例 3-12】利用 LoG 算子对图像实现检测。

```
>> clear all;
I = imread('lena.jpg');%提取图像
subplot(2,2,1);
imshow(I);
title('原始图像');
I1=rgb2gray(I);
subplot(2,2,2);
imshow(I1);
title('灰度图像');
I2=edge(I1,'log');
subplot(2,2,3);
imshow(I2);
```

```
title('LoG 算子分割结果');
```

运行程序，效果如图 3-23 所示。

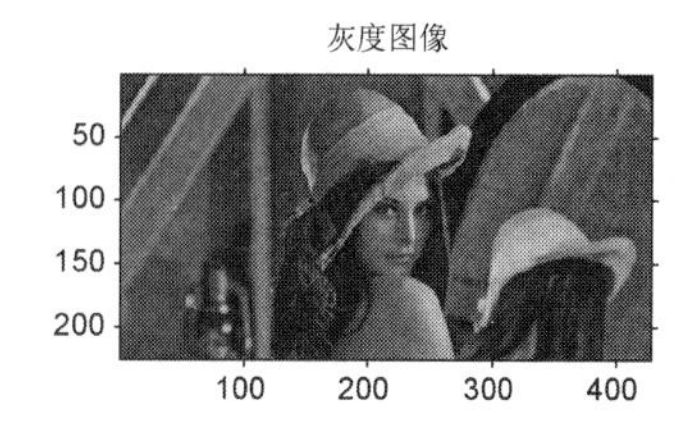

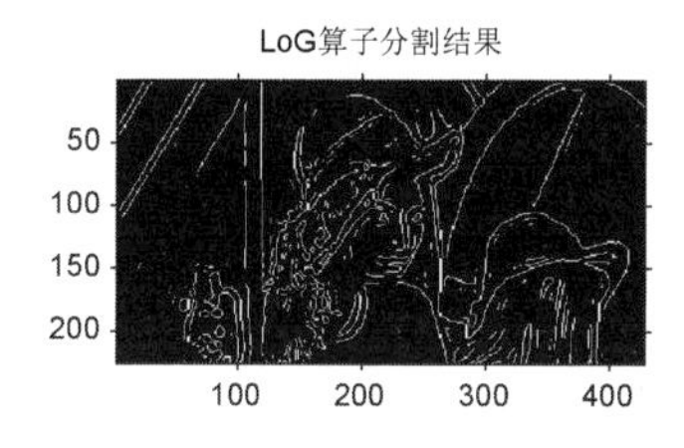


图 3-23 LoG 算子检测效果

### 6. Canny 算子

Canny 边缘检测算法一直是边缘检测的经典算法。Canny 边缘检测的基本原理如下。

（1）图像边缘检测必须满足两个条件：一是能有效地抑制噪声；二是必须尽量精确确定边缘的位置。

（2）通过对信噪比与定位乘积进行测度来得到最优逼近算子，这就是 Canny 边缘检测算子。

（3）类似于 LoG 边缘检测方法，它也属于先平滑后求导数的方法。

Canny 的目标是找到一个最优的边缘检测算法。最优边缘检测算法的含义如下。

（1）好的检测：算法能够尽可能多地标识出图像中的实际边缘。

（2）好的定位：标识出的边缘与实际图像中的实际边缘要尽可能接近。

（3）最小响应：图像中的边缘只能标识一次，并且可能存在的图像噪声不应被标识为边缘。

Canny 边缘检测算法的步骤如下。

（1）去噪。

任何边缘检测算法都不可能在未经处理的原始数据上进行很好的处理，因此，Canny 边缘检测的第一步是对原始数据与高斯掩膜做卷积运算，得到的图像与原始图像相比有些模糊。这样，单独的一个像素在经过高斯平滑的图像上变得几乎没有影响。

（2）用一阶偏导数的有限差分来计算梯度的幅值和方向。

（3）对梯度幅值进行非极大值抑制。

仅仅得到全局的梯度并不足以确定边缘，因此，为确定边缘，必须保留局部梯度最大的点，并抑制非极大值（Non Maxima Suppression，NMS），这利用梯度的方向可解决，如图 3-24 所示。

在图 3-24 中，将梯度离散为圆周的 4 个扇区之一，以便用 3×3 的窗口进行抑制运算。4 个扇区的标号为 0 到 3，对应 3×3 邻域的 4 种可能组合。

在每一点上，将邻域的中心像素 $M[x,y]$ 与沿着梯度线的两个像素进行比较，如果 $M[x,y]$ 的梯度值不比沿着梯度线的两个相邻像素的梯度值大，则令 $M[x,y]=0$。

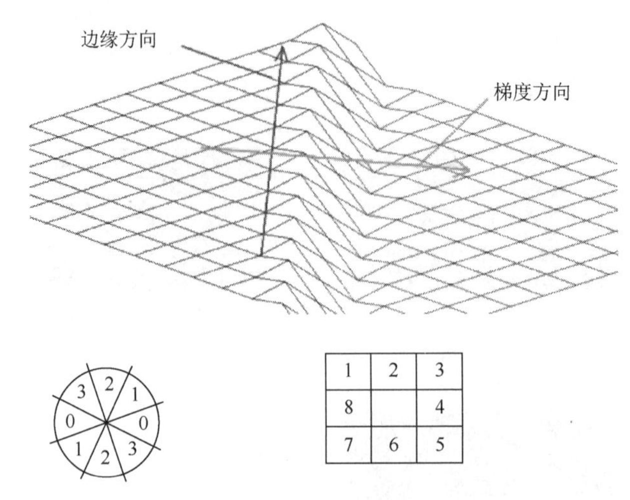


图 3-24　梯度的方向

（4）用双阈值算法检测和连接边缘。

减少假边缘数量的典型方法是对图像 $N[i,j]$ 使用一个阈值。将低于阈值的所有值都赋零值。但问题是如何选取阈值呢？解决方法为使用双阈值算法。对非极大值抑制图像使用两个阈值 $\tau_1$ 和 $\tau_2$，且 $2\tau_1 \approx \tau_2$，从而可以得到两个阈值边缘图像 $N_1[i,j]$ 和 $N_2[i,j]$。由于 $N_2[i,j]$ 使用高阈值得到，因而含有很少的假边缘，但有间断（不闭合）。双阈值法要在 $N_2[i,j]$ 中把边缘连接成轮廓，当到达轮廓的端点时，该算法就在 $N_1[i,j]$ 的 8 个邻点位置寻找可以连接到轮廓上的边缘，这样，算法就不断地在 $N_1[i,j]$ 中收集边缘，直到将 $N_2[i,j]$ 连接起来。在连接边缘的时候，用数组模拟队列来实现，以进行 8-连通域搜索。

**【例 3-13】**实现 Canny 算子检测图像的过程。

```
>> clear all;
I=imread('peppers.png');              %提取图像
I = double(I);
[height,width] = size(I);
J = I;
conv = zeros(5,5);                    %高斯卷积核
sigma = 1;%方差
sigma_2 = sigma * sigma;              %临时变量
sum = 0;
for i = 1:5
    for j = 1:5
        %高斯公式
        conv(i,j) = exp((-(i - 3) * (i - 3) - (j - 3) * (j - 3)) / (2 * sigma_2)) / (2 * 3.14 * sigma_2);
        sum = sum + conv(i,j);
    end
end
conv = conv./sum;                     %标准化
%对图像实施高斯滤波
for i = 1:height
    for j = 1:width
```

```
            sum = 0;                    %临时变量
            for k = 1:5
                for m = 1:5
                    if (i - 3 + k) > 0 && (i - 3 + k) <= height && (j - 3 + m) > 0 && (j - 3 + m) < width
                        sum = sum + conv(k,m) * I(i - 3 + k,j - 3 + m);
                    end
                end
            end
            J(i,j) = sum;
        end
    end
    subplot(221),imshow(J,[])
    title('高斯滤波后的结果')
    %求梯度
    dx = zeros(height,width);           %x 方向梯度
    dy = zeros(height,width);           %y 方向梯度
    d = zeros(height,width);
    for i = 1:height - 1
        for j = 1:width - 1
            dx(i,j) = J(i,j + 1) - J(i,j);
            dy(i,j) = J(i + 1,j) - J(i,j);
            d(i,j) = sqrt(dx(i,j) * dx(i,j) + dy(i,j) * dy(i,j));
        end
    end
    subplot(222),imshow(d,[])
    title('求梯度后的结果')
    %局部非极大值抑制
    K = d;%记录进行非极大值抑制后的梯度
    %设置图像边缘为不可能的边缘点
    for j = 1:width
        K(1,j) = 0;
    end
    for j = 1:width
        K(height,j) = 0;
    end
    for i = 2:width - 1
        K(i,1) = 0;
    end
    for i = 2:width - 1
        K(i,width) = 0;
    end
    for i = 2:height - 1
        for j = 2:width - 1
            %如果当前像素点的梯度值为 0，就一定不是边缘点
            if d(i,j) == 0
                K(i,j) = 0;
```

```
        else
            gradX = dx(i,j);                          %当前点 x 方向的导数
            gradY = dy(i,j);                          %当前点 y 方向的导数
            gradTemp = d(i,j);                        %当前点的梯度
            %当 y 方向的幅值较大时
            if abs(gradY) > abs(gradX)
                weight = abs(gradX) / abs(gradY);     %权重
                grad2 = d(i - 1,j);
                grad4 = d(i + 1,j);
                %x、y 方向的导数符号相同时的像素点的位置关系
                if gradX * gradY > 0
                    grad1 = d(i - 1,j - 1);
                    grad3 = d(i + 1,j + 1);
                else
                    %x、y 方向的导数符号相反时的像素点的位置关系
                    grad1 = d(i - 1,j + 1);
                    grad3 = d(i + 1,j - 1);
                end
            %当 x 方向的幅值较大时
            else
                weight = abs(gradY) / abs(gradX);     %权重
                grad2 = d(i,j - 1);
                grad4 = d(i,j + 1);
                %x、y 方向的导数符号相同时的像素点的位置关系
                if gradX * gradY > 0
                    grad1 = d(i + 1,j + 1);
                    grad3 = d(i - 1,j - 1);
                else
                    %x、y 方向的导数符号相反时的像素点的位置关系
                    grad1 = d(i - 1,j + 1);
                    grad3 = d(i + 1,j - 1);
                end
            end
            %利用 grad1～grad4 对梯度进行插值
            gradTemp1 = weight * grad1 + (1 - weight) * grad2;
            gradTemp2 = weight * grad3 + (1 - weight) * grad4;
            %当前像素的梯度是局部最大值，可能是边缘点
            if gradTemp >= gradTemp1 && gradTemp >= gradTemp2
                K(i,j) = gradTemp;
            else
                %不可能是边缘点
                K(i,j) = 0;
            end
        end
    end
end
```

```
subplot(223),imshow(K,[])
title('非极大值抑制后的结果')
%定义双阈值：EP_MIN、EP_MAX，且 EP_MAX = 2 * EP_MIN
EP_MIN = 12;
EP_MAX = EP_MIN * 2;
EdgeLarge = zeros(height,width);                    %记录真边缘
EdgeBetween = zeros(height,width);                  %记录可能的边缘点
for i = 1:height
    for j = 1:width
        if K(i,j) >= EP_MAX%小于小阈值，不可能为边缘点
            EdgeLarge(i,j) = K(i,j);
        else if K(i,j) >= EP_MIN
                EdgeBetween(i,j) = K(i,j);
            end
        end
    end
end
%把 EdgeLarge 的边缘连成连续的轮廓
MAXSIZE = 999999;
Queue = zeros(MAXSIZE,2);                           %用数组模拟队列
front = 1;%队头
rear = 1;%队尾
edge = zeros(height,width);
for i = 1:height
    for j = 1:width
        if EdgeLarge(i,j) > 0
            %强点入队
            Queue(rear,1) = i;
            Queue(rear,2) = j;
            rear = rear + 1;
            edge(i,j) = EdgeLarge(i,j);
            EdgeLarge(i,j) = 0;                     %避免重复计算
        end
        while front ~= rear                         %队不空
            %队头出队
            temp_i = Queue(front,1);
            temp_j = Queue(front,2);
            front = front + 1;
            %8-连通域搜索可能的边缘点，左上方
            if EdgeBetween(temp_i - 1,temp_j - 1) > 0 %把在强点周围的弱点变为强点
                EdgeLarge(temp_i - 1,temp_j - 1) = K(temp_i - 1,temp_j - 1);
                EdgeBetween(temp_i - 1,temp_j - 1) = 0;          %避免重复计算
                %入队
                Queue(rear,1) = temp_i - 1;
                Queue(rear,2) = temp_j - 1;
                rear = rear + 1;
```

```
end
%正上方
if EdgeBetween(temp_i - 1,temp_j) > 0                    %把在强点周围的弱点变为强点
    EdgeLarge(temp_i - 1,temp_j) = K(temp_i - 1,temp_j);
    EdgeBetween(temp_i - 1,temp_j) = 0;
    %入队
    Queue(rear,1) = temp_i - 1;
    Queue(rear,2) = temp_j;
    rear = rear + 1;
end
%右上方，把在强点周围的弱点变为强点
if EdgeBetween(temp_i - 1,temp_j + 1) > 0
    EdgeLarge(temp_i - 1,temp_j + 1) = K(temp_i - 1,temp_j + 1);
    EdgeBetween(temp_i - 1,temp_j + 1) = 0;
    %入队
    Queue(rear,1) = temp_i - 1;
    Queue(rear,2) = temp_j + 1;
    rear = rear + 1;
end
%正左方
if EdgeBetween(temp_i,temp_j - 1) > 0                    %把在强点周围的弱点变为强点
    EdgeLarge(temp_i,temp_j - 1) = K(temp_i,temp_j - 1);
    EdgeBetween(temp_i,temp_j - 1) = 0;
    %入队
    Queue(rear,1) = temp_i;
    Queue(rear,2) = temp_j - 1;
    rear = rear + 1;
end
%正右方
if EdgeBetween(temp_i,temp_j + 1) > 0                    %把在强点周围的弱点变为强点
    EdgeLarge(temp_i,temp_j + 1) = K(temp_i,temp_j + 1);
    EdgeBetween(temp_i,temp_j + 1) = 0;
    %入队
    Queue(rear,1) = temp_i;
    Queue(rear,2) = temp_j + 1;
    rear = rear + 1;
end
%左下方，把在强点周围的弱点变为强点
if EdgeBetween(temp_i + 1,temp_j - 1) > 0
    EdgeLarge(temp_i + 1,temp_j - 1) = K(temp_i + 1,temp_j - 1);
    EdgeBetween(temp_i + 1,temp_j - 1) = 0;
    %入队
    Queue(rear,1) = temp_i + 1;
    Queue(rear,2) = temp_j - 1;
```

```
                rear = rear + 1;
            end
            %正下方
            if EdgeBetween(temp_i + 1,temp_j) > 0                    %把在强点周围的弱点变为强点
                EdgeLarge(temp_i + 1,temp_j) = K(temp_i + 1,temp_j);
                EdgeBetween(temp_i + 1,temp_j) = 0;
                %入队
                Queue(rear,1) = temp_i + 1;
                Queue(rear,2) = temp_j;
                rear = rear + 1;
            end
            %右下方，把在强点周围的弱点变为强点
            if EdgeBetween(temp_i + 1,temp_j + 1) > 0
                EdgeLarge(temp_i + 1,temp_j + 1) = K(temp_i + 1,temp_j + 1);
                EdgeBetween(temp_i + 1,temp_j + 1) = 0;
                %入队
                Queue(rear,1) = temp_i + 1;
                Queue(rear,2) = temp_j + 1;
                rear = rear + 1;
            end
        end
    end
end
subplot(224),imshow(edge,[])
title('双阈值后的结果')
```

运行程序，效果如图 3-25 所示。

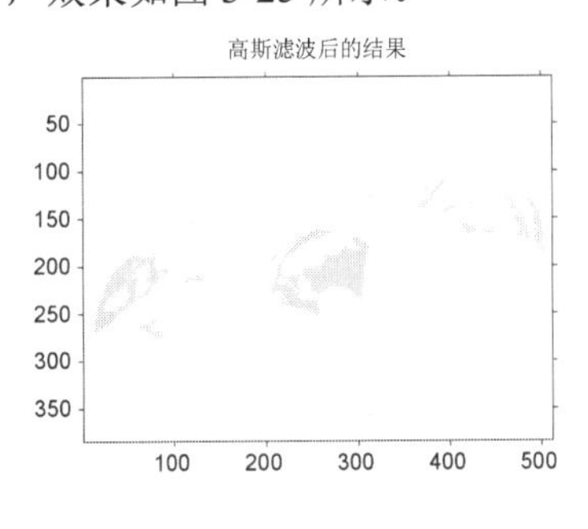


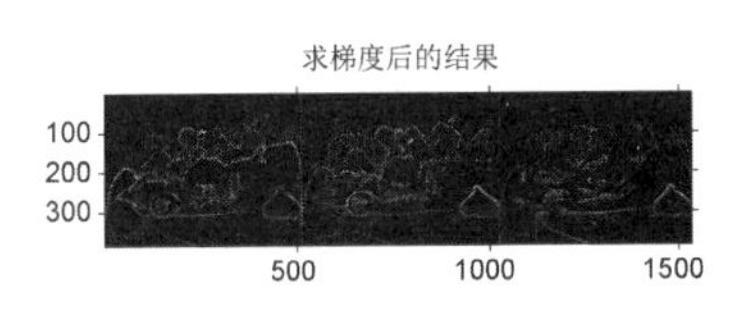


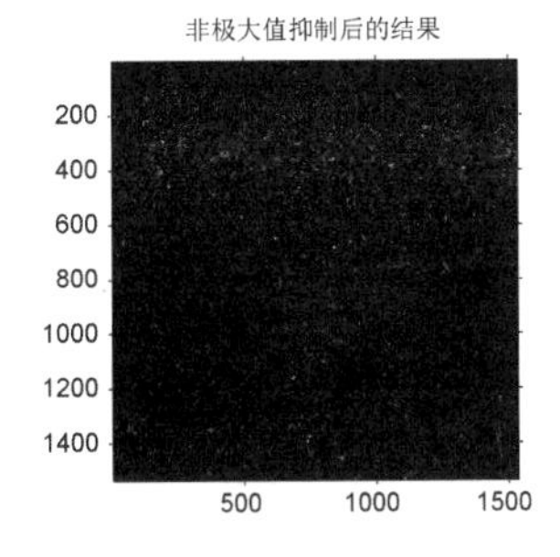


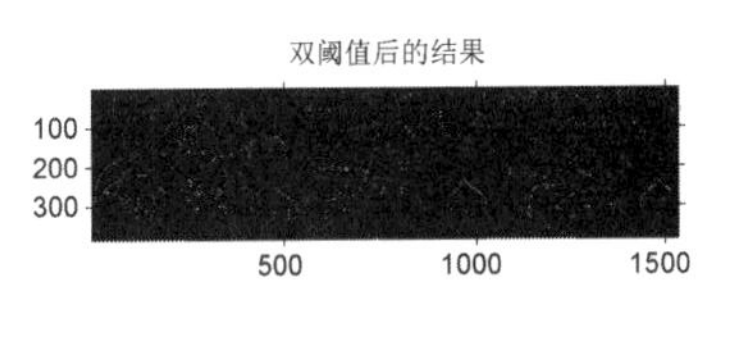


图 3-25　Canny 检测图像效果

## 3.4 图像的镜像变换

镜像变换是与人们日常生活密切相关的一种变换，图像的镜像变换不改变图像的形状。图像的镜像变换包括水平镜像和垂直镜像两种。图像[见图 3-26（a）]的水平镜像变换是指将图像的左半部分和右半部分以图像垂直中轴线为中心进行镜像对换，如图 3-26（b）所示；图像的垂直镜像变换是指将图像的上半部分和下半部分以图像水平中轴线为中心进行镜像对换，如图 3-26（c）所示；而图像的对角镜像变换是指先将图像做水平镜像变换，再做垂直镜像变换，如图 3-26（d）所示。

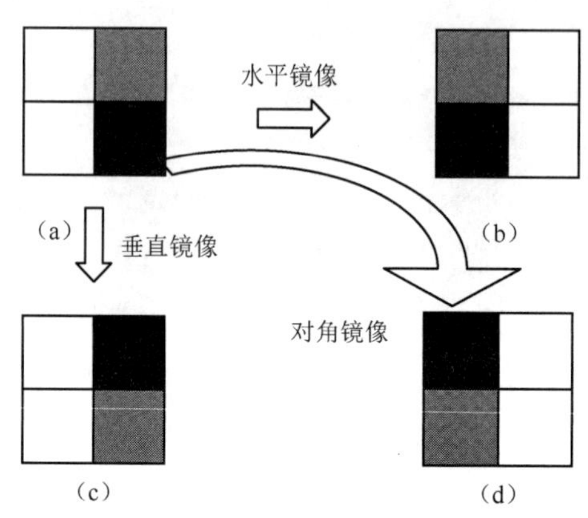


图 3-26　图像的镜像位置关系

### 1．水平镜像

设点 $A_0(x_0, y_0)$ 镜像后的对应点为 $A(x, y)$，图像的高度为 $h$、宽度为 $w$，因此原始图像中的点 $A_0(x_0, y_0)$ 经过水平镜像后，坐标将变为

$$\begin{cases} x = w - x_0 \\ y = y_0 \end{cases} \tag{3-3}$$

图像的水平镜像变换用矩阵形式表示如下：

$$\begin{bmatrix} x \\ y \\ 1 \end{bmatrix} = \begin{bmatrix} -1 & 0 & w \\ 0 & 1 & 0 \\ 0 & 0 & 1 \end{bmatrix} \begin{bmatrix} x_0 \\ y_0 \\ 1 \end{bmatrix} \tag{3-4}$$

同样，也可以根据点 $A(x, y)$ 求解原始点 $A_0(x_0, y_0)$ 的坐标，矩阵表示形式如下：

$$\begin{bmatrix} x_0 \\ y_0 \\ 1 \end{bmatrix} = \begin{bmatrix} 1 & 0 & w \\ 0 & 1 & 0 \\ 0 & 0 & 1 \end{bmatrix} \begin{bmatrix} x \\ y \\ 1 \end{bmatrix} \tag{3-5}$$

### 2．垂直镜像

对于垂直镜像，设点 $A_0(x_0, y_0)$ 经过垂直镜像后，坐标将变为点 $A(x, y)$，即原始图像中的点 $A_0(x_0, y_0)$ 经过垂直镜像后，坐标将变为

$$\begin{cases} x = x_0 \\ y = h - y_0 \end{cases} \tag{3-6}$$

图像的垂直镜像也可以用矩阵形式表示：

$$\begin{bmatrix} x \\ y \\ 1 \end{bmatrix} = \begin{bmatrix} 1 & 0 & 0 \\ 0 & -1 & h \\ 0 & 0 & 1 \end{bmatrix} \begin{bmatrix} x_0 \\ y_0 \\ 1 \end{bmatrix} \tag{3-7}$$

垂直镜像也可以根据点 $A(x,y)$ 求解原始点 $A_0(x_0,y_0)$ 的坐标，矩阵表示形式如下：

$$\begin{bmatrix} x_0 \\ y_0 \\ 1 \end{bmatrix} = \begin{bmatrix} 1 & 0 & 0 \\ 0 & -1 & h \\ 0 & 0 & 1 \end{bmatrix} \begin{bmatrix} x \\ y \\ 1 \end{bmatrix} \tag{3-8}$$

### 3．对角镜像

对于对角镜像，设点 $A_0(x_0,y_0)$ 经过对角镜像后，坐标将变为点 $A(x,y)$，即原始图像中的点 $A_0(x_0,y_0)$ 经过对角镜像后，坐标将变为

$$\begin{cases} x = w - x_0 \\ y = h - y_0 \end{cases} \tag{3-9}$$

图像的对角镜像也可以用矩阵形式表示：

$$\begin{bmatrix} x \\ y \\ 1 \end{bmatrix} = \begin{bmatrix} -1 & 0 & w \\ 0 & -1 & h \\ 0 & 0 & 1 \end{bmatrix} \begin{bmatrix} x_0 \\ y_0 \\ 1 \end{bmatrix} \tag{3-10}$$

对角镜像也可以根据点 $A(x,y)$ 求解原始点 $A_0(x_0,y_0)$ 的坐标，矩阵表示形式如下：

$$\begin{bmatrix} x_0 \\ y_0 \\ 1 \end{bmatrix} = \begin{bmatrix} 1 & 0 & w \\ 0 & -1 & h \\ 0 & 0 & 1 \end{bmatrix} \begin{bmatrix} x \\ y \\ 1 \end{bmatrix} \tag{3-11}$$

**【例 3-14】**对图像进行镜像变换。

```
clear all;
I=imread('house.png');
subplot(221);imshow(I);
xlabel('（a）原始图像')
I=double(I);
h=size(I);
I_fliplr(1:h(1),1:h(2),1:h(3))=I(1:h(1),h(2):-1:1,1:h(3));                %水平镜像变换
I1=uint8(I_fliplr);
subplot(222);imshow(I1);
xlabel('（b）水平镜像变换')
I_flipud(1:h(1),1:h(2),1:h(3))=I(h(1):-1:1,1:h(2),1:h(3));                %垂直镜像变换
I2=uint8(I_flipud);
subplot(223);imshow(I2);
xlabel('（c）垂直镜像变换')
I_fliplr_flipud(1:h(1),1:h(2),1:h(3))=I(h(1):-1:1,h(2):-1:1,1:h(3));      %对角镜像变换
I3=uint8(I_fliplr_flipud);
subplot(224);imshow(I3);
xlabel('（d）对角镜像变换')
```

运行程序，效果如图3-27所示。

(a) 原始图像　(b) 水平镜像变换　(c) 垂直镜像变换　(d) 对角镜像变换

图3-27　图像的镜像变换效果

# 3.5　图像的空间变换

空间变换包括可用数学函数表达的简单变换（如平移、拉伸等仿射变换）和依赖实际图像而不易用函数形式描述的复杂变换（如对存在几何畸变的摄像机拍摄的图像进行校正，需要实际拍摄栅格图像，根据栅格的实际扭曲数据建立空间变换；通过指定图像中一些控制点的位移及插值方法来描述的仿射变换）。

## 3.5.1　仿射变换

仿射变换的含义如下。

（1）对坐标进行缩放、旋转、平移（无先后顺序）后取得新坐标的值。

（2）经过对坐标的缩放、旋转、平移操作后得到原坐标在新坐标中的值。

已知仿射变换形式为

$$f(x)=\boldsymbol{A}x+\boldsymbol{b}$$

其中，$\boldsymbol{A}$为变形矩阵；$\boldsymbol{b}$为平移矢量。在二维空间中，可以按如下4步来分解$\boldsymbol{A}$：尺度、伸缩、扭曲、旋转。

### 1. 尺度

实现尺度的表达式为

$$\boldsymbol{A}_s=\begin{pmatrix} s & 0 \\ 0 & s \end{pmatrix},\ s\geqslant 0$$

### 2．伸缩

实现伸缩的表达式为

$$\boldsymbol{A}_t=\begin{pmatrix}1 & 0\\ 0 & t\end{pmatrix},\ \boldsymbol{A}_t\boldsymbol{A}_s=\begin{pmatrix}s & 0\\ 0 & st\end{pmatrix}$$

### 3．扭曲

实现扭曲的表达式为

$$\boldsymbol{A}_u=\begin{pmatrix}1 & u\\ 0 & 1\end{pmatrix},\ \boldsymbol{A}_u\boldsymbol{A}_t\boldsymbol{A}_s=\begin{pmatrix}s & stu\\ 0 & st\end{pmatrix}$$

### 4．旋转

实现旋转的表达式为

$$\boldsymbol{A}_\theta=\begin{pmatrix}\cos\theta & -\sin\theta\\ \sin\theta & \cos\theta\end{pmatrix},\ 0\leqslant\theta\leqslant 2\pi$$

$$\boldsymbol{A}_\theta\boldsymbol{A}_u\boldsymbol{A}_t\boldsymbol{A}_s=\begin{pmatrix}s\cos\theta & stu\cos\theta-st\sin\theta\\ s\sin\theta & stu\sin\theta+st\cos\theta\end{pmatrix}$$

即变换后的矩阵为

$$\begin{pmatrix}x'\\ y'\end{pmatrix}=\begin{pmatrix}x\\ y\end{pmatrix}\times\begin{pmatrix}s\cos\theta & stu\cos\theta-st\sin\theta\\ s\sin\theta & stu\sin\theta+st\cos\theta\end{pmatrix},\ 0\leqslant\theta\leqslant 2\pi$$

这个矩阵即仿射变换矩阵。仿射变换流程图如图 3-28 所示。

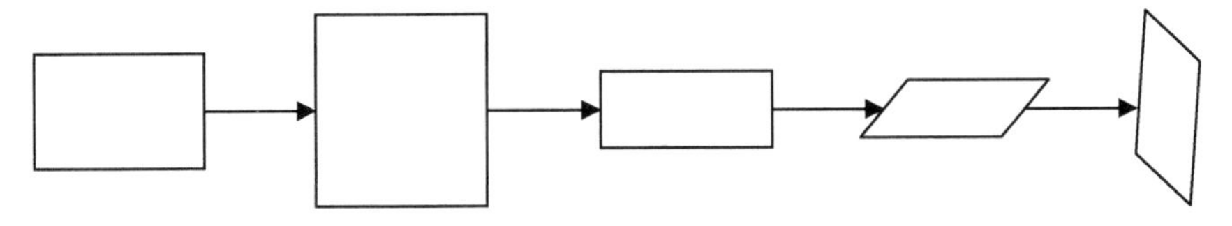

图 3-28 仿射变换流程图

## 3.5.2 投影变换

投影变换是将图像像素点的坐标变换为另一种图像像素点坐标的过程，在用笛卡儿坐标表达时，它是平面的分式线性变换，其表达式为

$$x'=\frac{a_{11}x+a_{12}y+a_{13}}{a_{31}x+a_{32}y+a_{33}}$$

$$y'=\frac{a_{21}x+a_{22}y+a_{23}}{a_{31}x+a_{32}y+a_{33}}$$

并且有

$$\begin{vmatrix}a_{11} & a_{12} & a_{13}\\ a_{21} & a_{22} & a_{23}\\ a_{31} & a_{32} & a_{33}\end{vmatrix}\neq 0$$

**【例 3-15】**用 imtransform 函数对图像用从$(x,y)$变换到$(0.5x+0.5y,2y)$的变换结构进行空间变换。

```
>> clear all;
J = imread('cameraman.tif');
T = maketform('affine',[.5 0 0; .5 2 0; 0 0 1]);
I1=imtransform(J,T);
%根据题意进行图像的空间变换
I2=size(J);
I3=zeros(I2(1)*2,I2(2)*0.5+I2(2)*0.5);
for i=1:I2(1)
    for j=1:I2(2)
        I3(2*i,uint8(i*0.5+j*0.5))=J(i,j);
    end
end
I3=uint8(I3);
subplot(1,3,1);imshow(J);
xlabel('（a）原始图像');
subplot(1,3,2);imshow(I1);
xlabel('（b）变换结构');
subplot(1,3,3);imshow(I3);
xlabel('（c）空间变换')
```

运行程序，效果如图 3-29 所示。

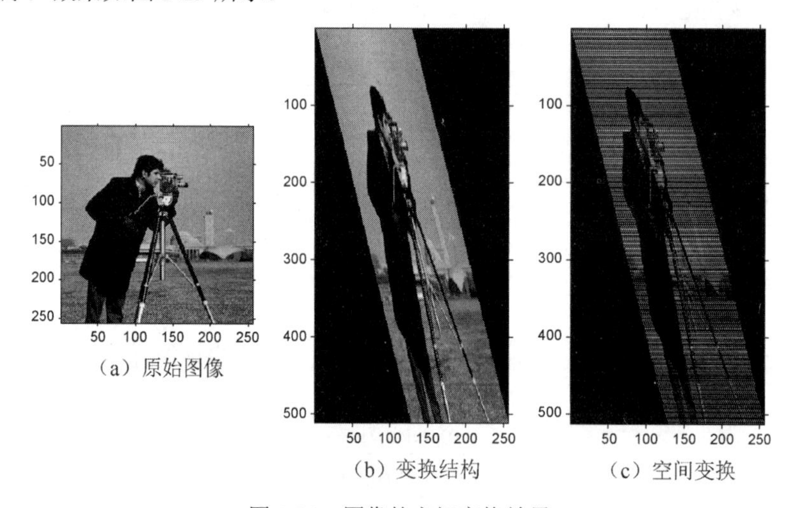


图 3-29　图像的空间变换效果

## 3.6　图像退化

在图像的获取（数字化过程）、处理与传输过程中，每个环节都有可能引起图像质量下降，这种导致图像质量下降的现象称为图像退化（Image Degradation）。

图像复原处理的关键是建立退化模型，原始图像 $\boldsymbol{f}(x,y)$ 是通过一个系统 $\boldsymbol{H}$ 及一个外来加性噪声 $\boldsymbol{n}(x,y)$ 而退化成一幅图像 $\boldsymbol{g}(x,y)$ 的，如图 3-30 所示。

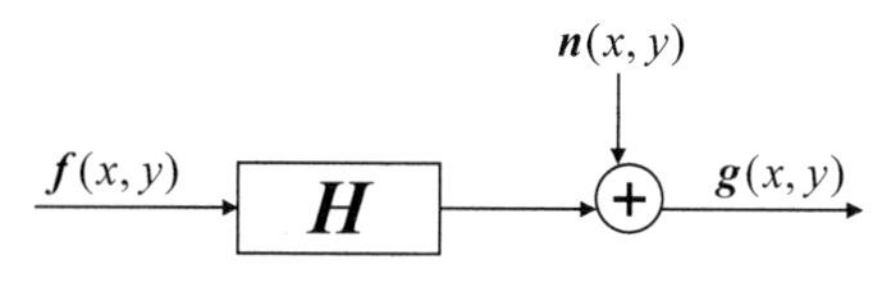

图 3-30　图像的退化模型

图像复原可以看作一个预测估计过程，由已给出的退化图像 $\boldsymbol{g}(x,y)$ 估计出 $\boldsymbol{H}$，从而近似地恢复出 $\boldsymbol{f}(x,y)$。$\boldsymbol{n}(x,y)$ 是一种统计性质的信息。为了对处理结果做出某种最佳估计，一般还应首先确立一个质量标准。复原处理的基础在于对系统 $\boldsymbol{H}$ 的基础了解，系统是由某些元件或部件以某种方式构造而成的整体。系统本身具有的某些特性就构成了通过系统的输入信号与输出信号的某种联系，这种联系从数学上可以用算子或响应函数 $\boldsymbol{H}(x,y)$ 描述。

这样，图像退化过程的数学表达式就可以写为

$$\boldsymbol{g}(x,y)=\boldsymbol{H}[\boldsymbol{f}(x,y)]+\boldsymbol{n}(x,y) \tag{3-12}$$

式中，$\boldsymbol{H}[\ ]$可理解为综合所有退化因素的函数或算子。

将式（3-12）写成矩阵形式为

$$\boldsymbol{g}=\boldsymbol{H}\boldsymbol{f}+\boldsymbol{n}$$

抽象地讲，在不考虑加性噪声 $\boldsymbol{n}(x,y)$ 时，图像退化过程也可以看作一个变换 $\boldsymbol{H}$，即

$$\boldsymbol{H}[\boldsymbol{f}(x,y)]\rightarrow \boldsymbol{g}(x,y)$$

由 $\boldsymbol{g}(x,y)$ 求得 $\boldsymbol{f}(x,y)$，就是寻求逆变换 $\boldsymbol{H}^{-1}$，使得 $\boldsymbol{H}^{-1}[\boldsymbol{g}(x,y)]\rightarrow \boldsymbol{f}(x,y)$。

图像复原过程就是根据退化模型及原始图像的某些知识，设计一个恢复系统 $\boldsymbol{p}(x,y)$，以退化图像 $\boldsymbol{g}(x,y)$ 作为输入，该系统退化模型使输出的恢复图像 $\hat{\boldsymbol{f}}(x,y)$ 按某种准则最接近原始图像 $\boldsymbol{f}(x,y)$，图像的退化及复原过程如 3-31 所示。其中，$\boldsymbol{H}(x,y)$ 和 $\boldsymbol{p}(x,y)$ 分别称为成像系统和恢复系统的冲激响应。

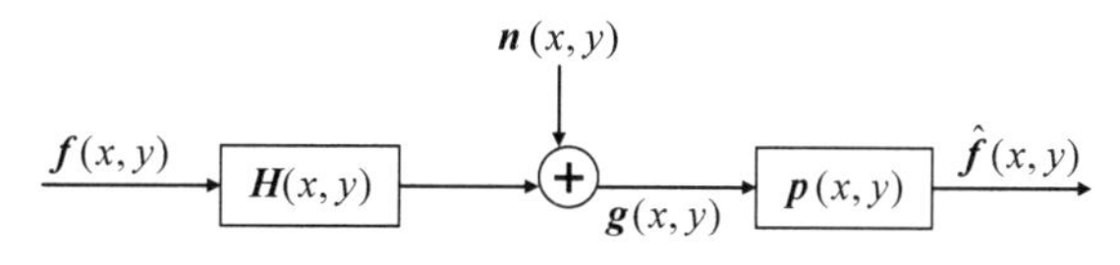

图 3-31　图像的退化及复原过程

系统 $\boldsymbol{H}$ 的分类方法很多，可分为线性系统和非线性系统，时变系统和非时变系统，集中参数系统和分布参数系统，连续系统和离散系统等。

线性系统就是具有均匀性和相加性的系统。当不考虑加性噪声 $\boldsymbol{n}(x,y)$ 时，即令 $\boldsymbol{n}(x,y)=0$，则图 3-30 所示的系统可表示为

$$\boldsymbol{g}(x,y)=\boldsymbol{H}[\boldsymbol{f}(x,y)]$$

两个输入信号 $f_1(x,y)$、$f_2(x,y)$ 对应的输出信号为 $g_1(x,y)$、$g_2(x,y)$，如果有

$$\boldsymbol{H}[k_1 f_1(x,y)+k_2 f_2(x,y)]=\boldsymbol{H}[k_1 f_1(x,y)]+\boldsymbol{H}[k_2 f_2(x,y)]=k_1 g_1(x,y)+k_2 g_2(x,y) \tag{3-13}$$

成立，则系统 $\boldsymbol{H}$ 是一个线性系统，$k_1$ 和 $k_2$ 为常数。

线性系统的这种特性为求解多个激励情况下的输出响应带来很大的方便。

如果一个系统的参数不随时间变化，则将其称为时不变系统或非时变系统；否则，该系统为时变系统。与此相对应，对二维函数来说，如果有

$$\boldsymbol{H}[\boldsymbol{f}(x-\alpha,y-\beta)]=\boldsymbol{g}(x-\alpha,y-\beta) \tag{3-14}$$

则 $\boldsymbol{H}$ 是空间不变系统（或称位置不变系统）。式中，$\alpha$、$\beta$ 分别是空间位置的位移量，表示图

像中任一点通过该系统的响应只取决于该点的输入值，而与该点的位置无关。

由式（3-14）可见，如果系统 $\boldsymbol{H}$ 有式（3-12）和式（3-13）的关系，那么系统就是线性的空间位置不变系统。在图像复原处理中，非线性和空间位置变化的系统模型虽然更具有普遍性与准确性，但它给处理工作带来了巨大的困难，它常常没有解或很难用计算机来处理。实际的成像系统在一定的条件下往往可以近似地视为线性和空间不变系统，因此，在图像复原处理中，往往用线性和空间位置不变的系统模型加以近似。这种近似使线性系统理论中的许多知识可以直接用于解决图像复原问题，所有图像复原处理，特别是数字图像复原处理主要采用线性的空间位置不变复原技术。

**【例 3-16】** 创建模糊图像并复原。

```
>> clear all;
I=imread('peppers.png');
subplot(221);imshow(I);
xlabel('（a）原始图像');
H=fspecial('motion',25,50);                    %生成滤波器
MotionBlur=imfilter(I,H,'replicate');          %图像卷积计算
subplot(222);imshow(MotionBlur);
xlabel('（b）动态模糊图像');
H=fspecial('disk',10);                         %生成滤波器
blurred=imfilter(I,H,'replicate');             %图像卷积计算
subplot(223);imshow(blurred);
xlabel('（c）模糊图像');
H=fspecial('unsharp');                         %生成滤波器
sharpened=imfilter(I,H,'replicate');           %生成滤波器
subplot(224);imshow(sharpened);
xlabel('（d）复原图像');
```

运行程序，效果如图 3-32 所示。

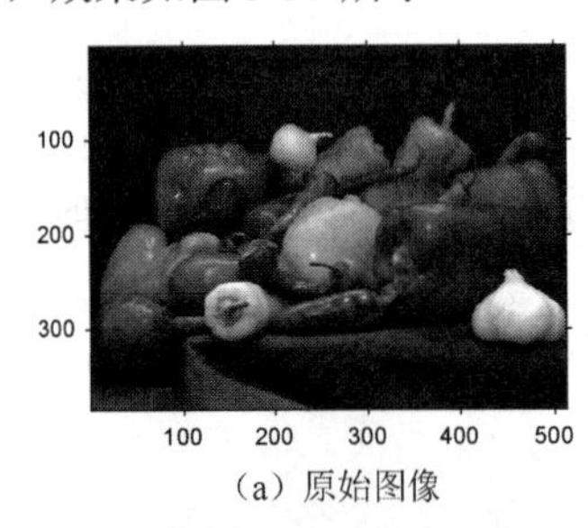

（a）原始图像

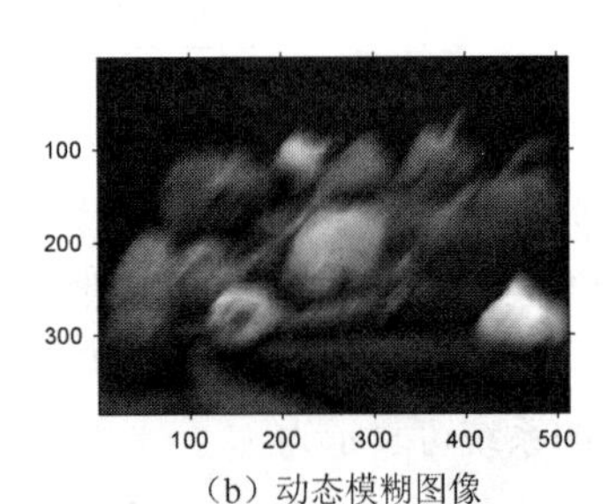

（b）动态模糊图像

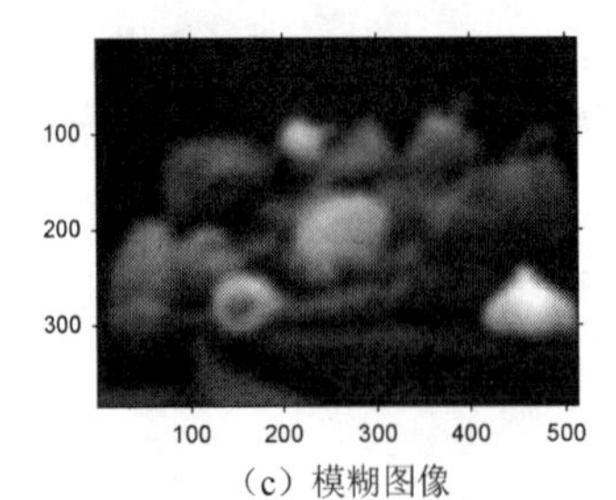

（c）模糊图像

（d）复原图像

图 3-32　创建模糊图像并复原

# 3.7　图像复原

图像复原的方法很多，而 MATLAB 只提供了维纳滤波、最小二乘迭代非线性复原算法、约束最小二乘（正则）滤波和盲卷积算法。本节主要介绍两种常用的复原方法。

## 3.7.1　维纳滤波复原法

在介绍维纳滤波复原法前，先介绍一下其简单情况——逆滤波法。

逆滤波比较简单，但没有清楚地说明如何处理噪声。而维纳滤波综合退化函数和噪声统计特性两方面进行复原处理。维纳滤波寻找一个滤波器，使得复原后的图像 $\hat{\boldsymbol{f}}(x,y)$ 与原始图像 $\boldsymbol{f}(x,y)$ 的均方误差最小，即

$$E\{[\hat{\boldsymbol{f}}(x,y)-\boldsymbol{f}(x,y)]^2\}=\min$$

其中，$E[]$ 为数学期望算子。因此，维纳滤波器通常又被称为最小均方误差滤波器。

$\boldsymbol{R}_f$ 和 $\boldsymbol{R}_n$ 分别为 $\boldsymbol{f}$ 和 $\boldsymbol{n}$ 的相关矩阵，即

$$E[\boldsymbol{R}_f]=E\{\boldsymbol{ff}^{\mathrm{T}}\}$$

$$\boldsymbol{R}_n=E\{\boldsymbol{nn}^{\mathrm{T}}\}$$

$\boldsymbol{R}_f$ 的第 $i{\times}j$ 个元素是 $E\{f_i f_j\}$，代表 $\boldsymbol{f}$ 的第 $i$ 个和第 $j$ 个元素的相关。因为 $\boldsymbol{f}$ 和 $\boldsymbol{n}$ 中的元素都是实数，所以 $\boldsymbol{R}_f$ 和 $\boldsymbol{R}_n$ 都是实对称矩阵。对于大多数图像来说，像素间的相关不超过 20～30 个像素。因此，典型的相关矩阵只在主对角线方向有一条带不为零，而右上角和左下角都是零。根据两个像素间的相关只是它们的相互距离而不是位置的函数的假设，可将 $\boldsymbol{R}_f$ 和 $\boldsymbol{R}_n$ 都用块循环矩阵表示，即

$$\boldsymbol{R}_f=\boldsymbol{WAW}^{-1}$$

$$\boldsymbol{R}_n=\boldsymbol{WBW}^{-1}$$

其中，$\boldsymbol{A}$ 和 $\boldsymbol{B}$ 中的元素对应 $\boldsymbol{R}_f$ 和 $\boldsymbol{R}_n$ 中的相关元素的傅里叶变换；$\boldsymbol{W}$ 为单位矩阵。这些相关元素的傅里叶变换称为图像和噪声的功率谱。

令

$$\boldsymbol{Q}^{\mathrm{T}}\boldsymbol{Q}=\boldsymbol{R}_f^{-1}\boldsymbol{R}$$

则有

$$\begin{aligned}\hat{\boldsymbol{f}}&=(\boldsymbol{H}^{\mathrm{T}}\boldsymbol{H}+\gamma\boldsymbol{R}_f^{-1}\boldsymbol{R}_n)^{-1}\boldsymbol{H}^{\mathrm{T}}\boldsymbol{g}\\&=(\boldsymbol{WD}\times\boldsymbol{DW}^{-1}+\gamma\boldsymbol{WA}^{-1}\boldsymbol{BW}^{-1})^{-1}\boldsymbol{WD}\times\boldsymbol{W}^{-1}\boldsymbol{g}\end{aligned}$$

因此可得

$$\boldsymbol{W}^{-1}\hat{\boldsymbol{f}}=(\boldsymbol{D}\times\boldsymbol{D}+\gamma\boldsymbol{A}^{-1}\boldsymbol{B})^{-1}\boldsymbol{D}\times\boldsymbol{W}^{-1}\boldsymbol{g}$$

若 $M=N$，则有

$$\hat{\boldsymbol{F}}(u,v)=\left[\frac{\boldsymbol{H}(u,v)}{|\boldsymbol{H}(u,v)|^2+\gamma\dfrac{\boldsymbol{P}_n(u,v)}{\boldsymbol{P}_f(u,v)}}\right]\boldsymbol{G}(u,v)$$

$$=\left[\frac{1}{\boldsymbol{H}(u,v)}\cdot\frac{\left|\boldsymbol{H}(u,v)\right|^2}{\left|\boldsymbol{H}(u,v)\right|^2+\gamma\dfrac{\boldsymbol{P}_n(u,v)}{\boldsymbol{P}_f(u,v)}}\right]\boldsymbol{G}(u,v)\quad u,v=0,1,2,\cdots,N-1$$

若$\gamma$=1，则称之为维纳滤波器，当无噪声影响时，由于$\boldsymbol{P}_n(u,v)=0$，所以退化为逆滤波器，又称为理想逆滤波器，因此，逆滤波器是维纳滤波器的一种特殊情况。需要注意的是，$\gamma$=1 并不是在有约束条件下的最佳解，此时并不满足约束条件$\|\boldsymbol{n}\|^2=\|\boldsymbol{g}-\boldsymbol{H}\hat{\boldsymbol{f}}\|^2$。若$\gamma$为变参数，则称之为变参数维纳滤波器。

维纳去卷积提供了一种在有噪声情况下导出去卷积传递函数的最优方法，但如下 3 个问题限制了它的有效性。

（1）当图像复原的目的是供人观察时，均方误差（MSE）准则并不是一个特别好的优化准则。这是因为，MSE 准则不管其在图像中的位置而对所有误差都赋予同样的权，而人眼则对暗处和高梯度区域的误差比其他区域的误差具有较大的容忍性。由于要使均方误差最小化，所以维纳滤波器以一种并非最适合人眼的方式对图像进行平滑处理。

（2）经典的维纳去卷积不能处理具有空间可变点扩散函数的情形，如存在彗差、散差、表面像场弯曲及包含旋转的运动模糊等情况。

（3）这种技术不能处理非平稳信号和噪声的一般情形。许多图像都是高度非平衡的，有着被陡峭边缘分开的大块平坦区域。此外，一些重要的噪声源具有与局部灰度有关的特性。

**【例 3-17】**利用维纳滤波器进行图像复原操作。

```
clear all;
I = im2double(imread('peppers.png'));
subplot(231);imshow(I);
title('原始图像')
%模拟运动模糊
%生成一个点扩散函数 PSF，其相应的线性运动长度为 21（LEN=21），运动角度为 11（THETA = 11）
LEN = 21;                                   %设置 PSF 的长度
THETA = 11;                                 %设置运动角度
PSF = fspecial('motion', LEN, THETA);       %生成滤波器
blurred = imfilter(I, PSF, 'conv', 'circular');    %图像卷积计算
subplot(232);imshow(blurred);
title('运动模糊图像')
%第一次模糊图像复原。为了考察 PSF 在图像复原中的重要性
wnr1 = deconvwnr(blurred, PSF, 0);          %使用 PSF 进行图像复原
subplot(233);imshow(wnr1);
title('第一次模糊图像复原')
%模拟添加噪声。使用正态分布随机数模拟生成噪声信号并加入模糊图像 blurred 中
noise_mean = 0;
noise_var = 0.0001;
blurred_noisy = imnoise(blurred, 'gaussian',noise_mean, noise_var);
subplot(234);imshow(blurred_noisy)
title('添加噪声')
%恢复模糊，噪声图像使用 NSR =0
```

```
wnr2 = deconvwnr(blurred_noisy, PSF, 0);
subplot(235);imshow(wnr2)
title('恢复模糊')
%第二次复原运动与噪声模糊图像
signal_var = var(I(:));
wnr3 = deconvwnr(blurred_noisy, PSF, noise_var / signal_var);
subplot(236);imshow(wnr3)
title('第二次复原运动与噪声模糊图像')
```

运行程序，效果如图 3-33 所示。

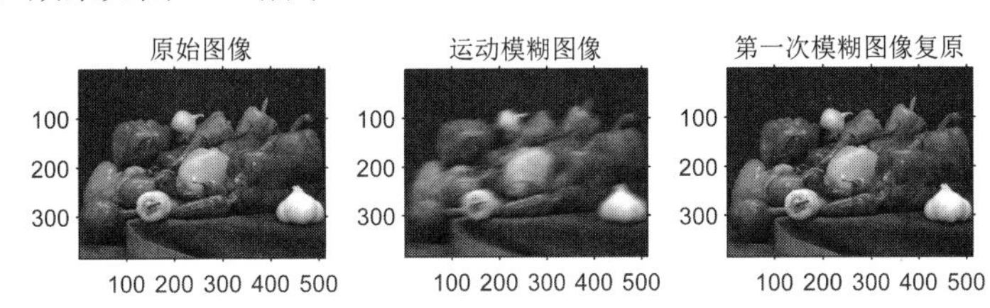


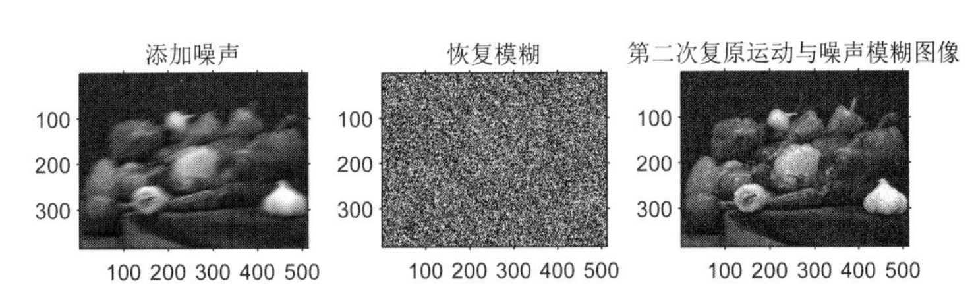


图 3-33　维纳滤波复原图像

### 3.7.2　Lucy-Richardson 复原法

在许多情况下，图像需要用 Poisson（泊松）随机场建模。例如，用斑纹干涉获得的短曝光天文图像，它是许多光子活动的结果；医学上的透视、CT 图像；照相底片用银粒的密度表示光学强度，其光学强度也具有 Poisson 分布的性质。在这些情况下，随机变量只在一个整数集合中取值。说一个随机变量 $X$ 具有 Poisson 分布，是指它取整值的概率可以表达为

$$P(X=k)=\frac{\lambda^k \mathrm{e}^{-\lambda}}{k!},\quad 0\leqslant k<\infty$$

为了简化起见，对图像使用一维描述。用 $\boldsymbol{f}$ 和 $\boldsymbol{g}$ 表示整幅图像，而用 $x_n$ 和 $y_n$ 表示单个像素，因此，图像的退化模型为

$$g_n=\sum_i x_{n-i} f_i+y_n$$

考虑在给定原始图像 $\boldsymbol{f}$ 的条件下观测图像 $\boldsymbol{g}$ 的分布函数 $P(y|x)$。若 $\boldsymbol{f}$ 给定，则联合分布 $a_n$ 为

$$a_n=\sum_i h_{n-i} f_i$$

如果各像素之间独立，则有

$$P(y \mid x)=\prod_n \frac{a_n^{g_n} \mathrm{e}^{-a_n}}{g_n!}$$

根据联合分布，可以利用 MLE 方法对 $\boldsymbol{g}$ 进行估计，对上式取对数，可得

$$\frac{\partial}{\partial f_k}\ln P(y\,|\,x)=\sum_n\left(g_n\frac{h_{n-k}}{\sum_i h_{n-i}f_i}-h_{n-k}\right)=0$$

或

$$\sum_n g_n\frac{h_{n-k}}{\sum_i h_{n-i}f_i}-1=0\,,\quad k=0,1,\cdots,N-1$$

为了便于求 $\boldsymbol{f}$，Meinel 建议使用乘法迭代算法，公式为

$$f_k^{j+1}=f_k^j\left(\sum_n g_n\frac{h_{n-k}}{\sum_i h_{n-i}f_i}\right)^p\,,\quad k=0,1,\cdots,N-1$$

当 $p$=1 时，就为 Lucy-Richardson 算法。

【例 3-18】使用 Lucy-Richardson 算法对图像进行复原处理。

```
clear all;
I = imread('board.tif');
I = I(50+[1:256],2+[1:256],:);
subplot(321);imshow(I);
title('原始图像');
%模拟模糊和噪声，即模拟实时图像可能出现的模糊和噪声
%在此通过高斯滤波器对原始图像进行卷积计算，模拟图像模糊
%高斯滤波器代表一个点扩散函数 PSF
PSF = fspecial('gaussian',5,6);
Blurred = imfilter(I,PSF,'symmetric','conv');
subplot(322);imshow(Blurred);
title('模糊图像')
%添加方差为 V 的高斯模糊噪声信号
%噪声方差 V 在后面用于确定算法中的一个阻尼参数
V = .002;
BlurredNoisy = imnoise(Blurred,'gaussian',0,V);
subplot(323);imshow(BlurredNoisy);
title('模糊噪声图像')
%模糊噪声图像复原。PSF 反复 5 次对模糊噪声图像进行复原处理
%输出数组和输入数组具有相同的数据类型
luc1 = deconvlucy(BlurredNoisy,PSF,5);                %反复处理 5 次
subplot(324);imshow(luc1);
title('反复处理 5 次后得到的复原图像')
%反复对图像进行复原处理
luc1_cell = deconvlucy({BlurredNoisy},PSF,5);
%输出 luc1_cell 为一个元胞数组
%该元胞包含 4 个数值数组，即模糊噪声图像、双精度复原图像、每次处理的结果、反复调整的参数
luc2_cell = deconvlucy(luc1_cell,PSF);
luc2 = im2uint8(luc2_cell{2});
```

```
subplot(325);imshow(luc2);
title('反复处理 15 次后得到的复原图像')
%使用阻尼控制噪声放大
DAMPAR = im2uint8(3*sqrt(V));                        %数据类型转换
luc3 = deconvlucy(BlurredNoisy,PSF,15,DAMPAR);       %反复处理 15 次
subplot(326);imshow(luc3);
title('带斑点反复处理 15 次后得到的复原图像')
```

运行程序，效果如图 3-34 所示。

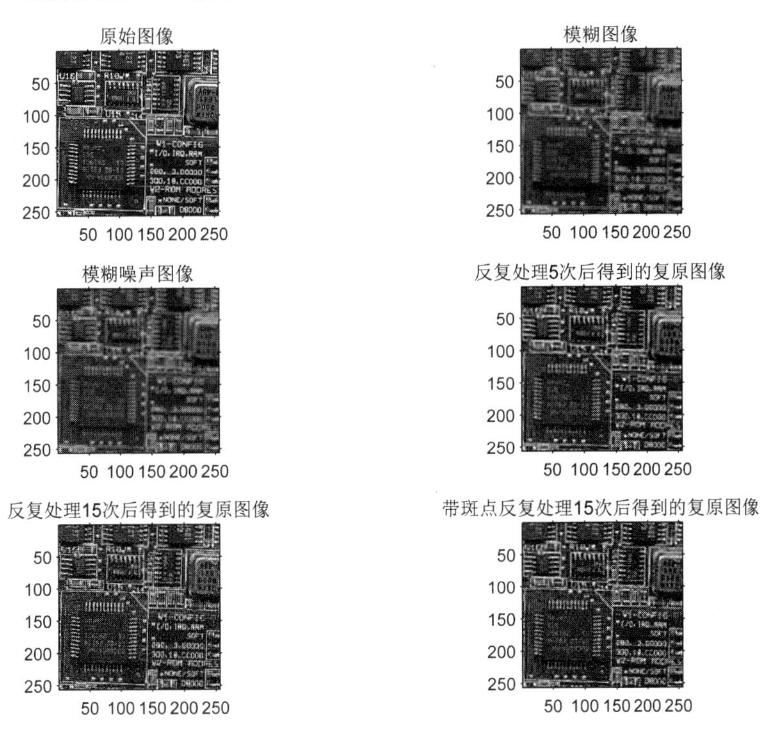


图 3-34　Lucy-Richardson 复原法复原图像

# 3.8　图像识别

图像识别诞生于 20 世纪 20 年代，随着 40 年代计算机的出现和 50 年代人工智能的兴起，60 年代，图像识别迅速发展成为一门学科，它研究的理论和方法在很多科学技术领域都得到了广泛的重视。

## 3.8.1　图像识别的大致流程

图像识别的大致流程如图 3-35 所示，可分为以下 4 个主要部分。

（1）信息获取。

信息获取是指对被研究对象进行调查和了解，从中得到数据和材料，对图像识别来说，就是把图片、底片、文字、图形等用光电扫描设备变换为电信号以备后续处理。

（2）图像预处理。

对于数字图像而言，预处理就是应用前面讲到的图像复原、增强和变换等技术对图像进行处理，改善图像的视觉效果，优化各种统计指标，为特征提取提供高质量的图像。

（3）特征提取。

特征提取的作用在于对调查了解到的数据材料进行加工、整理、分析、归纳，以去伪存真、去粗取精，提出能反映事物本质的特征。当然，提取什么特征、保留多少特征与采用何种判决有很大的关系。

（4）决策分类。

决策分类相当于人们从感性认识上升到理性认识而做出结论的过程。决策分类与特征提取的方式密切相关，其复杂程度也依赖于特征提取的方式。

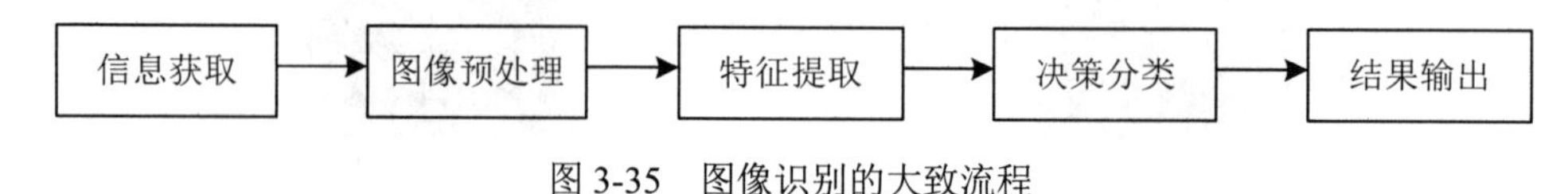


图 3-35　图像识别的大致流程

### 3.8.2　图像模糊识别的实现

人体是一部复杂的、有机联系的“机组”，其中某部分发生“故障”，随即引起“失调”，同时激起自身某种功能的自动调节。例如，人体的特异性和非特异性免疫功能，在人体内引起复杂的变化，从而表现出各种症状。医生要从症状入手，通过观察、检查、研究病源，做出正确的诊断。但是诊断是一个复杂的过程，无论是患者的口述、医生的检查，还是病理分析、病源研究及诊断的确定，都有一定程度的模糊性。随着科学技术的发展，现在可以通过计算机的模糊识别来对病理特征进行分类判别，然后结合医生的主观判断，从而做出较为准确的判断。

下面结合癌细胞的识别来说明 MATLAB 在病理特征识别中的应用。

癌症是指人体在各种致癌因素的作用下，局部组织细胞异常增生而形成癌变细胞。根据医学知识可知，反映细胞特征的有 7 个数据 $x_1,x_2,\cdots,x_7$，它们的含义如下。

$x_1$：核（拍照）面积。

$x_2$：核周长。

$x_3$：细胞面积。

$x_4$：细胞周长。

$x_5$：核内总光密度。

$x_6$：核内平均光密度。

$x_7$：核内平均透光度。

记 $x=(x_1,x_2,\cdots,x_7)$，另根据医学知识，有下述 6 个模糊集。

$A$：表示核增大，$A(x)=\left(1+\dfrac{a_1a^2}{x_5}\right)^{-1}$，$a$ 为正常核面积。

$B$：表示核染色增深，$B(x)=\left(1+\dfrac{a_2}{x_5}\right)^{-1}$。

$C$：表示核浆比倒置，$C(x)=\left(1+\dfrac{a_3}{x_1^2}\right)^{-1}$。

$D$：表示核内染色质分布不均匀，有团块，$D(x)=\left(1+\dfrac{a_4x_7}{x_7+\ln x_6}\right)^{-1}$。

$E$：表示核畸变，$E(x)=\left(1+\dfrac{a_5x_1^2}{(x_2^2-4\pi x_1)^2}\right)^{-1}$。

$F$：表示整个细胞呈纤维状、串状等畸形，$F(x)=\left(1+\dfrac{a_6x_3^2}{(x_4^2-4\pi x_3)^2}\right)^{-1}$。

其中，$a_1,a_2,\cdots,a_6$ 为适当选取的常数。

通过以上 6 个模糊集之间的关系，可以建立细胞集上的 4 个模糊模式。

$M$：表示癌细胞，$M=[A\cap B\cap C\cap D\cap E]\cup F$。

$N$：表示重度核异质细胞，$N=A\cap B\cap C\cap M^c$（$c$ 表示正常细胞数）。

$R$：表示轻度核异质细胞，$R=A^{\frac{1}{2}}\cap B^{\frac{1}{2}}\cap C^{\frac{1}{2}}\cap M^c\cap N^c$。

$T$：表示正常细胞，$T=M^c\cap N^c\cap R^c$。

如果待识别细胞为 $x_0$，则分别计算 $M(x_0)$、$N(x_0)$、$R(x_0)$、$T(x_0)$，然后确定 $x_0$ 相对属于哪种细胞。

**【例 3-19】** 在程序中设置变量，以表征细胞是否增大、是否核浆比倒置、是否畸变，然后根据这 3 个特征的取值判断病源。

```
>> clear all;
RGB=imread('cancer.jpg');
I=rgb2gray(RGB);
[junk threshold] = edge(I, 'sobel');
fudgeFactor = .5;
[x,y]=size(I);
BW = edge(I,'sobel', threshold * fudgeFactor);          %检测细胞的边缘跟踪，用于计算周长
subplot(1,2,1);imshow(I);
xlabel('（a）原始图像')
subplot(1,2,2);imshow(BW);
xlabel('（b）处理后图像');
%检测垂直方向连续的周长像素点
p1=0;
p2=0;
%记录垂直方向连续周长像素点的个数
Ny=0;
for i=1:x
    for j=1:y
        if(BW(i,j)>0)
            p2=j;
            %判断是否为垂直方向连续的周长像素点
            if((p2-p1)==1)
                Ny=Ny+1;
```

```
                end
                p1=p2;
            end
        end
end
%检测水平方向连续的周长像素点
p1=0;
p2=0;
%记录水平方向连续周长像素点的个数
Nx=0;
for j=1:y
    for i=1:x
        if(BW(i,j)>0)
            p2=i;
            %判断是否为水平方向连续的周长像素点
            if((p2-p1)==1)
                Nx=Nx+1;
            end
            p1=p2;
        end
    end
end
SN=sum(sum(BW));                    %计算周长像素点的总数
Nd=SN-Nx-Ny;                        %计算奇数码的链码数目
H=max(sum(I));                      %计算细胞的高度
W=max(sum(I'));                     %计算细胞的宽度
L=sqrt(2)*Nd+Nx+Ny;                 %计算周长
%4 个形态特征值计算
A=bwarea(I)                         %计算细胞的面积
C=4*pi*A/(L*L)                      %计算圆度
R=A/(H*W)                           %计算形度
E=min(H,W)/max(H,W)                 %计算伸长度
%设定相关阈值，识别癌细胞
Ath1=10000;
Ath2=50000;
Cth=0.5;Rth=0.5;Eth=0.8;
if((A>=Ath1)&&(A<Ath2))             %判断是否增大
    if((C>=Cth)&&(R<=Rth)&&(E>Eth))     %判断是否核浆比倒置、是否畸变
        Can_r=1
        disp('结论：为癌细胞')
    else
        Can_r=3
        disp('结论：为可疑癌细胞')
    end
else
    if(A>=Ath2)
```

```
            Can_r=2                    %结论为可疑小细胞癌细胞
            disp('结论：为可疑小细胞癌细胞')
        else
            Can_r=0
            disp('结论：为正常细胞')
        end
end
```

运行程序，输出如下，效果如图 3-36 所示。

```
A =
   2.3032e+05
C =
    0.0017
R =
   1.9669e-05
E =
    0.5110
Can_r =
      2
结论：为可疑小细胞癌细胞
```

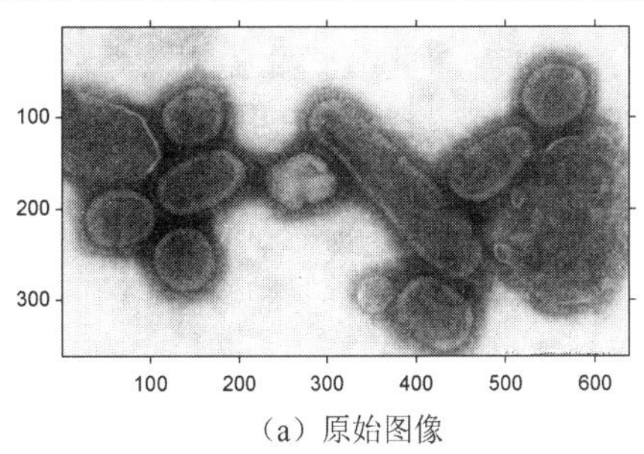

（a）原始图像

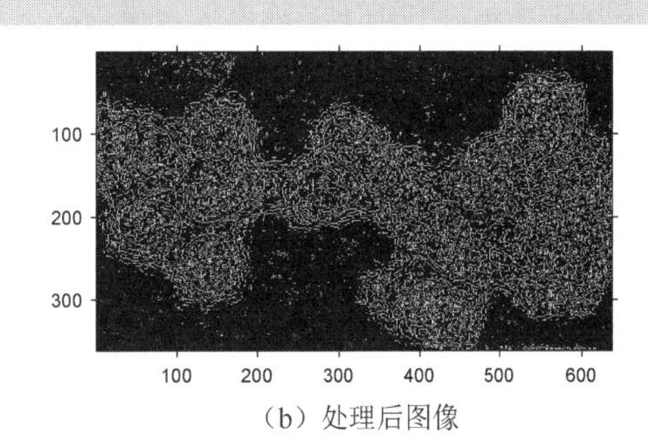

（b）处理后图像

图 3-36　癌细胞识别

# 第 4 章　计算机视觉在形态学中的应用

数学形态学（Mathematical Morphology）的主要研究内容是图像形态的几何特征、结构特征的定理描述与分析，是线性向非线性处理的延拓。

本章主要利用形态对图像进行去噪和提取处理。

## 4.1　形态学去噪处理概述

数字图像的噪声主要产生于获取、传输图像的过程。在获取图像的过程中，摄像机组件的运行情况受各种客观因素的影响，图像拍摄的环境和摄像机的传感器件质量都有可能对图像产生噪声影响。

在传输图像的过程中，传输介质遇到的干扰也会引起图像噪声，如通过无线电网络传输的图像就可能因为光或其他大气因素而被加入噪声信号。图像去噪是减少数字图像中噪声的过程，被广泛应用于图像处理领域的预处理过程。去噪效果的好坏会直接影响后续的图像处理效果，如图像分割、图像模式识别等。

在第 3 章中，已经学习了利用频域法进行图像去噪处理，本节介绍利用形态学实现图像的去噪处理。

### 4.1.1　形态学的权重实现图像去噪

数学形态学是以图像的形态特征为研究对象，通过设计一套独特的数字图像处理方法和理论来描述图像的基本特征与结构，通过引入集合的概念来描述图像中的元素与元素、部分与部分的关系运算。因此，数学形态学的运算由基础的集合运算（并、交、补等）定义，并且所有的图像矩阵都能很方便地转换为集合。随着集合理论研究的不断深入和实际应用的拓展，数学形态学处理也在图像分析、模式识别等领域起着重要的作用。

### 4.1.2　图像去噪的方法

数字图像在被获取、传输的过程中都可能受到噪声的影响，常见的噪声主要有高斯噪声和椒盐噪声。其中，高斯噪声主要是由摄像机传感器件内部产生的；椒盐噪声主要是图像切割产生的黑白相间的亮暗点噪声，“椒”表示黑色噪声，“盐”表示白色噪声。

数字图像去噪也可以分为空域图像去噪和频域图像去噪。空域图像去噪常用的有均值滤波算法和中值滤波算法，主要通过对图像像素做邻域运算来达到去噪效果。频域图像去噪首先对数字图像进行某种变换，将其从空域转换到频域；然后对频域中的变换系数进行处理；最后通过对图像进行反变换，将其从频域转换到空域来达到去噪效果。其中，对图像进行空域和频域相互转换的方法有很多，常用的有傅里叶变换、小波变换等。

数字形态学图像处理通过采用具有一定形态结构的元素去度量和提取图像中的对应形状，借助集合理论来达到对图像进行分析和识别的目标，该算法具有以下特征。

**1．图像信息的保持**

在图像形态处理中，可以通过已有目标的几何特征信息选择基于形态学的形态滤波器，这样，在进行处理时，既可以有效地进行滤波，又可以保持图像中的原有信息。

**2．图像边缘的提取**

基于数学形态学的理论进行处理，可以在一定程度上避免噪声的干扰，相对于微分算子的技术而言，它有较高的稳定性。数学形态学技术提取的边缘也比较光滑，更能体现细节信息。

**3．图像骨架的提取**

基于数学形态学进行骨架提取，可以充分利用集合运算的优点，避免出现大量的断点，骨架也较为连续。

**4．图像处理的效率**

基于数学形态学进行图像处理，可以方便地应用并行处理技术进行集合运算，具有效率高、易于用硬件实现的特点。

## 4.2　形态学的原理

形态变换按应用场景可以分为二值变换和灰度变换两种形式。其中，二值变换一般用于处理集合，灰度变换一般用于处理函数。基本的形态变换包括膨胀、腐蚀、开运算和闭运算。

在 MATLAB 图像处理工具箱中，膨胀一般是给图像中的对象边界添加像素，而腐蚀则是删除对象边界某些像素。在操作过程中，输出图像中所有给定像素的状态都是通过对输入图像的相应像素及其邻域使用一定的规则来确定的。在进行膨胀操作时，输出像素值是输入图像相应像素邻域内所有像素的最大值，在二进制图像中，如果任何一个像素值为 1，那么对应的输出像素值为 1。而在腐蚀操作中，输出像素值是输入图像相应像素邻域内所有像素的最小值，在二进制图像中，如果任何一个像素值为 0，那么对应的输出像素值为 0。

图 4-1 说明了二进制图像的膨胀规则，图 4-2 说明了灰度图像的膨胀规则。

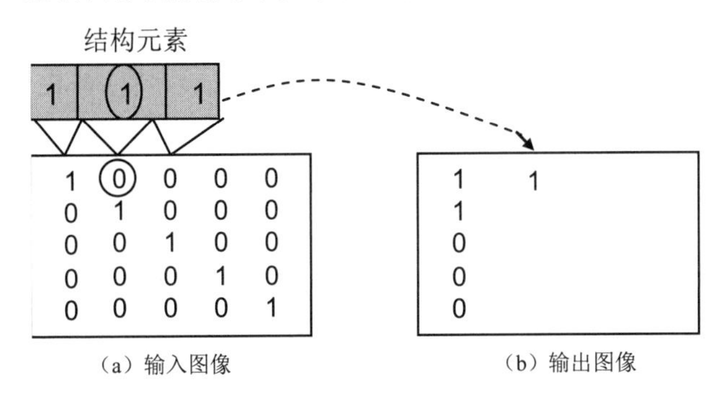


图 4-1　二进制图像的膨胀规则

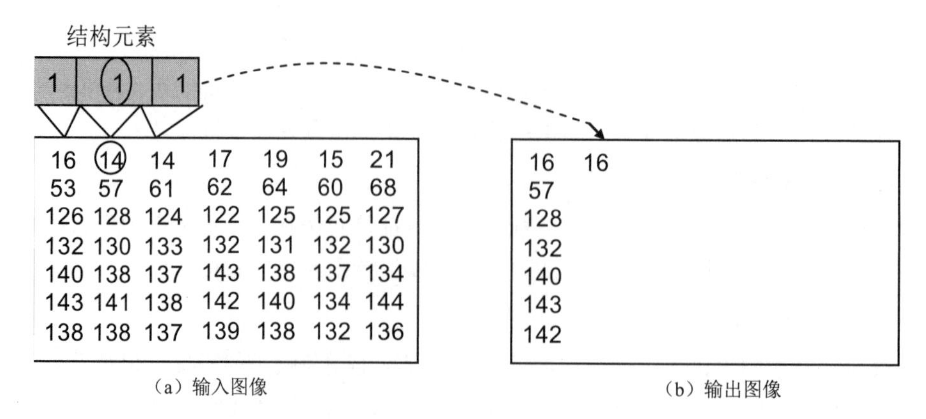


（a）输入图像　　（b）输出图像

图 4-2　灰度图像的膨胀规则

结构元素的原点定义在对输入图像感兴趣的位置。对于图像边缘的像素，由结构元素定义的邻域将会有一部分位于图像边界之外。为了有效处理边界像素，进行形态学运算的函数通常都会给超出图像且未指定数值的像素指定一个数值，这样，就类似于函数给图像填充了额外的行和列。对于膨胀和腐蚀操作，它们对像素进行填充的值是不同的。

### 4.2.1　膨胀

膨胀是将与物体接触的所有背景点合并到该物体中，使边界向外部扩张的过程。利用该操作，可以填补物体中的空间。

假设 $A$、$B$ 为 $Z^2$ 中的集合，$\varnothing$ 为空集，$\hat{B}$ 为 $B$ 的映像。$B$ 对 $A$ 执行膨胀操作，记为 $A\oplus B$，$\oplus$ 为膨胀算子，即膨胀定义为

$$A\oplus B=\left\{x\,|\,[(\hat{B})_x \cap A]\neq\varnothing\right\}$$

该式表明的膨胀过程是 $B$ 首先做关于原点的映射，然后平移 $x$；$B$ 对 $A$ 执行膨胀操作的结果是 $\hat{B}$ 被所有 $x$ 平移后，与 $A$ 至少有一个非零公共元素。这样，定义变为

$$A\oplus B=\left\{x\,|\,[(\hat{B})_x \cap A]\supseteq\varnothing\right\}$$

**【例 4-1】**对灰度图像进行膨胀处理。

```
>> clear all;
I = imread('cameraman.tif');
se = strel('ball',5,5);
I2 = imdilate(I,se);   %图像膨胀处理
subplot(1,2,1);imshow(I);
title('原始图像')
subplot(1,2,2), imshow(I2)
title('图像膨胀')
```

运行程序，效果如图 4-3 所示。

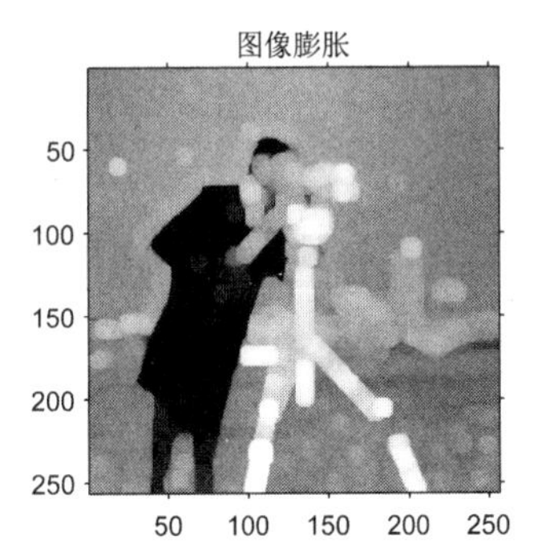


图 4-3　图像膨胀效果

### 4.2.2　腐蚀

腐蚀是一种消除边界点，使边界向内部收缩的过程。利用该操作，可以消除小且无意义的物体。

假设 $A$ 、 $B$ 为 $Z^2$ 中的集合，$A$ 被 $B$ 腐蚀，记为 $A\Theta B$ ，其定义为

$$A\Theta B=\{x\mid(B)_x\subseteq A\}$$

也就是说，$A$ 被 $B$ 腐蚀的结果为所有使 $B$ 被 $x$ 平移后包含于 $A$ 的点 $x$ 的集合。

【例 4-2】RGB 图像的膨胀与腐蚀处理。

```
>>clear all;
rgb =imread('peppers.png');
I = rgb2gray(rgb);
subplot(2,3,1);imshow(I);
title('灰度图像')
s=ones(3);
I2=imerode(I,s);    %腐蚀处理
subplot(2,3,2);imshow(I2)
title('腐蚀图像 1')
I3=imdilate(I,s);
subplot(2,3,3);imshow(I3)
title('膨胀图像 1')
s1=strel('disk',2);
I4=imerode(I,s1);
subplot(2,3,4);imshow(I4);
I5=imdilate(I,s1);
title('腐蚀图像 2')
subplot(2,3,5);imshow(I5);
title('膨胀图像 2')
```

运行程序，效果如图 4-4 所示。

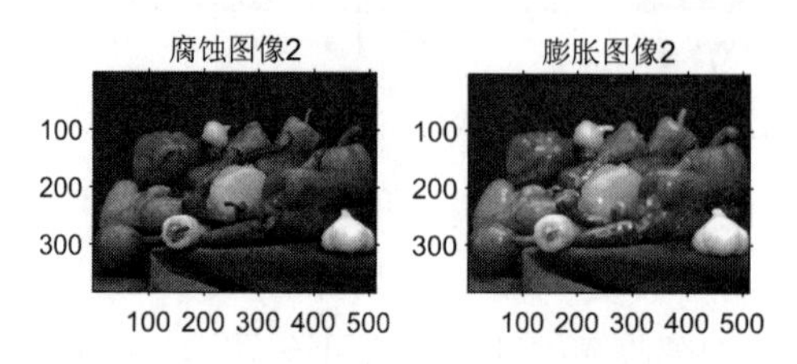


图 4-4　图像的腐蚀与膨胀效果

### 4.2.3　开运算和闭运算

膨胀和腐蚀是形态学紧密相连的两个基本运算，一个运算是相对于目标的操作，另一个运算是相对于背景的操作。膨胀和腐蚀的对偶关系可表示为

$$(A \oplus B)^{\mathrm{C}} = (A^{\mathrm{C}} \Theta \hat{B})$$

$$(A \Theta \hat{B})^{\mathrm{C}} = (A^{\mathrm{C}} \oplus B)$$

#### 1．开运算

开运算是指先对图像进行腐蚀处理，再进行膨胀处理。用 $B$ 对 $A$ 进行形态学开运算，可以记为 $A \circ B$，它的定义为

$$A \circ B = (A \Theta B) \oplus B$$

根据膨胀和腐蚀的定义，开运算也可以表示为

$$A \circ B = \bigcup \{(B)_z \mid (B)_z \subseteq A\}$$

式中，$\bigcup\{\}$ 表示并集；$\subseteq$ 表示子集。上式的简单几何解释为：$A \circ B$ 是 $B$ 在 $A$ 内完全匹配的平移并集。

#### 2．闭运算

闭运算是指先对图像进行膨胀处理，再进行腐蚀处理。用 $B$ 对 $A$ 进行形态学闭运算，可以记为 $A \cdot B$，它的定义为

$$A \cdot B = (A \oplus B) \Theta B$$

类似于开运算，闭运算也可以表示为

$$A \cdot B = \{x \mid x \in (\hat{B}_z) \Rightarrow (\hat{B}_z) \bigcap A = \varnothing\}$$

上式表示，用结构元素 $B$ 对 $A$ 进行形态学闭运算的结果包括所有满足以下条件的点：当该点可被映射和位移的结构元素覆盖时，$A$ 与经过映射和位移的 $B$ 的交集不为空集。从几何上讲，$A \cdot B$ 是所有不与 $A$ 重叠的 $B$ 的平移的并集。

**【例 4-3】**对 RGB 图像进行开运算与闭运算。

```
>> clear all;
rgb = imread('worm.jpg');
I = rgb2gray(rgb);
subplot(2,3,1);imshow(I);
title('灰度图像')
s=ones(2,2);
I2=imopen(I,s);
subplot(2,3,2);imshow(I2)
title('图像开运算 1')
I3=imclose(I,s);
subplot(2,3,3);imshow(I3)
title('图像闭运算 1')
s1=strel('diamond',2);
I4=imopen(I,s1);
subplot(2,3,4);imshow(I4);
title('图像开运算 2')
I5=imclose(I,s1);
subplot(2,3,5);imshow(I5);
title('图像闭运算 2')
```

运行程序，效果如图 4-5 所示。

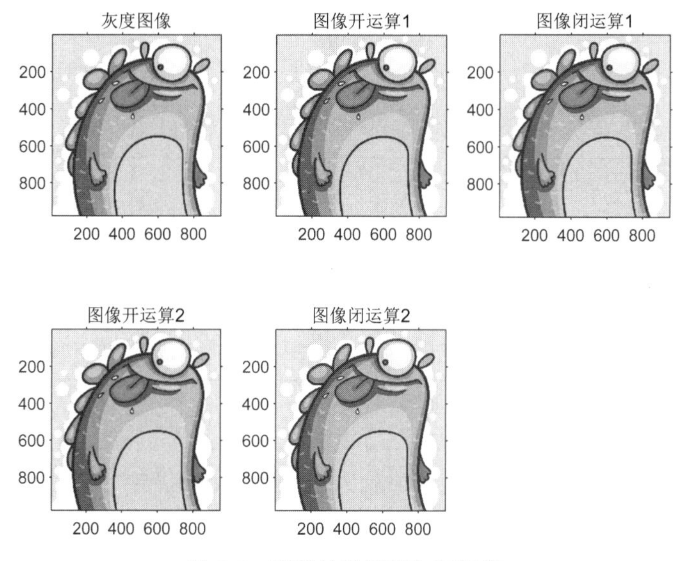


图 4-5 图像的开运算与闭运算

## 4.3 权值自适应的多结构形态学

在数学形态学图像去噪的过程中，通过适当地选取结构元素的形状和维数，可以改善滤波去噪的效果。在多结构元素的级联过程中，需要考虑结构元素的形状和维数。假设结构元素集为 $A_{nm}$，其中 $n$ 代表形状序列，$m$ 代表维数序列，则有

$$A_{nm} = \{A_{11}, A_{12}, \cdots, A_{1m}, A_{21}, \cdots, A_{nm}\}$$

式中

$$A_{11} \subset A_{12} \subset \cdots \subset A_{1m}$$
$$A_{21} \subset A_{22} \subset \cdots \subset A_{2m}$$
$$\cdots$$
$$A_{n1} \subset A_{n2} \subset \cdots \subset A_{nm}$$

假设对图像进行形态学腐蚀运算，则根据前面介绍的腐蚀运算公式，可知其过程相当于对图像中可以匹配结构元素的位置进行探测并标记处理。如果利用相同维数、不同形状的结构元素对图像进行形态学腐蚀运算，则它们可匹配的次数往往是不同的。一般而言，如果通过选择的结构元素可以探测到图像的边缘等信息，则可匹配的次数多；反之则少。因此，结合形态学腐蚀过程中结构元素的探测匹配原理，可以根据结构元素在图像中的可匹配次数进行自适应权值计算。

假设 $n$ 种形状的结构元素的权值分别为 $\alpha_1,\alpha_2,\cdots,\alpha_n$；在对图像进行腐蚀运算的过程中，$n$ 种形状的结构元素可匹配图像的次数分别为 $\beta_1,\beta_2,\cdots,\beta_n$ ，则自适应计算权值的公式为

$$\alpha_1 = \frac{\beta_1}{\beta_1+\beta_2+\cdots+\beta_n}$$
$$\alpha_2 = \frac{\beta_2}{\beta_1+\beta_2+\cdots+\beta_n} \qquad (4\text{-}1)$$
$$\cdots$$
$$\alpha_n = \frac{\beta_n}{\beta_1+\beta_2+\cdots+\beta_n}$$

## 4.4 形态学去噪的实现

数字图像在进行数学形态学滤波去噪时，根据噪声特点，可以尝试采用维数由小到大的结构元素进行处理，进而达到滤除不同噪声的目的。采用数学形态学的多结构元素，可以更好地保持按维数从小到大的顺序对图像进行滤波，这类似于串联电路的设计流程，如图 4-6 所示。

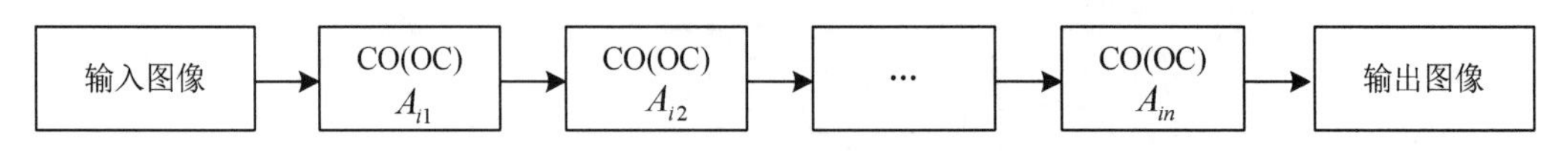


图 4-6　同一形状结构元素的串联滤波流程

同理，可以将上面同形状的结构元素构成的串联滤波器进行并联，结合自适应权值算法，构建串并联复合滤波器，如图 4-7 所示。

假设输入图像为 $f(x)$，经某种形状的结构元素的串联滤波结果为 $f_i(x)$， $i=1,2,\cdots,n$ ，输出图像为 $F(x)$，其中结构元素通过式（4-1）确定权值 $\alpha_1,\alpha_2,\cdots,\alpha_n$ ，则有

$$F(x)=\sum_{i=1}^{n}\alpha_i f_i(x)$$

为了简化算法实验步骤，在具体实现过程中，可以选择将串联处理结果与原始图像进行差异值计算的结果作为权值向量，再通过对串联结果加权求和的方式进行计算。

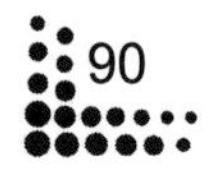

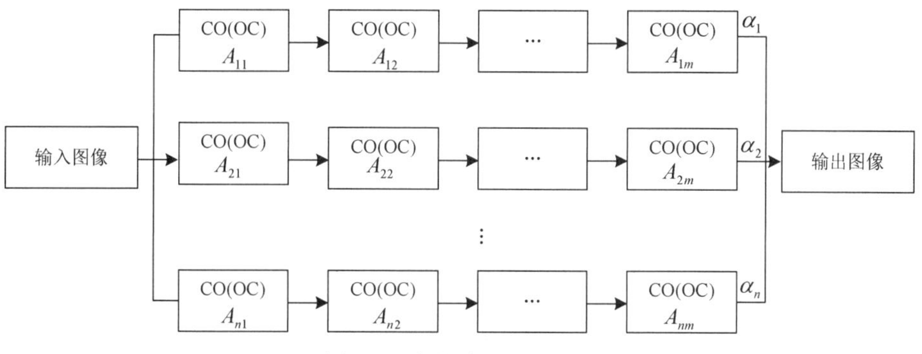


图 4-7　串并联复合滤波器

**【例 4-4】**为了对数字图像进行数学形态学滤波器级联滤波去噪的仿真，选择一幅人脸图像，加入泊松噪声，通过构建不同的串联滤波器、并联滤波器进行滤波去噪处理，最后通过计算并绘制 PSNR 值曲线来显示去噪效果。

```
>> clear all;
Img=imread('lena.jpg');
if ndims(Img) == 3
    I = rgb2gray(Img);
else
    I = Img;
end
Ig = imnoise(I,'poisson');
s = GetStrelList();
e = ErodeList(Ig, s);
f = GetRateList(Ig, e);
Igo = GetRemoveResult(f, e);
figure;
%imshow 将使用[最小(i(:))最大(i(:)]
%也就是说，i 中的最小值显示为黑色，最大值显示为白色，中间值为中间灰度
subplot(1, 2 ,1); imshow(I, []); title('原始图像');
subplot(1, 2 ,2); imshow(I, []); title('噪声图像');
figure;
subplot(2, 2, 1); imshow(e.eroded_co12, []); title('串联 1 处理结果');
subplot(2, 2, 2); imshow(e.eroded_co22, []); title('串联 2 处理结果');
subplot(2, 2, 3); imshow(e.eroded_co32, []); title('串联 3 处理结果');
subplot(2, 2, 4); imshow(e.eroded_co42, []); title('串联 4 处理结果');
figure;
subplot(1, 2, 1); imshow(Ig, []); title('噪声图像');
subplot(1, 2, 2); imshow(Igo, []); title('并联去噪图像');
psnr1 = PSNR(I, e.eroded_co12);
psnr2 = PSNR(I, e.eroded_co22);
psnr3 = PSNR(I, e.eroded_co32);
psnr4 = PSNR(I, e.eroded_co42);
```

```
psnr5 = PSNR(I, Igo);
psnr_list = [psnr1 psnr2 psnr3 psnr4 psnr5];
figure;
plot(1:5, psnr_list, 'r+-');
axis([0 6 18 24]);
set(gca, 'XTick', 0:6, 'XTickLabel', {'', '串联 1', '串联 2', '串联 3', '串联 4', '并联', ''});
grid on;
title('PSNR 值曲线比较');
```

运行程序，得到的原始图像及噪声图像如图 4-8 所示，得到的串联处理结果如图 4-9 所示，得到的并联去噪效果如图 4-10 所示，得到的 PSNR 值曲线比较结果如图 4-11 所示。

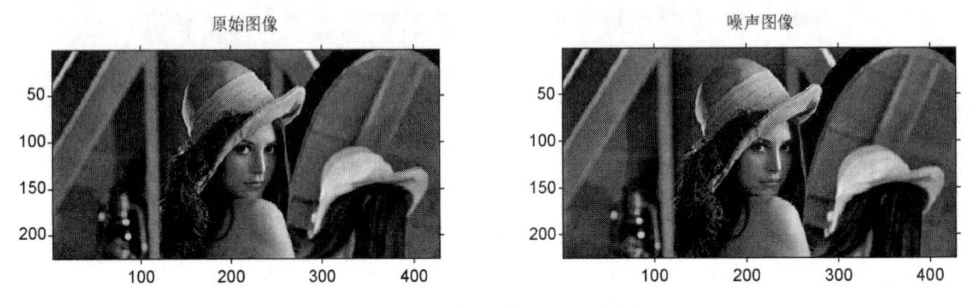


图 4-8　原始图像及噪声图像

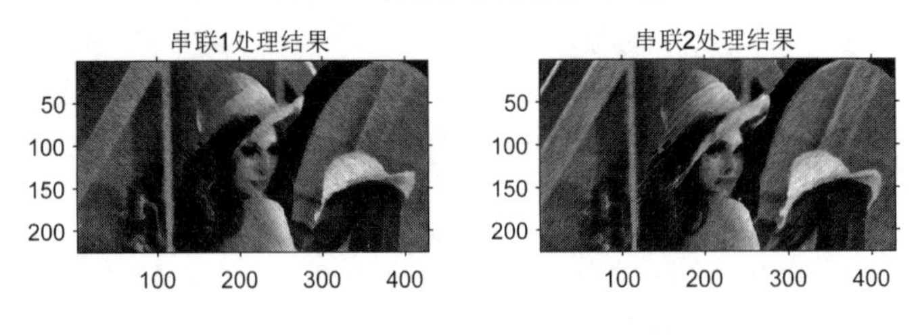


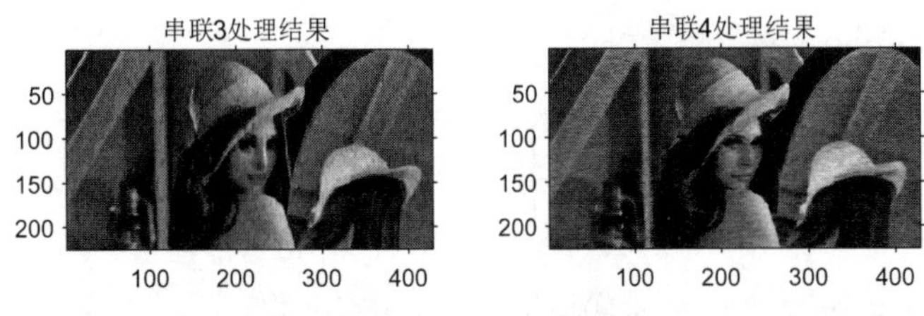


图 4-9　串联处理结果

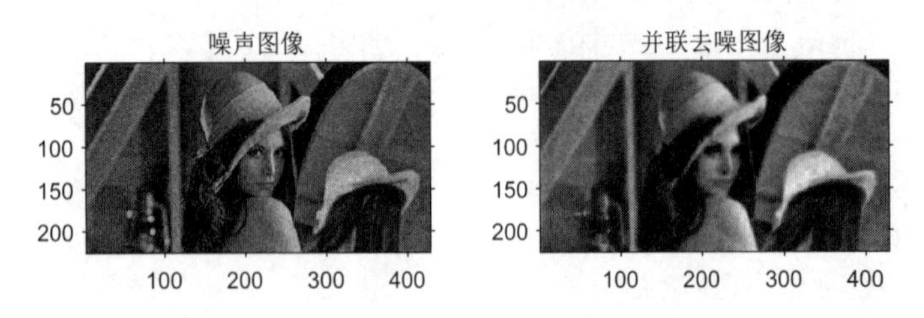


图 4-10　并联去噪效果

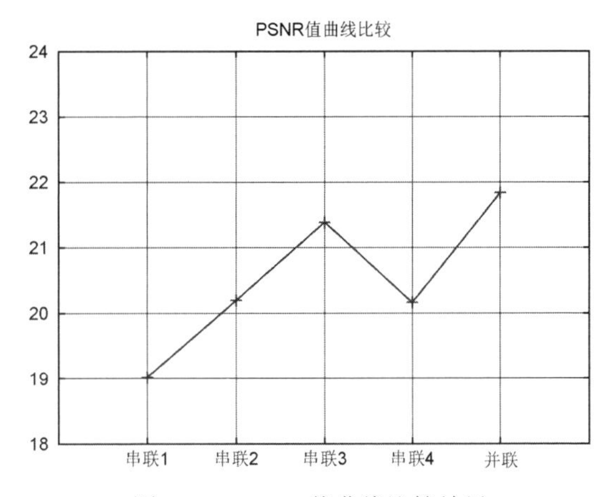

图 4-11　PSNR 值曲线比较结果

结果表明，如果仅通过串联滤波器去噪，则往往具有一定的局限性，在结果图像中也保留着较为明显的噪声。通过并联滤波器进行滤波去噪得到的 PSNR 值更高，而且结果图像在视觉效果上要比只进行串联滤波器去噪理想。

在以上代码中，调用了自定义编写的获取算子函数 GetStrelList。该函数将返回指定的线型算子，通过结构体成员的方式整合不同长度、角度的线型算子，其代码为：

```
function s = GetStrelList()
%获取算子，用于生成串联算子，参数 s 为算子结构体
%生成串联算子
s.co11 = strel('line',5,-45);
s.co12 = strel('line',7,-45);
% 生成串联算子
s.co21 = strel('line',5,45);
s.co22 = strel('line',7,45);
%生成串联算子
s.co31 = strel('line',3,90);
s.co32 = strel('line',5,90);
%生成串联算子
s.co41 = strel('line',3,0);
s.co42 = strel('line',5,0);
```

调用了自定义编写的图像串联去噪函数 ErodeList。该函数将根据输入的滤波算子，通过 imerode 逐个进行处理，并将结果整合到结构体中返回，其代码为：

```
function e = ErodeList(Ig, s)
%串联去噪
%其中，参数 Ig 为图像矩阵，s 为算子，e 为处理结果
e.eroded_co11 = imerode(Ig,s.co11);
e.eroded_co12 = imerode(e.eroded_co11,s.co12);
e.eroded_co21 = imerode(Ig,s.co21);
e.eroded_co22 = imerode(e.eroded_co21,s.co22);
e.eroded_co31 = imerode(Ig,s.co31);
e.eroded_co32 = imerode(e.eroded_co31,s.co32);
```

```
e.eroded_co41 = imerode(Ig,s.co41);
e.eroded_co42 = imerode(e.eroded_co41,s.co42);
```

调用了自定义编写的函数 GetRateList。该函数将根据串联结果与原始图像的差异程度进行计算，其代码为：

```
function f = GetRateList(Ig, e)
%计算权值
%其中，参数 Ig 为图像矩阵，e 为串联结果，f 为处理结果
f.df1 = sum(sum(abs(double(e.eroded_co12)-double(Ig))));
f.df2 = sum(sum(abs(double(e.eroded_co22)-double(Ig))));
f.df3 = sum(sum(abs(double(e.eroded_co32)-double(Ig))));
f.df4 = sum(sum(abs(double(e.eroded_co42)-double(Ig))));
f.df = sum([f.df1 f.df2 f.df3 f.df4]);
```

调用了自定义图像并联去噪函数 GetRemoveResult。该函数将根据输入的权值向量、串联结果，通过加权求和的方式进行处理，其代码为：

```
function Igo = GetRemoveResult(f, e)
%并联去噪
%其中，参数 f 为权值向量，e 为串联结果，Igo 为处理结果
Igo = f.df1/f.df*double(e.eroded_co12)+f.df2/f.df*double(e.eroded_co22)+...
    f.df3/f.df*double(e.eroded_co32)+f.df4/f.df*double(e.eroded_co42);
Igo = mat2gray(Igo);
```

为了对处理结果进行比较，这里采用计算 PSNR 值的方式将串联、并联处理结果与原始图像进行计算，并绘制 PSNR 值曲线进行分析。该函数的代码为：

```
function S = PSNR(s,t)
%计算 PSNR 值
%其中，参数 s 为图像矩阵 1，t 为图像矩阵 2，S 为结果
%预处理
[m, n, ~]=size(s);
s = im2uint8(mat2gray(s));
t = im2uint8(mat2gray(t));
s = double(s);
t = double(t);
sd = 0;
mi = m*n*max(max(s.^2));
for u = 1:m
    for v = 1:n
        sd = sd+(s(u,v)-t(u,v))^2;
    end
end
if sd == 0
    sd = 1;
end
S = mi/sd;
S = 10*log10(S);
```

# 4.5　结构元素

结构元素又被形象地称为刷子，是膨胀和腐蚀操作最基本的组成部分，用于测试输入图像，通常比待处理图像要小得多。

在 MATLAB 图像工具箱中，用 strel 函数可以创建任意大小和形状的结构元素对象 Strel，strel 函数支持许多常用的形状，其中，平面结构元素的形状类型有线形、圆形、菱形和八角形等，非平面结构元素的形状类型有球形。用 strel 函数创建平面结构元素的语法如下：

```
SE = strel(shape, parameters)%根据 shape 的结构元素创建形状
```

shape 参数值如表 4-1 所示，椭圆形结构元素的原点如图 4-12 所示。

表 4-1　shape 参数值

| 平面结构元素 | 'arbitrary'　'diamond'　'disk'　'line'　'octagon'　'pair'　'periodicline'　'rectangle'　'square' |
|---|---|
| 非平面结构元素 | 'arbitray'　'ball' |

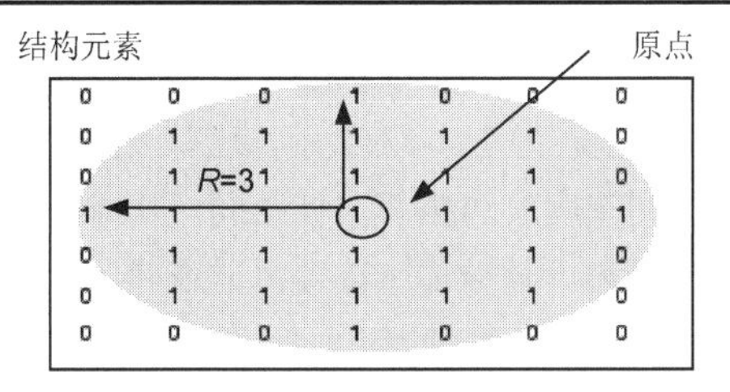


图 4-12　椭圆形结构元素的原点（$R$ 指椭圆的长半轴）

【例 4-5】创建正方形、直线、圆盘及椭圆形对象。

```
>> clear all;
se1 = strel('square',8)          % 创建 8×8（单位为像素）的正方形
se2 = strel('line',4,40)         % 直线，长度为 4，角度为 40°
se3 = strel('disk',4)            % 圆盘，半径为 4
se4 = strel('ball',2,5);         % 椭圆形，半径为 2，长度为 5
```

运行程序，输出如下：

```
se1 =
strel is a square shaped structuring element with properties:
      Neighborhood: [8×8 logical]
    Dimensionality: 2
se2 =
strel is a line shaped structuring element with properties:
      Neighborhood: [3×3 logical]
    Dimensionality: 2
se3 =
strel is a disk shaped structuring element with properties:
      Neighborhood: [7×7 logical]
    Dimensionality: 2
```

由于 Strel 对象不等同于矩阵，所以一般 MATLAB 函数无法直接操作，为此，MATLAB 提供了一些专门的函数，即 Strel 对象操作函数，如表 4-2 所示。

表 4-2　Strel 对象操作函数

| 函　数　名 | 说　　明 | 函　数　名 | 说　　明 |
|---|---|---|---|
| getheight | 获取结构元素的高度 | isflat | 平面结构元素返回值 |
| getneighbors | 获取结构元素的邻域和高度 | reflect | 反转结构元素 |
| getnhood | 获取结构元素的邻域 | translate | 偏移结构元素 |
| getsequence | 获取分解的结构元素顺序 | — | — |

## 4.6　边缘检测

数字图像的边缘检测是图像分割、目标区域识别、区域形状提取等图像分析领域十分重要的基础，在工程应用中占有十分重要的地位。物体的边缘是以图像局部特征不连续的形式出现的，即图像局部亮度变化最显著的部分，如灰度值的突变、颜色的突变、纹理结构的突变等。同时，物体的边缘也是不同区域的分界处。图像边缘有方向和幅度两个特性，通常沿边缘走向的像素灰度变化平缓，垂直于边缘走向的像素灰度变化剧烈。根据灰度变化的特点，常见的边缘可分为阶跃型、房顶型和凸缘型，如图 4-13 所示，这些变化对应图像中不同的景物。阶跃型的边缘处于图像中两个具有不同灰度值的相邻区域之间，房顶型边缘主要对应细条状的灰度值突变区域，凸缘型边缘的上升沿和下降沿都比较缓慢。在实际分析中，图像要复杂得多，图像边缘的灰度变化情况并不仅限于上述标准情况。

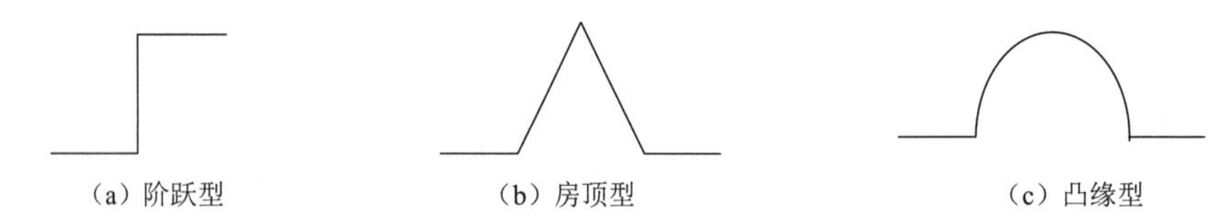

（a）阶跃型　（b）房顶型　（c）凸缘型

图 4-13　边缘灰度变化的几种类型

### 4.6.1　边缘检测算子概述

函数导数反映图像灰度变化的显著程度，一阶导数的局部极大值和二阶导数的过零点都是图像灰度变化极大的地方。因此，可将这些导数值作为相应点的边界强度，通过设置门限的方法提取边界点集。

#### 1．一阶导数边缘检测

梯度是图像对应二维函数的一阶导数，表达式为

$$\boldsymbol{G}(x,y)=\begin{bmatrix}\boldsymbol{G}_x\\ \boldsymbol{G}_y\end{bmatrix}=\begin{bmatrix}\dfrac{\partial f}{\partial x}\\ \dfrac{\partial f}{\partial y}\end{bmatrix}$$

可用以下 3 种范数衡量梯度的幅值：

$$|\boldsymbol{G}(x,y)|=\sqrt{\boldsymbol{G}_x^2+\boldsymbol{G}_y^2}\qquad \text{2 范数梯度}$$

$$|\boldsymbol{G}(x,y)|=|\boldsymbol{G}_x|+|\boldsymbol{G}_y|\qquad \text{1 范数梯度}$$

$$|G(x,y)| \approx \max(|G_x|,|G_y|) \quad \infty\text{范数梯度}$$

梯度方向为函数最大变化率的方向，表达式为

$$a(x,y) = \arctan\frac{G_y}{G_x}$$

**2．二阶导数边缘检测**

图像灰度二阶导数的过零点对应边缘点，如图 4-14 所示。

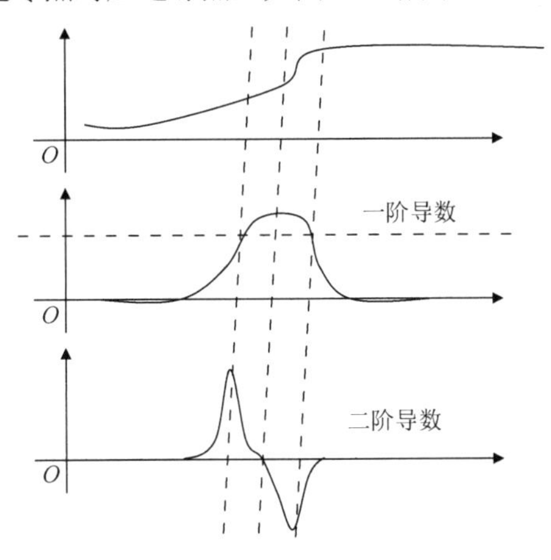


图 4-14　基于二阶导数的边缘检测

## 4.6.2　边缘检测的实现

在 MATLAB 中，利用图像处理工具箱中的 edge 函数，可以实现基于各种算子的边缘检测功能。下面直接通过例子来演示该函数的用法。

**【例 4-6】**利用不同算子对图像进行边缘检测。

```
>> clear all;
I=imread('coins.png');                    %灰度图像
subplot(2,4,1);imshow(I);
title('原始图像');
%默认算子
BW1=edge(I);
subplot(2,4,2);imshow(BW1);
title('默认算子')
%Sobel 算子
BW2=edge(I,'sobel');
subplot(2,4,3);imshow(BW2);
title ('Sobel 算子')
%Prewitt 算子
BW3=edge(I,'prewitt');
subplot(2,4,4);imshow(BW3);
title ('Prewitt 算子')
 %Roberts 算子
```

```
BW4=edge(I,'roberts');
subplot(2,4,5);imshow(BW4);
title ('Roberts 算子')
%LoG 算子
BW5=edge(I,'log');
subplot(2,4,6);imshow(BW5);
title ('LoG 算子')
BW6=edge(I,'zerocross');
%零交叉
subplot(2,4,7);imshow(BW6);
title ('零交叉')
BW7=edge(I,'canny');
%Canny 算子
subplot(2,4,8);imshow(BW7);
title ('Canny 算子')
```

运行程序，效果如图 4-15 所示。

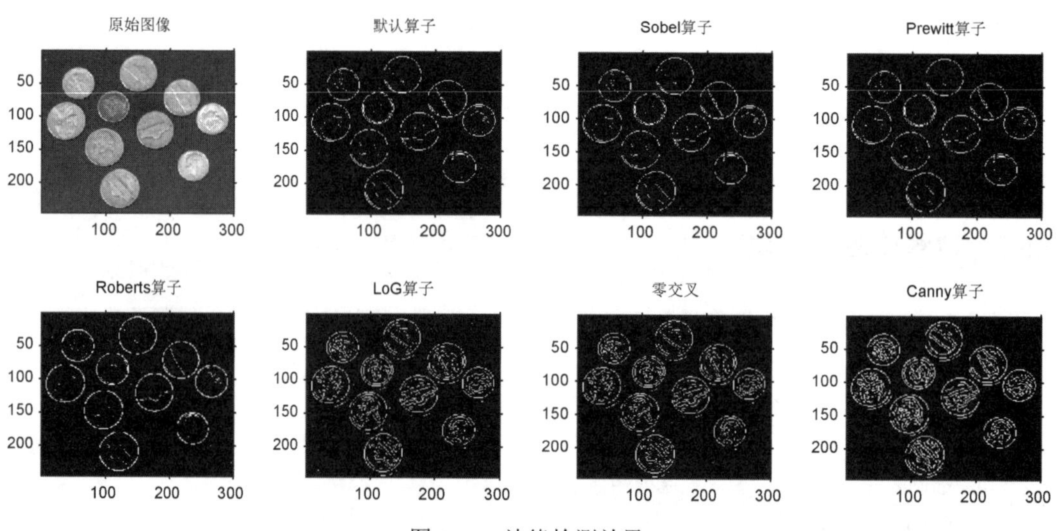


图 4-15　边缘检测效果

## 4.7　多尺度形态学

多尺度形态学通过选定形态结构元素的类型及尺度来实现。例如，对图像应用某结构元素进行膨胀运算，对某尺度的选取可根据不同的情况来定。一般而言，随着选取结构元素尺度的增大，计算量也会增大，甚至可能会对图像自身的几何形状产生影响，进而造成形态处理结果不准确。适当地选择小尺度（一般取 2～5）的结构元素，可以在一定程度上提高形态运算的效率及准确率。因此，通过应用不同尺度的结构元素进行边缘检测，再通过加权融合的思想来整合检测到的边缘，可以在一定程度上减小图像噪声的影响，进而提高边缘检测的精度。

根据数学形态学运算的概念，构造形态学多尺度迭代滤波器如下：

$$\psi(f)=(f\circ \boldsymbol{g}_1\bullet \boldsymbol{g}_1)\bullet \boldsymbol{g}_2\circ \boldsymbol{g}_2$$

结构元素的形状往往会影响所匹配目标的准确率，应用形态学进行边缘提取，需要综合考虑匹配不同方向的边缘的要求。因此，对于一个给定的结构元素 $\boldsymbol{g}$，可将其设计成 5 个 3×3 的模板，分别为 $\boldsymbol{g}_1 \sim \boldsymbol{g}_5$：

$$\begin{bmatrix} 0 & 1 & 0 \\ 0 & 1 & 0 \\ 0 & 1 & 0 \end{bmatrix} \cdot \begin{bmatrix} 0 & 0 & 0 \\ 1 & 1 & 1 \\ 0 & 0 & 0 \end{bmatrix} \cdot \begin{bmatrix} 0 & 0 & 1 \\ 0 & 1 & 0 \\ 1 & 0 & 0 \end{bmatrix} \cdot \begin{bmatrix} 1 & 0 & 0 \\ 0 & 1 & 0 \\ 0 & 0 & 1 \end{bmatrix} \cdot \begin{bmatrix} 0 & 1 & 0 \\ 1 & 1 & 1 \\ 0 & 1 & 0 \end{bmatrix}$$

多尺度结构元素的定义为

$$n\boldsymbol{g} = \boldsymbol{g} \oplus \boldsymbol{g} \oplus \cdots \oplus \boldsymbol{g}$$

式中，$n$ 为多尺度参数。

多尺度边缘检测算法为

$$\boldsymbol{G}_i^n = (f \circ n\boldsymbol{g}_i) \oplus n\boldsymbol{g}_i - (f \bullet n\boldsymbol{g}_i) \Theta n\boldsymbol{g}_i$$

多尺度边缘融合算法为

$$\boldsymbol{G}f^n = \sum_{i=1}^{K} u_i \boldsymbol{G}_i^n$$

式中，$u_i$ 为各个尺度边缘检测图像进行融合时的加权系数。

根据信息熵的定义，图像信息熵能够反映图像信息的丰富程度，并直接反映不同边缘所占的比重。因此，可参考加权融合的思想，通过计算不同尺度的边缘图像所含的信息量即信息熵的多少来计算权值并确定边缘图像的合成。

以信息熵的计算方法为基础，假设数字图像的灰度为 $[0, L-1]$，则各灰度级像素出现的概率为

$$P_0, P_1, \cdots, P_{L-1}$$

各灰度级像素具有的信息量分别为

$$-\log_2(P_0), -\log_2(P_1), \cdots, -\log_2(P_{L-1})$$

则该图像的熵为

$$H = -\sum_{i=0}^{L-1} P_i \log_2(P_i)$$

一般而言，可以采用距离度量系统中各个实体的相似度，两个实体之间的距离越小，它们的相似度就越高。可对不同实体 $f_a$ 和 $f_b$ 之间的相似度 $\sin(f_a, f_b)$ 求和，并将该和作为整个系统中 $f_a$ 实体的相似度或支持度，即

$$\text{Supo}(f_a) = \sum_{\text{b}=1}^{N} \sin(f_a, f_b) \qquad a, b = 1, 2, \cdots, N$$

可选择图像信息熵和实体加权进行边缘图像的融合，通过对各边缘图像的信息熵计算差值并以此作为距离来获取各个实体的相似度或支持度。

因此，边缘图像 $f_a$ 与边缘图像 $f_b$ 的差量算子为

$$\text{usimk}(f_a, f_b) = |Ha - Hb| \qquad a, b = 1, 2, \cdots, N$$

差量函数为

$$\text{usim}(f_a, f_b) = \sum_{\text{b}=1}^{N} |Ha - Hb| \qquad a, b = 1, 2, \cdots, N$$

反支持度函数为

$$\mathrm{Supo}(f_a)=\sum_{h=1}^{N}\mathrm{usin}(f_a,f_b) \qquad a,b=1,2,\cdots,N$$

**【例 4-7】**为了在保证程序运行效率的前提下尽可能匹配图像不同方向上的边缘，本实例选择 5 个不同的结构元素对图像进行边缘检测，步骤如下。

（1）应用不同的结构元素对图像进行边缘检测，通过实体加权融合与信息熵结合的方法对边缘图像进行融合，获得单尺度下的边缘检测结果 $\boldsymbol{Gf_1}$。

（2）对 5 个结构元素分别进行膨胀处理，用膨胀后的 5 个结构元素在尺度 $n=2$ 时对图像进行边缘检测，将获得的 5 个检测结果按照第（1）步的融合方法进行图像融合，获得尺度 $n=2$ 时的边缘检测结果 $\boldsymbol{Gf_2}$。

（3）对 5 个结构元素分别进行膨胀处理，用膨胀后的 5 个结构元素在尺度 $n=3$ 时对图像进行边缘检测，将获得的 5 个检测结果按照第（1）步的融合方法进行图像融合，获得尺度 $n=3$ 时的边缘检测结果 $\boldsymbol{Gf_3}$。

（4）同理，按照上述步骤对 5 个结构元素进行 $n$ 尺度（$n$ 一般取 2～3）的边缘检测及融合，获得 $N$ 个不同尺度的融合图像，分别为 $\boldsymbol{Gf_1},\boldsymbol{Gf_2},\cdots,\boldsymbol{Gf_n}$。

（5）根据实体加权融合与信息熵结合的方法进行图像融合，得到最终的融合结果。

实现的 MATLAB 代码为：

```
% 读取图片
Img = imread('image.bmp');
% 计算 1～5 的算子结果
Gf1 = Main_Process(Img, 1);
Gf2 = Main_Process(Img, 2);
Gf3 = Main_Process(Img, 3);
Gf4 = Main_Process(Img, 4);
Gf5 = Main_Process(Img, 5);
% 整合到 cell 中
G{1} = Gf1;
G{2} = Gf2;
G{3} = Gf3;
G{4} = Gf4;
G{5} = Gf5;
% 计算系数
ua1 = Coef(Gf1, G);
ua2 = Coef(Gf2, G);
ua3 = Coef(Gf3, G);
ua4 = Coef(Gf4, G);
ua5 = Coef(Gf5, G);
% 组合
u = [ua1, ua2, ua3, ua4, ua5];
% 权值
u = u/sum(u);
% 加权融合
Gf = Edge_One(G, u);
```

```
% 显示结果
result = Gf5;
subplot(211); imshow(Img, []);
title('原始图像');
subplot(212);imshow(result, []);
title('边缘提取')
```

运行程序，效果如图 4-16 所示。

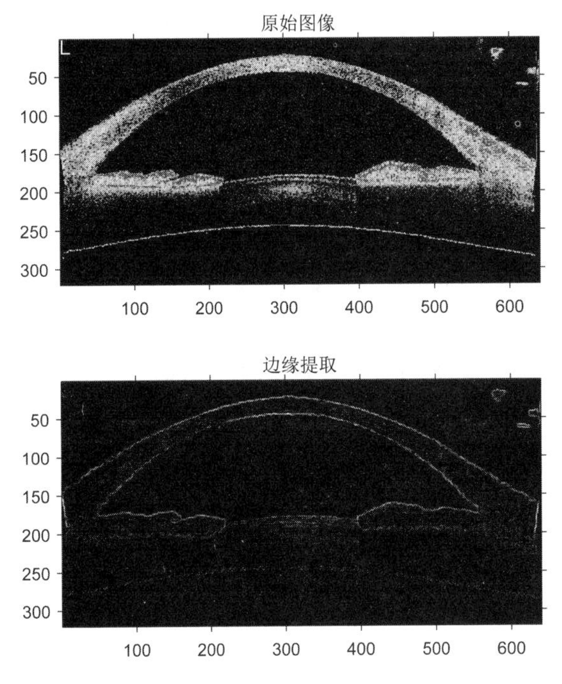


图 4-16　多尺度形态学边缘提取效果

结果表明，基于多尺度形态学对眼前节组织图像进行边缘提取，能平滑原始图像的噪声，有效地识别上下角膜的边缘位置，避免了误检测、假边缘情况的出现，为眼前节组织图像的进一步处理提供了依据。

以上程序分析过程如下。

（1）多尺度结构设计。

图像边缘指像素周围的灰度值发生急剧变化的位置集合，是图像的基本特征之一。图像边缘一般存在于目标、背景和区域之间，因此，边缘提取是图像分割过程中经常采用的关键步骤之一。图像边缘根据样式大致可以分为 3 种，分别是阶跃型边缘、房顶型边缘和凸缘型边缘（前面已介绍）。这里根据多尺度边缘检测的算法流程，编写函数 Multi_Process，用于接收图像矩阵、形态学算子、尺度参数，并通过形态学变换进行图像边缘的提取。Multi_Process 函数的代码为：

```
function [Gi, ng] = Multi_Process(I, g, n)
%多尺度边缘检测函数
%其中，I 为图像矩阵，g 为尺度结构，n 为尺度参数，Gi 为边缘图像，ng 为多尺度结构元素
if nargin < 3
    n = 6;
```

```
end
% 初始化，计算多尺度结构元素
ng = g;
for i = 1:n
    % 膨胀
    ng = imdilate(ng, g);
end
% 依次执行开运算、膨胀、闭运算、腐蚀形态学运算
Gi1 = imopen(I, ng);
Gi1 = imdilate(Gi1, ng);
Gi2 = imclose(I, ng);
Gi2 = imerode(Gi2, ng);
% 差分
Gi = imsubtract(Gi1, Gi2);
```

（2）多尺度边缘提取。

本实例默认采用 5 个不同方向的结构元素进行形态学变换。因此，为了方便地进行图像边缘提取，可编写主处理函数 Main_Process，通过接收图像矩阵、尺度值作为输入参数；调用多尺度边缘检测函数 Multi_Process 和融合权值计算函数 Coef 进行处理，最后通过调用函数加权融合函数 Edge_One 得到边缘融合结果并返回。具体的实现代码为：

```
function result = Main_Process(Img, n)
%主处理函数，其中，参数 Img 为图像矩阵，n 为尺度参数，result 为结果矩阵
%灰度化
if ndims(Img) == 3
    I = rgb2gray(Img);
else
    I = Img;
end
%设置 5 个算子
g1 = [0 1 0
    0 1 0
    0 1 0];
g2 = [0 0 0
    1 1 1
    0 0 0];
g3 = [0 0 1
    0 1 0
    1 0 0];
g4 = [1 0 0
    0 1 0
    0 0 1];
g5 = [0 1 0
    1 1 1
    0 1 0];
%对 5 个算子分别进行多尺度计算
Gi1 = Multi_Process(I, g1, n);
```

```
Gi2 = Multi_Process(I, g2, n);
Gi3 = Multi_Process(I, g3, n);
Gi4 = Multi_Process(I, g4, n);
Gi5 = Multi_Process(I, g5, n);
%整合到 cell 中
G{1} = Gi1;
G{2} = Gi2;
G{3} = Gi3;
G{4} = Gi4;
G{5} = Gi5;
%均值系数
ua1 = Coef(Gi1, G);
ua2 = Coef(Gi2, G);
ua3 = Coef(Gi3, G);
ua4 = Coef(Gi4, G);
ua5 = Coef(Gi5, G);
%组合
u = [ua1, ua2, ua3, ua4, ua5];
%权值
u = u/sum(u);
%加权融合
Gf1 = Edge_One(G, u);
result = Gf1;

function ua = Coef(fa, f)
%计算加权系数
%其中，参数 fa 为图像矩阵，f 为图像序列，ua 为加权系数
%元素个数
N = length(f);
%初始化
s = [];
for i = 1 : N
    %当前结果
    fi = f{i};
    %交叉差分
    si = supoles(fi, f);
    %存储
    s = [s si];
end
%归一化处理
sp = min(s(:));
sa = supoles(fa, f);
ka = sp/sa;
k = 0;
for i = 1 : N
    fb = f{i};
```

```
    s = [];
    for j = 1 : N
        fj = f{j};
        %交叉差分
        si = supoles(fj, f);
        %存储
        s = [s si];
    end
    %归一化处理
    sp = min(s);
    sb = supoles(fb, f);
    kb = sp/sa;
    k = k + kb;
end
%均值结果
ua = ka/k;

function Gf = Edge_One(G, u)
%边缘融合函数，其中，参数 G 为边缘图像序列组，u 为参数向量
if nargin < 2
    % 默认参数
    u = rand(1, length(G));
    u = u/sum(u(:));
end
Gf = zeros(size(G{1}));
for i = 1 : length(G)
    %加权组合
    Gf = Gf + u(i)*double(G{i});
end
%统一类型
Gf = im2uint8(mat2gray(Gf));
```

# 第 5 章　计算机视觉在字符识别中的应用

本章主要学习利用计算机视觉对字符进行各种分类和识别操作。

## 5.1　卷积神经网络

本节通过一个例子来说明如何创建和训练简单的卷积神经网络以进行深度学习分类。卷积神经网络是深度学习的基本工具，尤其适用于图像识别。

### 5.1.1　卷积神经网络的概念

卷积神经网络（Convolutional Neural Network，CNN）是一种前馈神经网络，它的人工神经元可以响应一部分覆盖范围内的周围单元，对于大型图像处理有出色表现。它包括卷积计算层和池化层。图 5-1 为一个神经网络的结构。

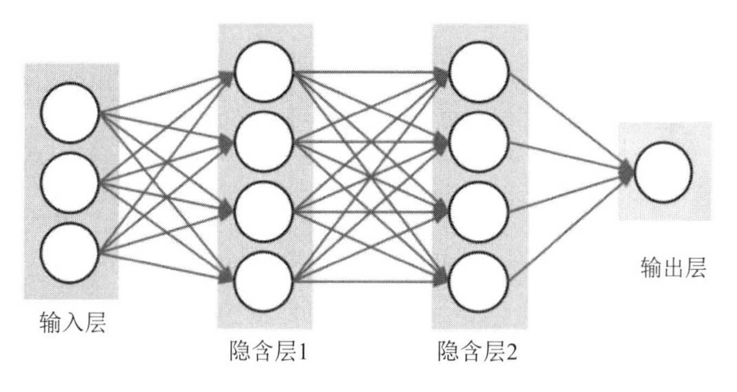


图 5-1　神经网络的结构

那卷积神经网络与神经网络是什么关系呢？其实，卷积神经网络依旧是层级网络，只是层的功能和形式有变化，可以说是传统神经网络的一个改进。例如，图 5-2 中就多了许多传统神经网络没有的层次。

卷积神经网络的层级结构主要如下。

- 数据输入层（Input layer）。
- 卷积计算层（CONV layer）。
- ReLU 激励层（ReLU layer）。
- 池化层（Pooling layer）。
- 全连接层（FC layer）。

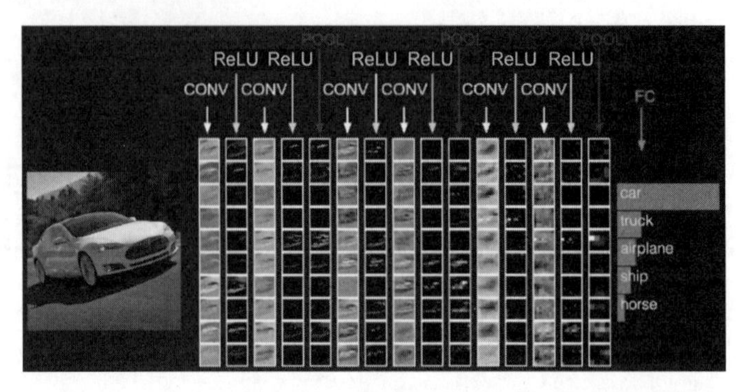


图 5-2　包含许多传统神经网络没有的层次的卷积神经网络

### 1. 数据输入层

数据输入层要做的处理主要是对原始图像数据进行预处理。

- 去均值：把输入数据各个维度都中心化为 0，如图 5-3 所示，其目的就是把样本的中心拉回到坐标系原点上。
- 归一化：将幅度归一化到同样的范围内，如图 5-3 所示，即减小各维度数据取值范围的差异而带来的干扰。例如，有两个维度的特征 *A* 和 *B*，*A* 的范围是 0 到 10，而 *B* 的范围是 0 到 10000，如果直接使用这两个特征，那么是有问题的，较好的做法就是进行归一化处理，即将 *A* 和 *B* 的数据都变为 0～1。

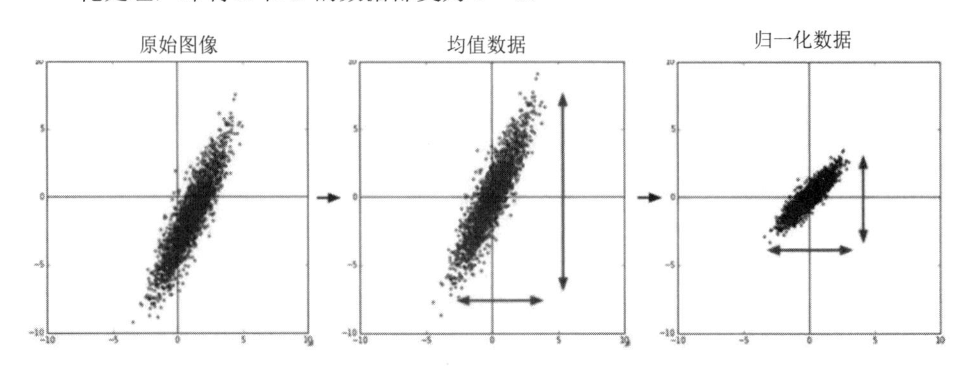


图 5-3　去均值与归一化效果图

- PCA/白化：用 PCA 降维，白化是对数据各个特征轴上的幅度进行归一化处理。PCA/白化效果图如图 5-4 所示。

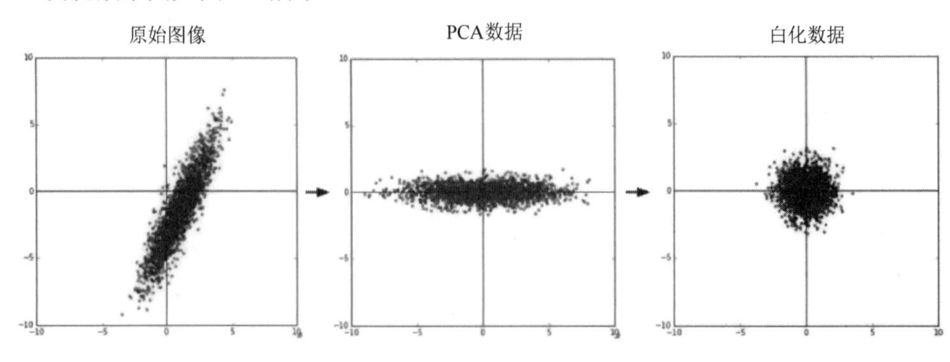


图 5-4　PCA/白化效果图

### 2. 卷积计算层

卷积计算层是卷积神经网络最重要的一个层次，也是卷积神经网络的名字来源。在这一层，有两项关键操作。

- 局部关联：将每个神经元看作一个滤波器。
- 滑动窗口：滤波器对局部数据进行计算。

图 5-5 展示了卷积计算层的结构。

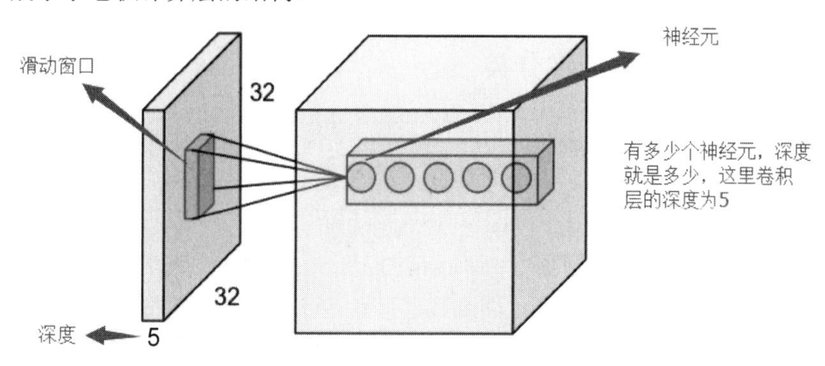


图 5-5　卷积计算层的结构

### 3. ReLU 激励层

卷积神经网络采用的激励函数一般为 ReLU（The Rectified Linear Unit，修正线性单元），它的特点是收敛快、求梯度简单，但较脆弱，如图 5-6 所示。

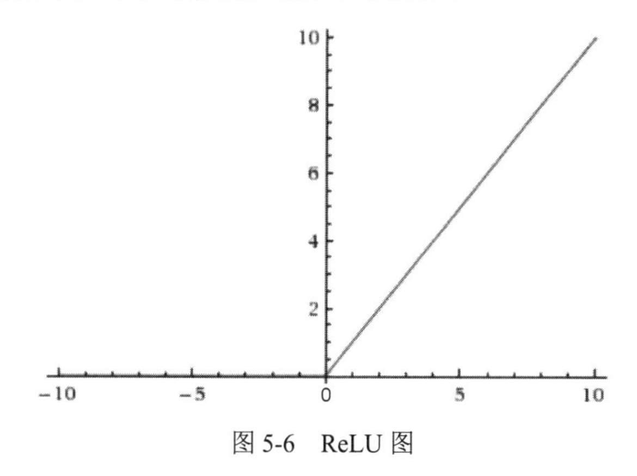


图 5-6　ReLU 图

### 4. 池化层

池化层夹在连续的卷积计算层中间，用于压缩数据和参数的量，减小过拟合。简而言之，如果输入是图像的话，那么池化层最主要的作用就是压缩图像。池化层的具体作用主要表现在以下几方面。

（1）特征不变性，即在图像处理中经常提到的特征尺度不变性。池化操作就是指图像的调整，平时，一幅狗的图像被缩小了一倍，我们还能认出这是一幅狗的图像，这说明这幅图像中仍保留着狗最重要的特征，只要一看就能判断图像中是一只狗，图像压缩时去掉的信息只是一些无关紧要的信息，而留下的信息则是具有尺度不变性的特征，是最能表达图像的特征。

（2）特征降维。一幅图像含有的信息量是很大的，特征也很多，但是有些信息对于我们做图像任务是没有太多用途或重复的，此时可以把这类冗余信息去除，把最重要的特征抽取出来，这也是池化操作的一大作用。

（3）在一定程度上防止过拟合，更方便优化。

### 5. 全连接层

卷积计算层与池化层之间的所有神经元都有权重连接，通常，全连接层在卷积神经网络尾部，即与传统神经网络的神经元的连接方式是一样的。

## 5.1.2 卷积神经网络实现图像分类

前面介绍了卷积神经网络的概念，下面通过实例来演示如何通过卷积神经网络实现图像的分类。具体的实现步骤如下。

（1）加载和浏览图像数据。

加载数字样本数据作为图像数据存储。imageDatastore 根据文件夹名称自动标记图像，并将数据存储为 imageDatastore 对象。通过图像数据存储，可以存储大量图像数据，包括无法放入内存的数据，并在卷积神经网络的训练过程中高效分批读取图像。

```
digitDatasetPath = fullfile(matlabroot,'toolbox','nnet','nndemos', ...
    'nndatasets','DigitDataset');
imds = imageDatastore(digitDatasetPath, ...
    'IncludeSubfolders',true,'LabelSource','foldernames');
%显示数据存储中的部分图像
figure;
perm = randperm(10000,20);
for i = 1:20
    subplot(4,5,i);
    imshow(imds.Files{perm(i)});   %效果如图 5-7 所示
end
>> labelCount = countEachLabel(imds)
labelCount =
  10×2 table
    Label    Count
    _____    _____
      0      1000
      1      1000
      2      1000
      3      1000
      4      1000
      5      1000
      6      1000
      7      1000
      8      1000
      9      1000
%必须在网络的输入层指定图像的大小
```

```
%检查 DigitDataset 中第一幅图像的大小，每幅图像的大小均为 28×28×1（单位为像素）
>> img = readimage(imds,1);
size(img)
ans =
    28      28
```

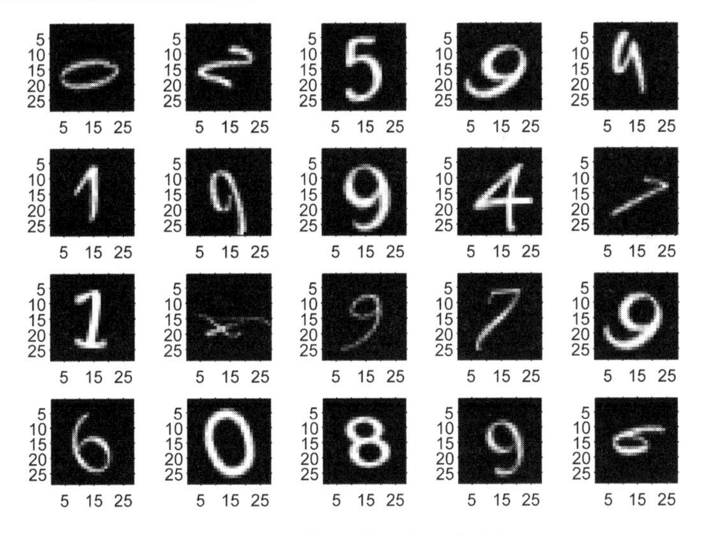

图 5-7　高效分批读取图像效果

（2）指定训练集和验证集。

将数据划分为训练集和验证集，以使训练集中的每个类别包含 750 幅图像，并使验证集包含对应每个标签的其余图像。splitEachLabel 将存储在 DigitDataset 中的数据拆分为两个新的数据，并分别存储在 imdsTrain 和 imdsValidation 中。

```
numTrainFiles = 750;
[imdsTrain,imdsValidation] = splitEachLabel(imds,numTrainFiles,'randomize');
```

（3）定义网络架构。

定义卷积神经网络架构，代码如下：

```
layers = [
    imageInputLayer([28 28 1])
    convolution2dLayer(3,8,'Padding','same')
    batchNormalizationLayer
    reluLayer
    maxPooling2dLayer(2,'Stride',2)
    convolution2dLayer(3,16,'Padding','same')
    batchNormalizationLayer
    reluLayer
    maxPooling2dLayer(2,'Stride',2)
    convolution2dLayer(3,32,'Padding','same')
    batchNormalizationLayer
    reluLayer
```

```
        fullyConnectedLayer(10)
        softmaxLayer
        classificationLayer];
```

（4）指定训练选项。

定义网络架构后，需要指定训练选项。使用具有动量的随机梯度下降（SGDM）法训练网络，将初始学习率设为0.01，将最大训练轮数设为4。一轮训练是对整个训练集的一个完整训练周期，通过指定验证数据和验证频率监控训练过程中的准确度。每轮训练都会打乱数据。训练网络在训练过程中按固定时间间隔计算基于验证数据的准确度。验证数据不用更新网络权重。

```
>> options = trainingOptions('sgdm', ...
        'InitialLearnRate',0.01, ...
        'MaxEpochs',4, ...
        'Shuffle','every-epoch', ...
        'ValidationData',imdsValidation, ...
        'ValidationFrequency',30, ...
        'Verbose',false, ...
        'Plots','training-progress');
```

（5）使用训练数据训练网络。

使用layers定义的架构、训练数据和训练选项训练网络。在默认情况下，如果有GPU可用，那么trainNetwork函数就会使用GPU（需要Parallel Computing Toolbox和具有3.0或更高计算能力的GPU）；否则，将使用CPU。另外，还可以使用trainingOptions的'ExecutionEnvironment'名称-值对组参数指定执行环境。

```
>> net = trainNetwork(imdsTrain,layers,options);    %效果如图5-8所示
```

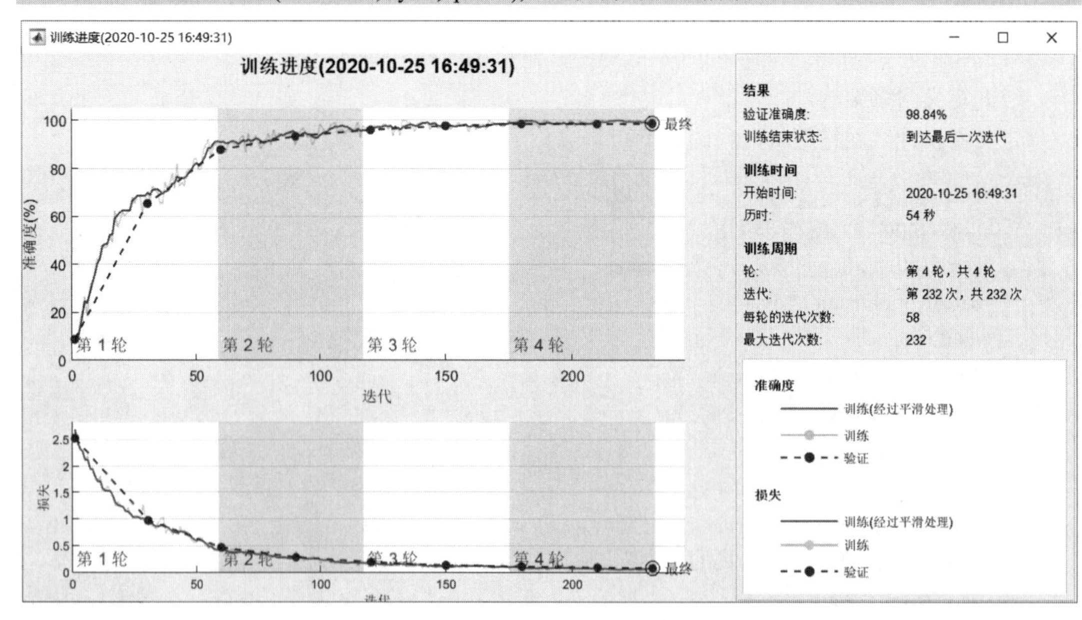


图5-8 数据训练网络效果图

由图 5-8 可看到，训练进度显示了小批量损失和准确度，以及验证损失和准确度。损失是交叉熵损失，准确度是网络分类正确的图像的百分比。

（6）对验证图像进行分类并计算准确度。

使用经过训练的网络预测验证数据的标签，并计算最终验证准确度。在本实例中，接近 99%的预测标签与验证集的真实标签相匹配。

```
YPred = classify(net,imdsValidation);
YValidation = imdsValidation.Labels;
accuracy = sum(YPred == YValidation)/numel(YValidation)
accuracy =
    0.9884
```

## 5.2　测手写数字的旋转角度

本节通过实例说明如何使用卷积神经网络拟合回归模型来预测手写数字的旋转角度。

卷积神经网络是深度学习的基本工具，尤其适用于分析图像数据。例如，我们可以使用卷积神经网络对图像进行分类，要预测连续数据（如角度和距离），可以在网络末尾包含回归层。

该实例构造一个卷积神经网络架构训练网络，并使用经过训练的网络预测手写数字的旋转角度。这些预测对于光学字符识别很有用。

此外，还可以选择使用 imrotate 函数旋转图像，并可选择使用 boxplot 函数创建残差箱线图。

实例的实现步骤如下。

（1）加载数据。

数据集包含手写数字的合成图像及每幅图像的旋转角度（以°为单位）。

使用 digitTrain4DArrayData 和 digitTest4DArrayData，以四维数组的形式加载训练图像和验证图像。输出 YTrain 和 YValidation 是以°为单位的旋转角度。训练集和验证集各包含 5000 幅图像。

```
>> [XTrain,~,YTrain] = digitTrain4DArrayData;
[XValidation,~,YValidation] = digitTest4DArrayData;
>> %使用 imshow 显示 20 个随机训练图像
numTrainImages = numel(YTrain);
figure
idx = randperm(numTrainImages,20);
for i = 1:numel(idx)
    subplot(4,5,i)
    imshow(XTrain(:,:,:,idx(i)))   %效果如图 5-9 所示
    drawnow
end
```

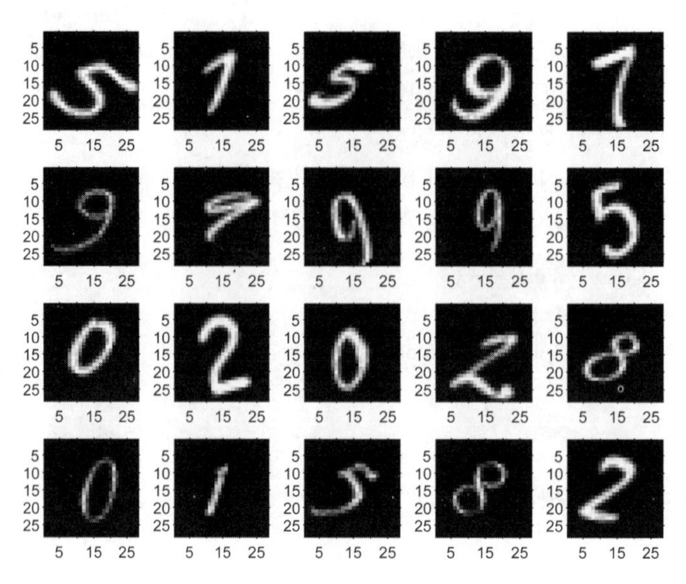

图 5-9　显示 20 个随机训练图像

（2）检查数据归一化。

在训练神经网络时，最好确保数据在网络的所有阶段均归一化。对于使用梯度下降的网络训练，归一化有助于训练的稳定和加速。如果数据比例不佳，则损失可能会变为 NaN，且网络参数在训练过程中可能发生偏离。归一化数据的常用方法包括重新缩放数据，使其范围变为[0,1]，或者使其均值为 0 且标准差为 1。可以归一化以下数据。

- 输入数据。在将预测变量输入网络之前对其进行归一化处理。在实例中，输入图像已归一化到[0,1]区间。
- 层输出。可以使用批量归一化层来归一化每个卷积计算层和全连接层的输出。
- 响应。如果使用批量归一化层来归一化网络末尾的层输出，则网络的预测值在训练开始时就会被归一化。如果响应的比例与这些预测值完全不同，则网络训练可能无法收敛。如果响应比例不佳，则可以尝试对其进行归一化处理，并查看网络训练是否有所改善。如果在训练之前将响应归一化，则必须转换经过训练网络的预测值，以获得原始响应的预测值。

响应（以°为单位的旋转角度）大致均匀地分布在-45 和 45 之间，效果很好，无须归一化。在分类问题中，输出是类概率，始终需要归一化。

```
>> figure
histogram(YTrain)   %绘制响应的分布情况，效果如图 5-10 所示
axis tight
ylabel('计数')
xlabel('旋转角度')
```

通常，数据不必完全归一化，但是，如果在实例中用训练网络来预测 100*YTrain 或 YTrain+500 而不是 YTrain，则损失将变为 NaN，且网络参数在训练开始时会发生偏离。即使预测 $aY+b$ 的网络与预测 Y 的网络之间的唯一差异是对最终全连接层的权重和偏置的简单重新缩放，也会出现这些结果。

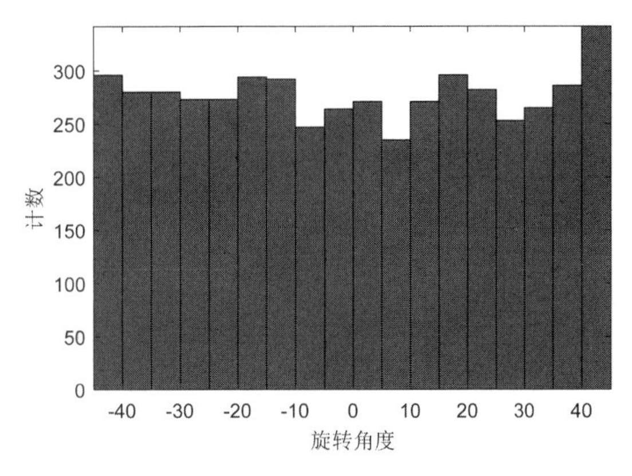


图 5-10 响应分布效果图

如果输入或响应的分布非常不均匀或偏斜，则可以在训练网络之前对数据执行非线性变换操作（如取其对数）。

（3）创建网络层。

要求解回归问题，请创建网络层并在网络末尾包含一个回归层。第一层定义输入数据的大小和类型。输入图像的大小为28×28×1（单位为像素）。创建与训练图像大小相同的图像输入层。在网络的中间层定义网络的核心架构，大多数计算和学习都在此处进行。最终层定义输出数据的大小和类型。对于回归问题，全连接层必须位于网络末尾的回归层之前。下面创建一个大小为1像素的全连接输出层和一个回归层。

```
%在 layers 数组中将所有层组合在一起
layers = [
    imageInputLayer([28 28 1])
    convolution2dLayer(3,8,'Padding','same')
    batchNormalizationLayer
    reluLayer
    averagePooling2dLayer(2,'Stride',2)
    convolution2dLayer(3,16,'Padding','same')
    batchNormalizationLayer
    reluLayer
    averagePooling2dLayer(2,'Stride',2)
    convolution2dLayer(3,32,'Padding','same')
    batchNormalizationLayer
    reluLayer
    convolution2dLayer(3,32,'Padding','same')
    batchNormalizationLayer
    reluLayer
    dropoutLayer(0.2)
    fullyConnectedLayer(1)
    regressionLayer];
```

（4）训练网络。

创建网络训练选项。进行30轮训练，将初始学习率设置为0.001，并在20轮训练后降低学习率。通过指定验证数据和验证频率，可监测训练过程中的准确度。在网络训练过程中，按固定时间间隔计算基于验证数据的准确度。验证数据不用更新网络权重。

```
miniBatchSize  = 128;
validationFrequency = floor(numel(YTrain)/miniBatchSize);
options = trainingOptions('sgdm', ...
    'MiniBatchSize',miniBatchSize, ...
    'MaxEpochs',30, ...
    'InitialLearnRate',1e-3, ...
    'LearnRateSchedule','piecewise', ...
    'LearnRateDropFactor',0.1, ...
    'LearnRateDropPeriod',20, ...
    'Shuffle','every-epoch', ...
    'ValidationData',{XValidation,YValidation}, ...
    'ValidationFrequency',validationFrequency, ...
    'Plots','training-progress', ...
    'Verbose',false);
```

使用 trainNetwork 函数创建网络，如果存在兼容的 GPU，则此命令会使用 GPU；否则将使用 CPU。在 GPU 上进行训练，需要具有 3.0 或更高计算能力的支持 CUDA 的 NVIDIA GPU。

```
net = trainNetwork(XTrain,YTrain,layers,options);   %效果如图 5-11 所示
%检查 net 的 Layers 属性中包含的网络架构的详细信息
>> net.Layers
ans =
  具有以下层的 18×1 Layer 数组:
   1   'imageinput'          图像输入     28×28×1 图像: 'zerocenter' 归一化
   2   'conv_1'              卷积         8 3×3×1 卷积: 步幅 [1  1]，填充 'same'
   3   'batchnorm_1'         批量归一化   批量归一化: 8 个通道
   4   'relu_1'          ?   ReLU         ReLU
   5   'avgpool2d_1'         平均池化     2×2 平均池化: 步幅 [2  2]，填充 [0  0  0  0]
   6   'conv_2'              卷积         16 3×3×8 卷积: 步幅 [1  1]，填充 'same'
   7   'batchnorm_2'         批量归一化   批量归一化: 16 个通道
   8   'relu_2'              ReLU         ReLU
   9   'avgpool2d_2'         平均池化     2×2 平均池化: 步幅 [2  2]，填充 [0  0  0  0]
  10   'conv_3'              卷积         32 3×3×16 卷积: 步幅 [1  1]，填充 'same'
  11   'batchnorm_3'         批量归一化   批量归一化: 32 个通道
  12   'relu_3'              ReLU         ReLU
  13   'conv_4'              卷积         32 3×3×32 卷积: 步幅 [1  1]，填充 'same'
  14   'batchnorm_4'         批量归一化   批量归一化: 32 个通道
  15   'relu_4'              ReLU         ReLU
  16   'dropout'             丢弃         20% 丢弃
  17   'fc'                  全连接       1 全连接层
  18   'regressionoutput'    回归输出     mean-squared-error: 响应 'Response'
```

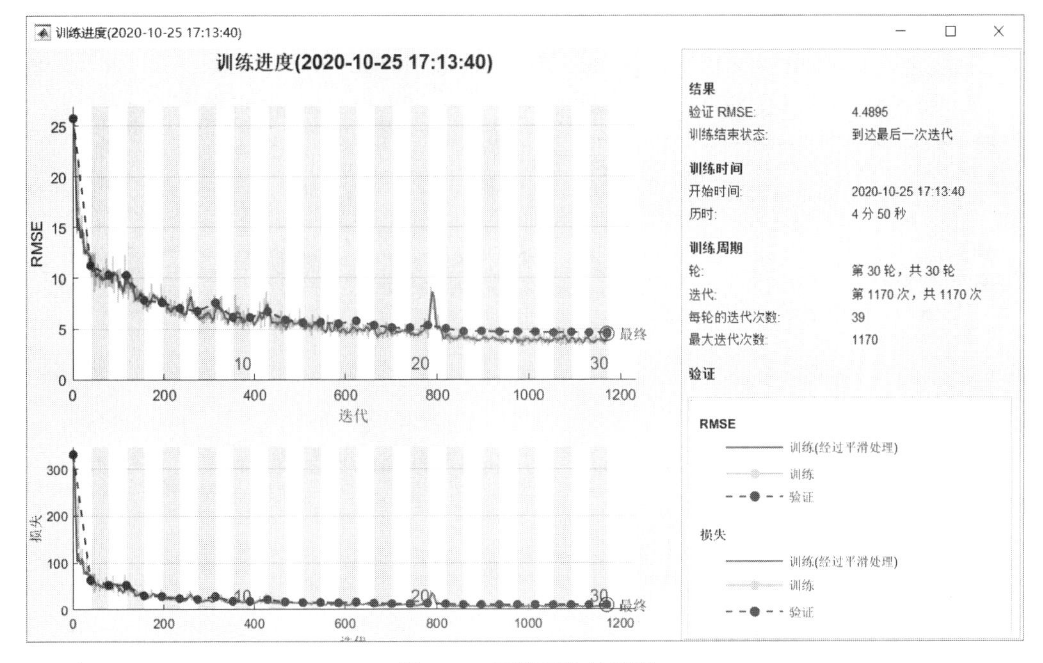


图 5-11　训练网络过程图

（5）测试网络。

基于验证数据评估准确度来测试网络性能。

```
%使用 predict 函数预测验证图像的旋转角度
YPredicted = predict(net,XValidation);
```

通过计算以下值来评估模型性能。

- 在可接受误差界限内的预测值的百分比。
- 预测旋转角度和实际旋转角度的均方根误差（RMSE）。

```
%计算预测旋转角度和实际旋转角度之间的预测误差
predictionError = YValidation - YPredicted;
%计算在实际旋转角度的可接受误差界限内的预测值的数量
%将阈值设置为 10°，计算此阈值范围内的预测值的百分比
thr = 10;
numCorrect = sum(abs(predictionError) < thr);
numValidationImages = numel(YValidation);
accuracy = numCorrect/numValidationImages
accuracy =
    0.9642
%使用均方根误差（RMSE）衡量预测旋转角度和实际旋转角度之间的差异
squares = predictionError.^2;
rmse = sqrt(mean(squares))
rmse =
  single
    4.6792
%显示每个数字类的残差箱线图
```

```
%boxplot 函数需要一个矩阵，其中各列对应于各个数字类的残差
%验证数据按数字类 0～9 对图像进行分组，每组包含 500 个样本
%使用 reshape 按数字类对残差进行分组
residualMatrix = reshape(predictionError,500,10);
%residualMatrix 的每列对应于每个数字类的残差
%使用 boxplot 为每个数字类创建残差箱线图
figure
boxplot(residualMatrix,...
    'Labels',{'0','1','2','3','4','5','6','7','8','9'})
xlabel('数字类')
ylabel('角度误差')
title('残差')
```

运行程序，效果如图 5-12 所示，可以看出，准确度最高的数字类具有接近于零的均值和很小的方差。

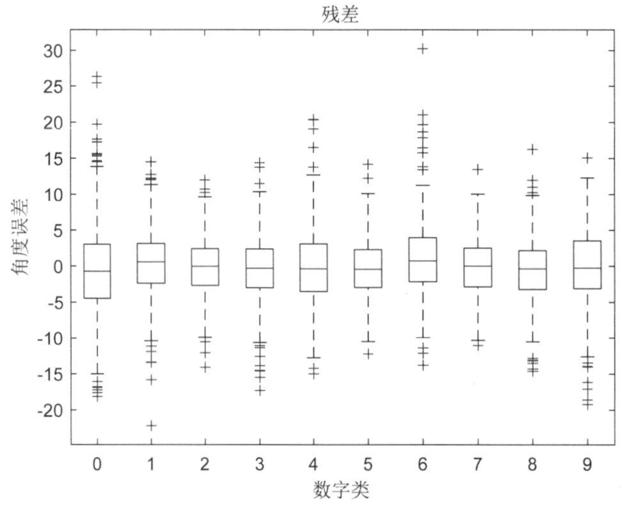


图 5-12　残差箱线图

（6）校正数字旋转角度。

使用 imrotate 函数，根据预测旋转角度旋转 49 个样本数字类。

```
>> %准确度最高的数字类具有接近于零的均值和很小的方差
idx = randperm(numValidationImages,49);
for i = 1:numel(idx)
    image = XValidation(:,:,:,idx(i));
    predictedAngle = YPredicted(idx(i));
    imagesRotated(:,:,:,i) = imrotate(image,predictedAngle,'bicubic','crop');
end
%显示原始数字及校正旋转后的数字
%可以使用 montage 函数将数字显示在同一幅图像上
figure      %效果如图 5-13 所示
subplot(1,2,1)
montage(XValidation(:,:,:,idx))
```

```
title('原始图像')
subplot(1,2,2)
montage(imagesRotated)
title('校正后图像')
```

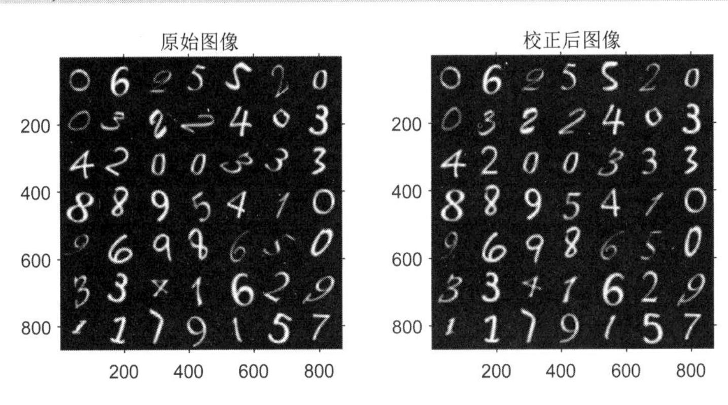


图 5-13 校正前后图像对比

## 5.3 将分类网络转换为回归网络

本节通过实例说明如何将经过训练的分类网络转换为回归网络。

预训练的图像分类网络已经对超过一百万幅图像进行了训练，可以将图像分为 1000 个对象类别，如键盘、咖啡杯、铅笔和多种动物。分类网络以图像作为输入，输出图像中对象的标签及每个对象类别的概率。

深度学习应用中常常用到迁移学习，它可以采用预训练的网络学习新任务。本节用实例说明如何加载预训练的分类网络，以及如何重新训练该网络以用于回归任务。

在本实例中，会加载一个预训练的用于分类的卷积神经网络架构，然后替换为分类的层并重新训练网络，以预测手写数字的旋转角度；选择使用 imrotate 函数预测未校正图像的旋转角度。

该实例实现的步骤如下。

（1）加载预训练网络。

从支持文件 digitsNet.mat 中加载预训练网络，此文件包含对手写数字进行分类的分类网络。

```
>> load digitsNet
layers = net.Layers
layers =
  具有以下层的 15×1 Layer 数组:
  1   'imageinput'      图像输入      28×28×1 图像: 'zerocenter' 归一化
  2   'conv_1'          卷积          8 3×3×1 卷积: 步幅 [1  1], 填充 'same'
  3   'batchnorm_1'     批量归一化    批量归一化: 8 个通道
  4   'relu_1'          ReLU          ReLU
  5   'maxpool_1'       最大池化      2×2 最大池化: 步幅 [2  2], 填充 [0  0  0  0]
  6   'conv_2'          卷积          16 3×3×8 卷积: 步幅 [1  1], 填充 'same'
  7   'batchnorm_2'     批量归一化    批量归一化: 16 个通道
  8   'relu_2'          ReLU          ReLU
  9   'maxpool_2'       最大池化      2×2 最大池化: 步幅 [2  2], 填充 [0  0  0  0]
```

| 10 | 'conv_3' | 卷积 | 32 3×3×16 卷积：步幅 [1　1]，填充 'same' |
|---|---|---|---|
| 11 | 'batchnorm_3' | 批量归一化 | 批量归一化: 32 个通道 |
| 12 | 'relu_3' | ReLU | ReLU |
| 13 | 'fc' | 全连接 | 10 全连接层 |
| 14 | 'softmax' | Softmax | softmax |
| 15 | 'classoutput' | 分类输出 | crossentropyex：具有 '0' 和 9 个其他类 |

（2）加载数据。

数据集包含手写数字的合成图像及每个图像的旋转角度（以°为单位）。

```
%使用 digitTrain4DArrayData 和 digitTest4DArrayData 函数
%以四维数组的形式加载训练图像和验证图像
%输出 YTrain 和 YValidation（以°为单位的旋转角度）
%训练集和验证集各包含 5000 幅图像
>> [XTrain,~,YTrain] = digitTrain4DArrayData;
[XValidation,~,YValidation] = digitTest4DArrayData;
%使用 imshow 函数显示 20 幅随机训练图像
numTrainImages = numel(YTrain);
figure
idx = randperm(numTrainImages,20);
for i = 1:numel(idx)
    subplot(4,5,i)
    imshow(XTrain(:,:,:,idx(i)))   %效果如图 5-14 所示
    drawnow
end
```

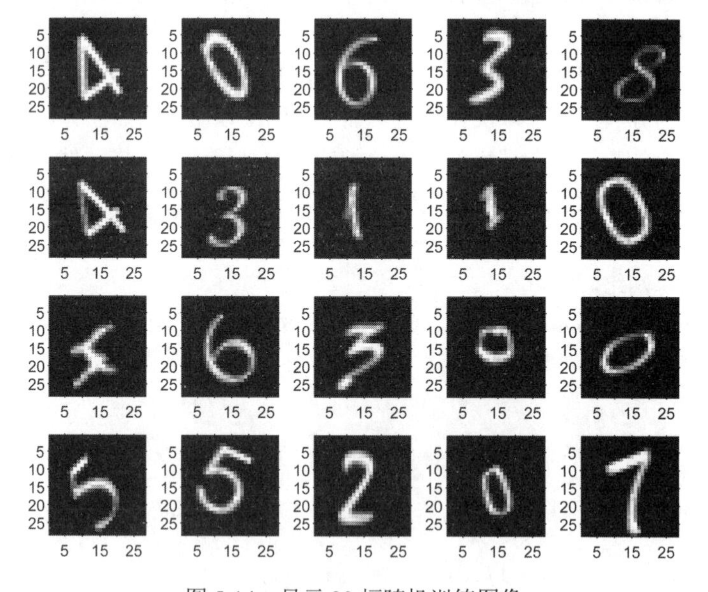

图 5-14　显示 20 幅随机训练图像

（3）替换最终层。

网络的卷积计算层会提取最后一个可学习层和最终分类层的图像特征，用来对输入图像进行分类。digitsNet 中的'fc'和'classoutput'层包含有关如何将提取的特征合并成类概率、损失值与预测标签的信息。要重新训练一个预训练网络以用于回归任务，需要将这两个层替换为适用于

该任务的新层。

```
%将最终全连接层（softmax 层）和分类输出层替换为大小为 1 像素的全连接层与回归层
>> numResponses = 1;
layers = [
    layers(1:12)
    fullyConnectedLayer(numResponses)
    regressionLayer];
```

（4）冻结初始层。

现在，网络已准备好，可以基于新数据重新进行训练，也可以选择将较浅网络层的学习率设置为 0 来“冻结”这些层的权重。在训练过程中，trainNetwork 函数不会更新已冻结层的参数。由于不需要计算已冻结层的梯度，因此，冻结多个初始层的权重可以显著加快网络训练速度。如果新数据集很小，那么冻结较浅的网络层还可以防止这些层过拟合新数据集。

```
%使用辅助函数 freezeWeights 将前 12 层的学习率设置为 0
layers(1:12) = freezeWeights(layers(1:12));
```

（5）训练网络。

创建网络训练选项。将初始学习率设置为 0.001。通过指定验证数据监控训练过程中的准确度。

```
options = trainingOptions('sgdm',...
    'InitialLearnRate',0.001, ...
    'ValidationData',{XValidation,YValidation},...
    'Plots','training-progress',...
    'Verbose',false);
```

使用 trainNetwork 函数创建网络，如果存在兼容的 GPU，则此命令会使用 GPU；否则将使用 CPU。在 GPU 上进行训练，需要具有 3.0 或更高计算能力的支持 CUDA 的 NVIDIA GPU。

```
net = trainNetwork(XTrain,YTrain,layers,options);   %效果如图 5-15 所示
```

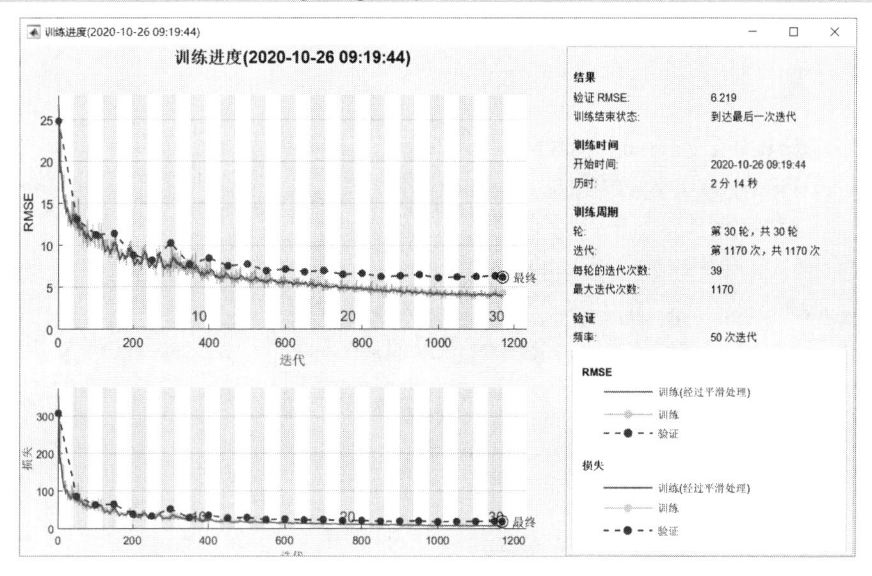


图 5-15　训练过程图

（6）测试网络。

基于验证数据评估准确度来测试网络性能。

```
>>%使用 predict 函数预测验证图像的旋转角度
YPred = predict(net,XValidation);
%计算预测旋转角度和实际旋转角度之间的预测误差
predictionError = YValidation - YPred;
>>%计算在实际旋转角度的可接受误差界限内的预测值的数量
%将阈值设置为 10°，计算此阈值范围内的预测值的百分比
thr = 10;
numCorrect = sum(abs(predictionError) < thr);
numImagesValidation = numel(YValidation);
accuracy = numCorrect/numImagesValidation
accuracy =
    0.8966
>> % 使用均方根误差（RMSE）衡量预测旋转角度和实际旋转角度之间的差异
 rmse = sqrt(mean(predictionError.^2))
rmse =
  single
    6.2190
```

（7）校正数字旋转角度。

使用 imrotate 函数，根据预测旋转角度旋转 49 个样本数字类。

```
>> idx = randperm(numImagesValidation,49);
for i = 1:numel(idx)
    I = XValidation(:,:,:,idx(i));
    Y = YPred(idx(i));
    XValidationCorrected(:,:,:,i) = imrotate(I,Y,'bicubic','crop');
end
>> %显示原始数字及校正旋转后的数字
%使用 montage 函数将数字一起显示在一幅图像上
figure    %效果如图 5-16 所示
subplot(1,2,1)
montage(XValidation(:,:,:,idx))
title('原始图像')
subplot(1,2,2)
montage(XValidationCorrected)
title('校正后图像 ')
```

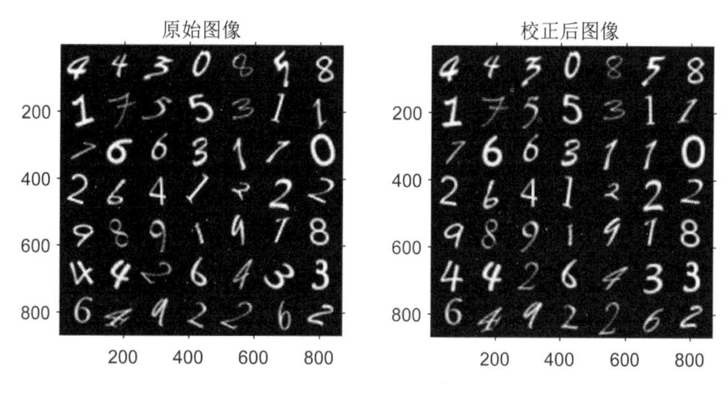


图 5-16　校正前后图像对比

# 5.4　卷积自编码

本节主要利用卷积自编码实现从图像到图像的回归准备数据存储。下面先来介绍卷积自编码的相关概念。

## 5.4.1　卷积自编码概述

卷积神经网络取得的各种优异表现直接推动了卷积自编码器的产生。严格来说，卷积自编码器属于传统自编码器的一个特例，它使用卷积计算层和池化层替代了原来的全连接层。

卷积自编码器的优势：传统自编码器一般使用的是全连接层，对于一维信号并没有什么影响，而对于二进制图像或视频信号，全连接层会损失空间信息，而通过卷积操作，能很好地保留二维信号的空间信息。

卷积自编码器与传统自编码器非常类似，主要差别在于卷积自编码器采用卷积方式对输入信号进行线性变换，并且其权重是共享的，这点与卷积神经网络一样。因此，重建过程就是基于隐藏编码的基本图像块的线性组合过程。

卷积自编码器的损失函数与传统正则自编码器的损失函数一样，具体可表示为

$$\boldsymbol{J}_{\mathrm{CoAE}}(\boldsymbol{W})=\sum(\boldsymbol{L}(x,y))+\lambda\|\boldsymbol{W}\|_2^2$$

## 5.4.2　卷积自编码实现去噪处理

下面直接通过一个实例来演示利用卷积自编码器对含噪数据进行去噪处理的过程。

本实例说明如何使用适于训练去噪网络的管道预处理数据。然后，此实例使用简单的卷积自编码器网络预处理训练含噪数据，以去除图像噪声。

实现步骤如下。

（1）使用预处理管道准备数据。

此实例使用椒盐噪声模型，将其中一部分输入图像的像素设置为 0 或 1（分别表示黑色和白色）。含噪声图像充当网络输入，原始图像充当预期的网络响应。网络实现学习检测和消除椒盐噪声。

将数字数据集中的原始图像加载为 imageDatastore。该数据存储包含 10000 个数字（0 至 9）的合成图像，这些图像是通过使用不同字体创建的数字图像随机变换生成的。每幅数字图像的规格为 28×28（单位为像素），该数据存储包含的每个类别都有相同数量的图像。

```
>> digitDatasetPath = fullfile(matlabroot,'toolbox','nnet', ...
      'nndemos','nndatasets','DigitDataset');
imds = imageDatastore(digitDatasetPath, ...
      'IncludeSubfolders',true, ...
      'LabelSource','foldernames');
>> %指定读取图像的大小
imds.ReadSize = 500;
%设置全局随机数生成器的种子，以帮助实现结果的可再现性
rng(0)
%在训练前，使用 shuffle 函数打乱数字数据
imds = shuffle(imds);
%使用 splitEachLabel 函数将 imds 划分为 3 个图像数据存储
%分别包含用于训练、验证和测试的原始图像
[imdsTrain,imdsVal,imdsTest] = splitEachLabel(imds,0.95,0.025);
%使用 transform 函数创建每个输入图像的含噪类型，它们将被用作网络输入
%transform 函数从基础数据存储中读取数据，并使用辅助函数 addNoise 操作处理数据
%transform 函数的输出是一个 TransformedDatastore
dsTrainNoisy = transform(imdsTrain,@addNoise);
dsValNoisy = transform(imdsVal,@addNoise);
dsTestNoisy = transform(imdsTest,@addNoise);
%使用 combine 函数将含噪图像和原始图像合并到一个数据存储中
%该数据存储将数据送到 trainNetwork 中
%正如 trainNetwork 预期的那样，合并后的数据存储将被分批次读入一个两列元胞数组中
%combine 函数的输出是一个 CombinedDatastore
>>dsTrain = combine(dsTrainNoisy,imdsTrain);
dsVal = combine(dsValNoisy,imdsVal);
dsTest = combine(dsTestNoisy,imdsTest);
%使用 transform 函数对输入和响应数据存储进行预处理操作
%commonPreprocessing 辅助函数将输入和响应图像的大小调整为 32×32（单位为像素）以匹配网络的
输入大小
%并将每幅图像中的数据归一化到[0, 1]区间
>>dsTrain = transform(dsTrain,@commonPreprocessing);
dsVal = transform(dsVal,@commonPreprocessing);
dsTest = transform(dsTest,@commonPreprocessing);
%最后使用 transform 函数将随机化的增强添加到训练集中
%augmentImages 辅助函数对数据应用随机化进行 90° 的旋转
%将相同的旋转应用在网络输入和对应的预期响应上
>>dsTrain = transform(dsTrain,@augmentImages);
```

以上代码的增强作用可减少过拟合，让经过训练的网络能够更好地处理经过旋转的数据。验证集或测试集不需要随机化的增强。

（2）预览经过预处理的数据。

由于准备训练数据需要几项预处理操作，所以要在训练前预览经过预处理的数据以检查它看起来是否正确。使用 preview 函数预览数据。

使用 montage 函数可同时预览含噪图像和原始图像，便于检查训练数据看起来是否正确，其中椒盐噪声图像显示在图像窗口的左边。除了增加噪声，输入图像和响应图像是相同的。以相同的方式，同时将输入图像和响应图像随机旋转 90°。

```
>>exampleData = preview(dsTrain);
inputs = exampleData(:,1);
responses = exampleData(:,2);
minibatch = cat(2,inputs,responses);
montage(minibatch','Size',[8 2])   %效果如图 5-17 所示
title('输入(左边)和响应(右边)')
```

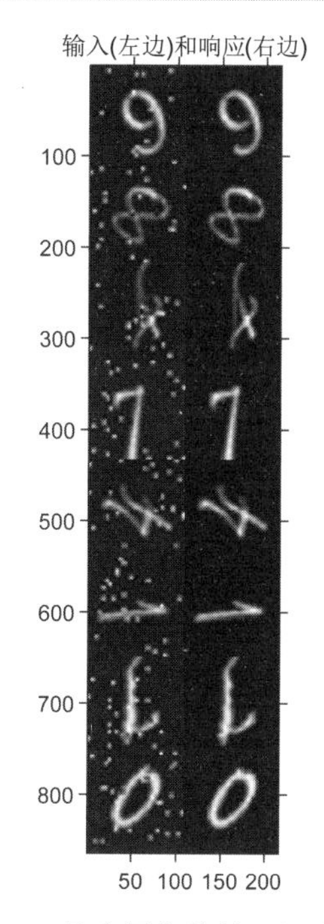


图 5-17　数字图像的输入与响应效果

（3）定义卷积自编码器网络。

卷积自编码器是一种常见的图像去噪架构，由两部分组成：编码器和解码器。编码器将原始输入图像压缩成一个潜在表示，其宽度和高度较小，但比原始输入图像更深，因为每个空间位置都有更多的特征映射。压缩的潜在表示在恢复原始图像中的高频特征时，会损失一些空间分辨率，但在进行原始图像编码时不引入噪声伪影。解码器重复对编码信号进行上采样，以将其移回其原始宽度、高度和通道数。由于编码器可去除噪声，所以经过解码的最终图像具有较少的噪声伪影。

```
>>%创建图像输入层
%为了简化与以 2 为因子的下采样和上采样相关的填充问题，请选择 32×32 的输入大小
```

```
%这样选择的原因是 32 可以被 2、4 和 8 整除
imageLayer = imageInputLayer([32,32,1]);
%创建编码层。编码器中的下采样是通过池化大小为 2 像素、步幅为 2 的最大池化实现的
encodingLayers = [ ...
    convolution2dLayer(3,16,'Padding','same'), ...
    reluLayer, ...
    maxPooling2dLayer(2,'Padding','same','Stride',2), ...
    convolution2dLayer(3,8,'Padding','same'), ...
    reluLayer, ...
    maxPooling2dLayer(2,'Padding','same','Stride',2), ...
    convolution2dLayer(3,8,'Padding','same'), ...
    reluLayer, ...
    maxPooling2dLayer(2,'Padding','same','Stride',2)];
%创建解码层。解码器使用转置卷积计算层对编码信号进行上采样
%使用 createUpsampleTransponseConvLayer 辅助函数创建具有正确上采样因子的转置卷积计算层
%网络使用 clippedReluLayer 作为最终激活层，以强制输出在[0, 1]区间
decodingLayers = [ ...
    createUpsampleTransponseConvLayer(2,8), ...
    reluLayer, ...
    createUpsampleTransponseConvLayer(2,8), ...
    reluLayer, ...
    createUpsampleTransponseConvLayer(2,16), ...
    reluLayer, ...
    convolution2dLayer(3,1,'Padding','same'), ...
    clippedReluLayer(1.0), ...
    regressionLayer];
%串联图像输入层、编码层和解码层，以形成卷积自编码器网络架构
layers = [imageLayer,encodingLayers,decodingLayers];
```

（4）定义训练选项。

使用 Adam 求解器训练网络。使用 trainingOptions 函数指定超参数，进行 100 轮训练。合并后的数据存储（使用 combine 函数创建）不支持乱序，因此，需要将 Shuffle 参数指定为'never'。

```
>>options = trainingOptions('adam', ...
    'MaxEpochs',100, ...
    'MiniBatchSize',imds.ReadSize, ...
    'ValidationData',dsVal, ...
    'Shuffle','never', ...
    'Plots','training-progress', ...
    'Verbose',false);
```

（5）训练网络。

现在已配置好数据源和训练选项，接下来使用 trainNetwork 函数训练卷积自编码器网络。强烈建议使用具有 3.0 或更高计算能力的支持 CUDA 的 NVIDIA GPU 进行训练。

```
>>net = trainNetwork(dsTrain,layers,options);    %效果如图 5-18 所示
```

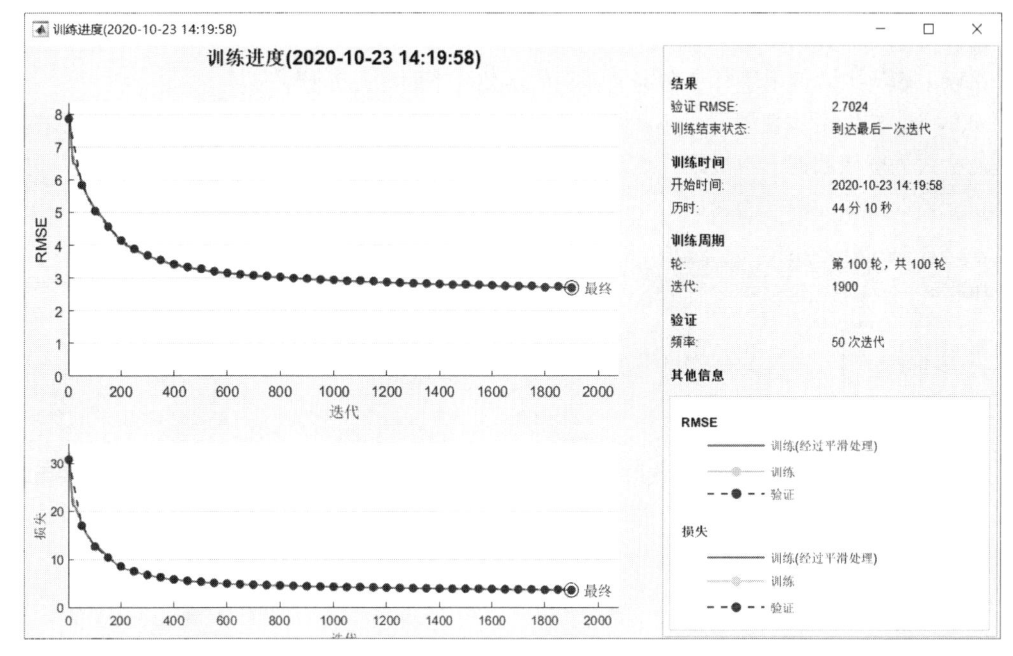


图 5-18　训练过程图

（6）评估去噪网络的性能。

使用 predict 函数从测试集中获取输出图像：

```
>>ypred = predict(net,dsTest);
```

与预期相符，网络的输出图像已去除输入图像中的大部分噪声伪影。经过编码和解码后，去噪图像稍显模糊。

```
inputImageExamples = preview(dsTest);
montage({inputImageExamples{1},ypred(:,:,:,1)});    %效果如图 5-19 所示
%通过分析峰值信噪比（PSNR）来评估网络性能
ref = inputImageExamples{1,2};
originalNoisyImage = inputImageExamples{1,1};
psnrNoisy = psnr(originalNoisyImage,ref)
psnrNoisy = single
    18.6498
psnrDenoised = psnr(ypred(:,:,:,1),ref)
psnrDenoised = single
    21.8640
```

由结果可以看出，输出图像的峰值信噪比高于含噪输入图像的峰值信噪比，这与预期相符。

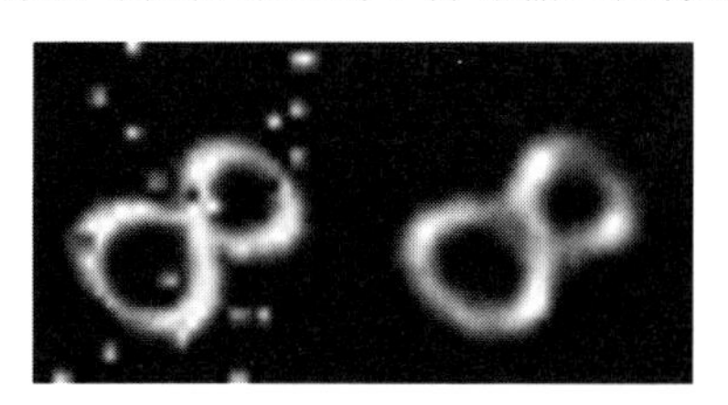

图 5-19　去噪效果

（7）自定义函数。

在以上代码中，调用了几个自定义编写的函数，下面进行介绍。

addNoise 辅助函数使用 imnoise 函数在图像中添加椒盐噪声。addNoise 辅助函数要求输入数据的格式为图像数据元胞数组，这与 imageDatastore 的 read 函数返回的数据格式相匹配。addNoise 辅助函数的源代码为：

```
function dataOut = addNoise(data)
dataOut = data;
for idx = 1:size(data,1)
    dataOut{idx} = imnoise(data{idx},'salt & pepper');
end
end
```

commonPreprocessing 辅助函数用于定义训练集、验证集和测试集共有的预处理。该辅助函数要求输入数据的格式为图像数据的两列元胞数组，这与 CombinedDatastore 的 read 函数返回的数据格式相匹配。commonPreprocessing 辅助函数的源代码为：

```
function dataOut = commonPreprocessing(data)
dataOut = cell(size(data));
for col = 1:size(data,2)
    for idx = 1:size(data,1)
        temp = single(data{idx,col});
        temp = imresize(temp,[32,32]);
        temp = rescale(temp);
        dataOut{idx,col} = temp;
    end
end
end
```

augmentImages 辅助函数使用 rot90 函数在数据中添加随机化的 90°旋转值，并将相同的旋转应用在网络输入和对应的预期响应上。该辅助函数要求输入数据的格式为图像数据的两列元胞数组，这与 CombinedDatastore 的 read 函数返回的数据格式相匹配。augmentImages 辅助函数的源代码为：

```
function dataOut = augmentImages(data)
dataOut = cell(size(data));
for idx = 1:size(data,1)
    rot90Val = randi(4,1,1)-1;
    dataOut(idx = {rot90(data{idx,1},rot90Val),rot90(data{idx,2},rot90Val)};
end
end
```

createUpsampleTransponseConvLayer 辅助函数定义一个转置卷积计算层，用以指定因子对输入层进行上采样。该辅助函数的源代码为：

```
function out = createUpsampleTransponseConvLayer(factor,numFilters)
filterSize = 2*factor - mod(factor,2);
cropping = (factor-mod(factor,2))/2;
```

```
    numChannels = 1;
    out = transposedConv2dLayer(filterSize,numFilters,...
        'NumChannels',numChannels,'Stride',factor,'Cropping',cropping);
    end
```

# 5.5 残差网络

本节用实例说明如何创建包含残差连接的深度学习神经网络，并针对 CIFAR-10 数据对其进行训练。残差连接是卷积神经网络架构中的常见元素，使用残差连接可以改善网络中的梯度流，从而可以训练更深的网络。

## 5.5.1 残差网络概述

深度学习网络的深度对最后的分类和识别效果有着很大的影响，因此，正常想法就是把网络设计得越深越好，但是事实上不是这样的，常规网络的堆叠在网络很深的时候，效果却越来越差。其中原因之一是网络越深，梯度消失的现象就越来越明显，网络的训练效果也不会很好。但是现在浅层的网络又无法明显改善网络的识别效果，因此，现在要解决的问题就是怎样在加深网络的情况下消除梯度消失现象，如图 5-20 所示。

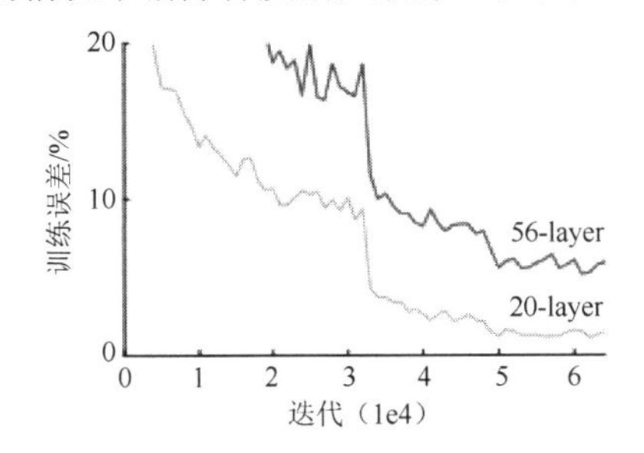


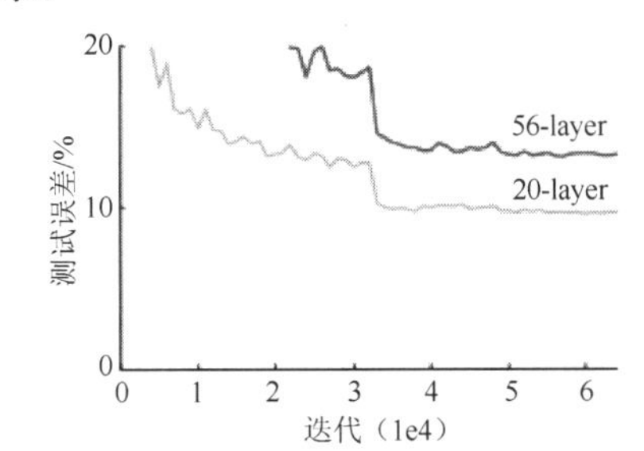


图 5-20　堆叠在加深网络中的迭代过程

### 1. ResNet 残差网络

ResNet 残差网络的核心组件 Skip/shortcut connection 主要如下。

- Plain net：可以拟合出任意目标映射 $H(x)$。
- Residual net：残差网络。
- 可以拟合出任意目标映射 $F(x)$，$H(x)=F(x)+x$。
- 相对 identity 来说，$F(x)$ 是残差映射。
- 当 $H(x)$ 最优映射接近 identity 时，很容易捕捉到小的扰动。

这并不是过拟合问题，因为不只在测试集上误差增大，训练集本身误差也会增大。为解决这个问题，提出了一个 Residual 的结构，如图 5-21 所示。

使用全等映射直接将前一层输出传到后面的思想，即增加一个 identity mapping（恒等映射），这就是 ResNet 的灵感来源。假定某段神经网络的输入是 $x$，期望输出是 $H(x)$，如果直接把输入 $x$ 传到输出作为初始结果，那么此时需要学习的函数 $H(x)$ 转换成 $F(x)+x$。图 5-21 为 ResNet 的残差学习单元，相当于将学习目标改变了，这一想法也源于图像处理中的残差向量编码，通过一个 reformulation 将一个问题分解成多个尺度直接的残差问题，这样能够很好地起到优化训练的效果。

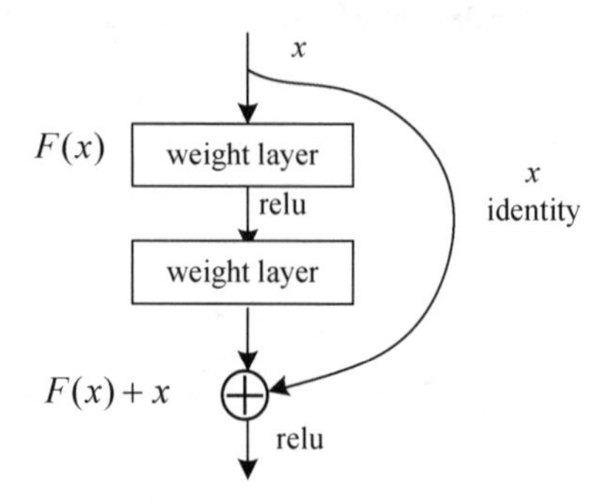


图 5-21 Residual 的结构

### 2. 其他设计

在 ResNet 中增加了以下设计。

- 全是 3×3 的卷积核。
- 卷积步长 2 取代池化。
- 使用 Batch Normalization。
- 取消。

在增加了一些设计的同时取消一些不必要的操作。

- Max 池化。
- 全连接层。
- Dropout。

### 3. 更深网络

根据 Bootleneck 优化残差映射网络。

- 原始网络：3×3×256×256 至 3×3×256×256。
- 优化后网络：1×256×64 至 3×3×64×64 至 1×1×64×256。

除了两层的残差学习单元，还有多层的残差学习单元，这相当于对于相同数量的层又减少了参数量，因此可以拓展成更深的模型，如图 5-22 所示。

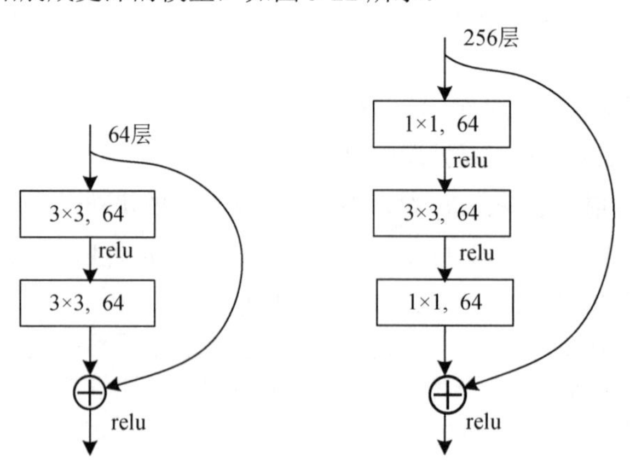


图 5-22 两层及三层 ResNet 残差学习单元

ResNet 有 50、101、152 层等的神经网络，它们的基础结构很相似，都是前面提到的两层和三层残差学习单元的堆叠。这些不但没有出现退化问题，错误率也大大降低，而且消除了层数不断加深导致训练集误差增大的现象，计算复杂度也保持在很低的程度。

### 5.5.2 残差网络实现图像分类

对于许多应用来说，使用由一个简单的层序列组成的网络就已足够。但是，某些应用要求网络具有更复杂的层次图结构，其中的层可接收来自多个层的输入，也可以输出到多个层，这些类型的网络通常称为有向无环图（DAG）网络。残差网络就是一种 DAG 网络，其中的残差（或快捷）连接会绕过主网络层，残差连接让参数梯度可以更轻松地从输出层传播到较浅的网络层，从而能够训练更深的网络。增加网络深度可在执行更困难的任务时获得更高的准确度。

要创建和训练具有层次图结构的网络，需要按照以下步骤操作。

（1）使用 layerGraph 创建一个 LayerGraph 对象，其中，层次图用于指定网络架构。创建的层次图可以为空，然后向其中添加层；还可以直接根据一组网络层创建一个层次图，在这种情况下，layerGraph 会依次连接这些层。

（2）使用 addLayers 向层次图中添加层，使用 removeLayers 从层次图中删除层。

（3）使用 connectLayers 在不同层之间建立层连接，使用 disconnectLayers 断开层连接。

（4）使用 plot 绘制网络架构。

（5）使用 trainNetwork 训练网络，经过训练的网络是一个 DAGNetwork 对象。

（6）使用 classify 和 predict 对新数据进行分类和预测。

#### 1. 准备数据

下载 CIFAR-10 数据集。该数据集包含 60000 幅图像，每幅图像大小为 32×32（单位为像素），并且具有 3 个颜色通道（RGB）。该数据集的大小为 175MB，根据 Internet 连接，下载过程可能需要一些时间。

```
>> datadir = tempdir;
downloadCIFARData(datadir);
```

将 CIFAR-10 的训练图像和测试图像作为四维数组加载，其中，训练集包含 50000 幅图像，测试集包含 10000 幅图像。使用 CIFAR-10 的测试图像进行网络验证。

```
[XTrain,YTrain,XValidation,YValidation] = loadCIFARData(datadir);
%可以使用以下代码显示训练图像的随机样本
figure;
idx = randperm(size(XTrain,4),20);
im = imtile(XTrain(:,:,:,idx),'ThumbnailSize',[96,96]);
imshow(im)   %效果如图 5-23 所示
```

创建一个 augmentedImageDatastore 对象用于网络训练。在训练过程中，数据存储会沿垂直轴随机翻转训练图像，并在水平方向和垂直方向上将图像随机平移最多 4 像素。数据增强有助于防止网络过拟合和记忆训练图像的具体细节。

```
>> imageSize = [32 32 3];
```

```
pixelRange = [-4 4];
imageAugmenter = imageDataAugmenter( ...
    'RandXReflection',true, ...
    'RandXTranslation',pixelRange, ...
    'RandYTranslation',pixelRange);
augimdsTrain = augmentedImageDatastore(imageSize,XTrain,YTrain, ...
    'DataAugmentation',imageAugmenter, ...
    'OutputSizeMode','randcrop');
```

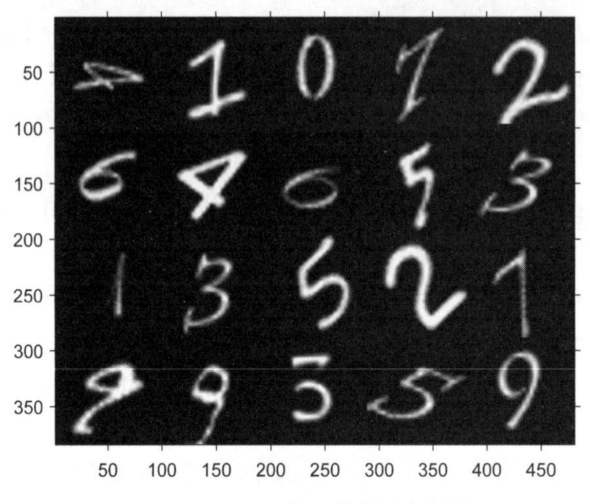


图 5-23 显示训练图像的随机样本

## 2. 定义网络架构

残差网络架构由以下组件构成。

- 主分支：顺序连接的卷积计算层、批量归一化层和 ReLU 层。
- 残差连接：绕过主分支的卷积单元。残差连接和卷积单元的输出按元素相加，当激活区域的大小变化时，残差连接也必须包含 1×1 的卷积计算层。

（1）创建主分支。

首先创建网络的主分支。主分支包含 5 部分。

- 初始部分：包含图像输入层和带激活函数的初始卷积层。
- 3 个卷积计算层阶段：分别具有不同的特征大小（32×32、16×16 和 8×8，单位为像素）。每个阶段包含 *N* 个卷积单元。在实例的这一部分中，*N*=2。每个卷积单元包含两个带激活函数的 3×3 的卷积层，netWidth 参数是网络宽度，定义为网络第一卷积计算层阶段中过滤器的数目。第二阶段和第三阶段中的前几个卷积单元会将空间维度下采样 1/2。为了使整个网络中的每个卷积计算层所需的计算量大致相同，在每次执行空间下采样时，都将过滤器的数量增加一倍。
- 最后部分：包含全局平均池化层、全连接层、softmax 层和分类层。

```
%为所有层指定唯一的名称
%在卷积单元中，层的名称以 SjUk 开头，其中 j 是阶段索引，k 是该阶段内卷积单元的索引
```

```
%例如，S2U1 表示第 2 阶段第 1 单元
>> netWidth = 16;
layers = [
    imageInputLayer([32 32 3],'Name','input')
    convolution2dLayer(3,netWidth,'Padding','same','Name','convInp')
    batchNormalizationLayer('Name','BNInp')
    reluLayer('Name','reluInp')

    convolutionalUnit(netWidth,1,'S1U1')
    additionLayer(2,'Name','add11')
    reluLayer('Name','relu11')
    convolutionalUnit(netWidth,1,'S1U2')
    additionLayer(2,'Name','add12')
    reluLayer('Name','relu12')

    convolutionalUnit(2*netWidth,2,'S2U1')
    additionLayer(2,'Name','add21')
    reluLayer('Name','relu21')
    convolutionalUnit(2*netWidth,1,'S2U2')
    additionLayer(2,'Name','add22')
    reluLayer('Name','relu22')

    convolutionalUnit(4*netWidth,2,'S3U1')
    additionLayer(2,'Name','add31')
    reluLayer('Name','relu31')
    convolutionalUnit(4*netWidth,1,'S3U2')
    additionLayer(2,'Name','add32')
    reluLayer('Name','relu32')

    averagePooling2dLayer(8,'Name','globalPool')
    fullyConnectedLayer(10,'Name','fcFinal')
    softmaxLayer('Name','softmax')
    classificationLayer('Name','classoutput')
    ];
%根据层数组创建一个层次图。layerGraph 按顺序连接 layers 中的所有层
lgraph = layerGraph(layers);
figure('Units','normalized','Position',[0.2 0.2 0.6 0.6]);
%绘制层次图
plot(lgraph);   %效果如图 5-24 所示
```

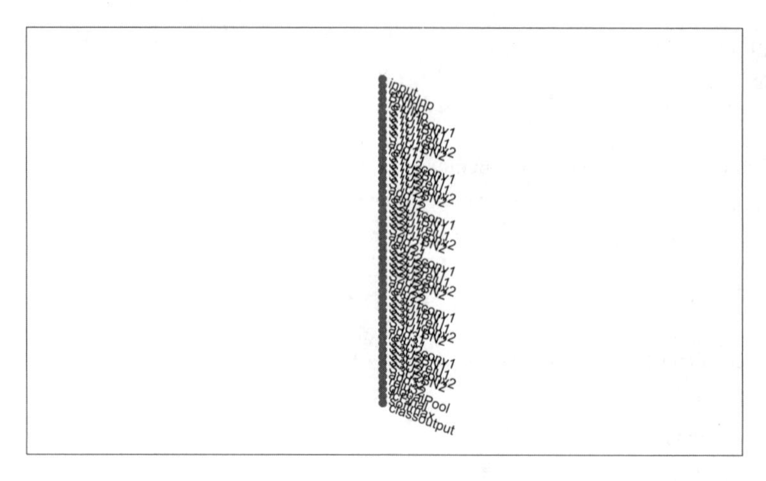


图 5-24　层次图效果

（2）创建残差连接。

在卷积单元周围添加残差连接。大多数残差连接不执行任何操作，只简单地按元素与卷积单元的输出相加。本实例创建从'reluInp'到'add11'层的残差连接，由于在创建相加层时将其输入数指定为 2，因此该层有两个输入，名为'in1'和'in2'。第一个卷积单元的最终层已连接'in1'，因此，相加层将第一个卷积单元的输出和'reluInp'层相加。

同样，将'relu11'层连接'add12'层的第二个输入。通过绘制层次图来确认已正确连接各个层。

```
>> lgraph = connectLayers(lgraph,'reluInp','add11/in2');
lgraph = connectLayers(lgraph,'relu11','add12/in2');
figure('Units','normalized','Position',[0.2 0.2 0.6 0.6]);
plot(lgraph);   %效果如图 5-25 所示
```

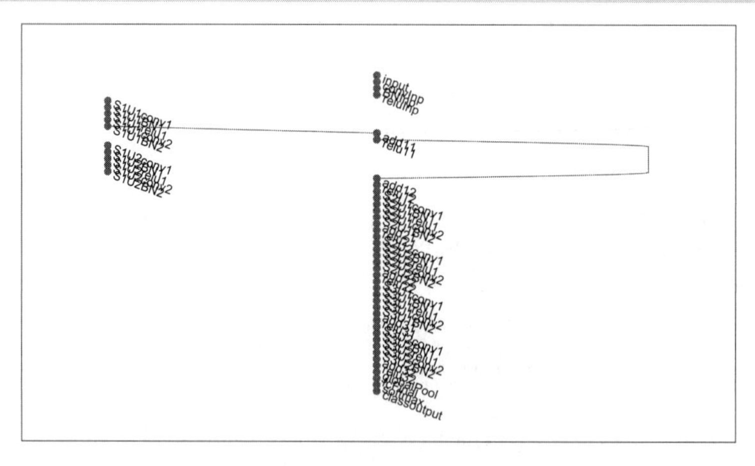


图 5-25　第一阶段和第二阶段的层次图

```
>> %当卷积单元中层激活区域的大小发生变化时
%即当它们在空间维度下采样而在通道维度上采样时，残差连接中激活区域的大小也必须随之变化
%通过使用 1×1 的卷积计算层及其批量归一化层更改残差连接中激活区域的大小
skip1 = [
    convolution2dLayer(1,2*netWidth,'Stride',2,'Name','skipConv1')
```

```
    batchNormalizationLayer('Name','skipBN1')];
lgraph = addLayers(lgraph,skip1);
lgraph = connectLayers(lgraph,'relu12','skipConv1');
lgraph = connectLayers(lgraph,'skipBN1','add21/in2');
>> %在网络的第二阶段添加恒等连接
lgraph = connectLayers(lgraph,'relu21','add22/in2');
%通过另一个 1×1 的卷积计算层及其批量归一化层更改激活区域的大小
%这里是指第二阶段和第三阶段之间的残差连接中的激活区域
skip2 = [
    convolution2dLayer(1,4*netWidth,'Stride',2,'Name','skipConv2')
    batchNormalizationLayer('Name','skipBN2')];
lgraph = addLayers(lgraph,skip2);
lgraph = connectLayers(lgraph,'relu22','skipConv2');
lgraph = connectLayers(lgraph,'skipBN2','add31/in2');
%添加最后一个恒等连接，并绘制最终的层次图
lgraph = connectLayers(lgraph,'relu31','add32/in2');
figure('Units','normalized','Position',[0.2 0.2 0.6 0.6]);
plot(lgraph)    %效果如图 5-26 所示
```

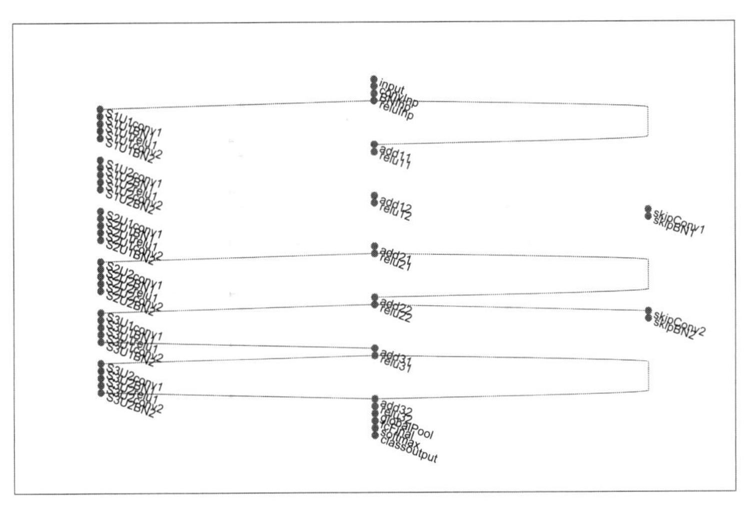


图 5-26　第二阶段和第三阶段的层次图

（3）创建更深的网络。

要为任意深度和宽度的 CIFAR-10 数据创建具有残差连接的层次图，可使用支持函数 residualCIFARlgraph。

```
%创建一个包含 9 个标准卷积单元（每阶段 3 个）且宽度为 16 的残差网络
%网络总深度为 2×9+2 = 20
>> numUnits = 9;
netWidth = 16;
lgraph = residualCIFARlgraph(netWidth,numUnits,"standard");
figure('Units','normalized','Position',[0.1 0.1 0.8 0.8]);
plot(lgraph)   %效果如图 5-27 所示
```

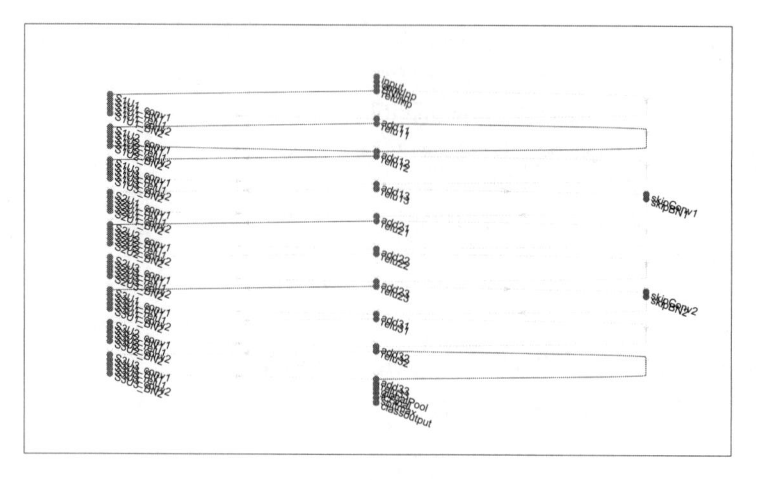

图 5-27　更深的层次图

### 3．训练网络

指定训练选项。对网络进行 80 轮训练。选择与小批量大小成正比的学习率，并在 60 轮训练后将学习率降低十分之一。每轮训练后都使用验证数据验证一次网络。

```
>> miniBatchSize = 128;
learnRate = 0.1*miniBatchSize/128;
valFrequency = floor(size(XTrain,4)/miniBatchSize);
options = trainingOptions('sgdm', ...
    'InitialLearnRate',learnRate, ...
    'MaxEpochs',80, ...
    'MiniBatchSize',miniBatchSize, ...
    'VerboseFrequency',valFrequency, ...
    'Shuffle','every-epoch', ...
    'Plots','training-progress', ...
    'Verbose',false, ...
    'ValidationData',{XValidation,YValidation}, ...
    'ValidationFrequency',valFrequency, ...
    'LearnRateSchedule','piecewise', ...
    'LearnRateDropFactor',0.1, ...
    'LearnRateDropPeriod',60);
%要使用 trainNetwork 函数训练网络，需要将 doTraining 标志设置为 true
%否则需要加载预训练的网络
%在一个较好的 GPU 上训练网络大约需要 2h。如果没有 GPU，则需要更长的时间
doTraining = false;
if doTraining
    trainedNet = trainNetwork(augimdsTrain,lgraph,options);
else
    load('CIFARNet-20-16.mat','trainedNet');
end
```

### 4．评估经过训练的网络

基于训练集（无数据增强）和验证集计算网络的最终准确度：

```
[YValPred,probs] = classify(trainedNet,XValidation);
validationError = mean(YValPred ~= YValidation);
YTrainPred = classify(trainedNet,XTrain);
trainError = mean(YTrainPred ~= YTrain);
disp("Training error: " + trainError*100 + "%")
Training error: 2.862%
disp("Validation error: " + validationError*100 + "%")
Validation error: 9.76%
%绘制混淆矩阵。使用列汇总和行汇总显示每个类的准确率与召回率
figure('Units','normalized','Position',[0.2 0.2 0.4 0.4]);    %效果如图 5-28 所示
cm = confusionchart(YValidation,YValPred);
cm.Title = '验证数据的混淆矩阵';
cm.ColumnSummary = 'column-normalized';
cm.RowSummary = 'row-normalized';
```

验证数据的混淆矩阵

| 真实类 \ 预测类 | airplane | automobile | bird | cat | deer | dog | frog | horse | ship | truck | | |
|---|---|---|---|---|---|---|---|---|---|---|---|---|
| airplane | 923 | 4 | 21 | 8 | 4 | 1 | 5 | 5 | 23 | 6 | 92.3% | 7.7% |
| automobile | 5 | 972 | 2 | | | | | 1 | 5 | 15 | 97.2% | 2.8% |
| bird | 26 | 2 | 892 | 30 | 13 | 8 | 17 | 5 | 4 | 3 | 89.2% | 10.8% |
| cat | 12 | 4 | 32 | 826 | 24 | 48 | 30 | 12 | 5 | 7 | 82.6% | 17.4% |
| deer | 5 | 1 | 28 | 24 | 898 | 13 | 14 | 14 | 2 | 1 | 89.8% | 10.2% |
| dog | 7 | 2 | 28 | 111 | 18 | 801 | 13 | 17 | | 3 | 80.1% | 19.9% |
| frog | 5 | | 16 | 27 | 3 | 4 | 943 | 1 | 1 | | 94.3% | 5.7% |
| horse | 9 | 1 | 14 | 13 | 22 | 17 | 3 | 915 | 2 | 4 | 91.5% | 8.5% |
| ship | 37 | 10 | 4 | 4 | | 1 | 2 | 1 | 931 | 10 | 93.1% | 6.9% |
| truck | 20 | 39 | 3 | 3 | | | 2 | 1 | 9 | 923 | 92.3% | 7.7% |
| | 88.0% | 93.9% | 85.8% | 79.0% | 91.4% | 89.7% | 91.6% | 94.1% | 94.8% | 95.0% | | |
| | 12.0% | 6.1% | 14.2% | 21.0% | 8.6% | 10.3% | 8.4% | 5.9% | 5.2% | 5.0% | | |

图 5-28　混淆矩阵

可以使用以下代码显示包含 9 幅测试图像的随机样本，以及它们的预测类和这些类的概率：

```
figure
idx = randperm(size(XValidation,4),9);
for i = 1:numel(idx)
    subplot(3,3,i)
    imshow(XValidation(:,:,:,idx(i)));
    prob = num2str(100*max(probs(idx(i),:)),3);
```

```
        predClass = char(YValPred(idx(i)));
        title([predClass,', ',prob,'%'])
    end
```

在以上代码中，调用了自定义函数 convolutionalUnit，用于创建一个层数组，其中包含两个卷积计算层，以及对应的批量归一化层和 ReLU 层。该函数的源代码为：

```
function layers = convolutionalUnit(numF,stride,tag)
layers = [
    convolution2dLayer(3,numF,'Padding','same','Stride',stride,'Name',[tag,'conv1'])
    batchNormalizationLayer('Name',[tag,'BN1'])
    reluLayer('Name',[tag,'relu1'])
    convolution2dLayer(3,numF,'Padding','same','Name',[tag,'conv2'])
    batchNormalizationLayer('Name',[tag,'BN2'])];
end
```

## 5.6 LSTM 网络实现字符嵌入生成文本

本节实例说明如何训练深度学习 LSTM（长短期记忆）网络，从而通过字符嵌入生成文本。

要训练深度学习网络以生成文本，需要训练“序列到序列”的 LSTM 网络，以预测字符序列的下一个字符。要训练网络以预测下一个字符，需要将输入序列指定为一个位移时间步。要使用字符嵌入，需要将每个训练预测值转换为整数序列，其中的整数为对应字符词汇的索引。

本实例实现的主要步骤如下。

（1）加载训练数据。

读取《傲慢与偏见》（简・奥斯汀著）的古登堡计划电子书的 HTML 代码，并使用 webread 和 htmlTree 对其进行解析：

```
>> url = "https://www.gutenberg.org/files/1342/1342-h/1342-h.htm";
code = webread(url);
tree = htmlTree(code);
%通过查找 p 元素来提取段落。使用 CSS 选择器':not(.toc)'指定给带有 toc 类的段落元素
paragraphs = findElement(tree,'p:not(.toc)');
%使用 extractHTMLText 从段落中提取文本数据，并删除空字符串
>> textData = extractHTMLText(paragraphs);
textData(textData == "") = [];
%删除少于 20 个字符的字符串
>> idx = strlength(textData) < 20;
textData(idx) = [];
%用文字云可视化文本数据
>> figure
wordcloud(textData);
title("Pride and Prejudice") %效果如图 5-29 所示
>> title("《傲慢与偏见》")
```

图 5-29 文字云可视化文本数据效果图

（2）将文本数据转换为序列。

将文本数据转换为预测变量的字符索引序列和响应的字符分类序列。分类函数将换行符和空白字符条目视为未定义，要为这些字符创建分类元素，需要分别使用特殊字符 "¶"（段落符号"\x00B6"）和"·"（间隔号，"\x00B7"）替换它们。为防止出现歧义，必须选择文本中未出现的特殊字符。由于这些字符未出现在训练数据中，因此可用于此分类。

```
>> newlineCharacter = compose("\x00B6");
whitespaceCharacter = compose("\x00B7");
textData = replace(textData,[newline " "],[newlineCharacter whitespaceCharacter]);
>>%循环文本数据并创建表示每个预测值字符的字符索引序列及响应的字符分类序列
%要表示每个预测值的结束，需要使用特殊字符“ETX”（文本结尾，"\x2403"）。
endOfTextCharacter = compose("\x2403");
numDocuments = numel(textData);
for i = 1:numDocuments
    characters = textData{i};
    X = double(characters);
    %创建带有文本结尾字符的预测值
    charactersShifted = [cellstr(characters(2:end)')' endOfTextCharacter];
    Y = categorical(charactersShifted);
    XTrain{i} = X;
    YTrain{i} = Y;
end
```

在训练过程中，默认情况下，网络将训练数据拆分成小批量并填充序列，使它们具有相同的长度。过多填充会对网络性能产生负面影响，为了防止训练过程中添加过多的填充，可以按序列长度对训练数据进行排序，并选择合适的小批量大小，以使同一小批量中的序列长度相近。

```
>> %获取每个预测值的序列长度
numObservations = numel(XTrain);
for i=1:numObservations
    sequence = XTrain{i};
    sequenceLengths(i) = size(sequence,2);
```

```
end
%按序列长度对数据进行排序
[~,idx] = sort(sequenceLengths);
XTrain = XTrain(idx);
YTrain = YTrain(idx);
```

（3）创建和训练 LSTM 网络。

定义 LSTM 架构。指定一个“序列到序列”LSTM 分类网络，其中包含 400 个隐含单元。将输入大小设置为训练数据的特征维度，将特征维度设置为 1。指定维度为 200 的单词嵌入层，并指定单词数（对应于字符数）为输入数据中的最大字符值。将全连接层的输出大小设置为类别数。为帮助防止过拟合，在 LSTM 层后面包含一个丢弃层。

```
%将单词嵌入层的每个字符映射为一个维度为 200 的向量
inputSize = size(XTrain{1},1);
numClasses = numel(categories([YTrain{:}]));
numCharacters = max([textData{:}]);
layers = [
    sequenceInputLayer(inputSize)
    wordEmbeddingLayer(200,numCharacters)
    lstmLayer(400,'OutputMode','sequence')
    dropoutLayer(0.2);
    fullyConnectedLayer(numClasses)
    softmaxLayer
    classificationLayer];
```

指定训练选项。指定以小批量大小为 32 和初始学习率为 0.01 进行训练，为防止梯度爆炸，需要将梯度阈值设置为 1；要确保数据保持排序，需要将'Shuffle'设置为'never'；要监控训练进度，需要将'Plots'选项设置为'training-progress'；要隐藏详细输出，需要将'Verbose'设置为 false。

```
options = trainingOptions('adam', ...
    'MiniBatchSize',32,...
    'InitialLearnRate',0.01, ...
    'GradientThreshold',1, ...
    'Shuffle','never', ...
    'Plots','training-progress', ...
    'Verbose',false);
%训练网络
net = trainNetwork(XTrain,YTrain,layers,options);    %效果如图 5-30 所示
```

（4）生成新文本。

根据训练数据中文本的所有首字符的概率分布抽取一个字符来生成文本的第一个字符。接着使用经过训练的 LSTM 网络根据当前已生成的文本序列预测下一序列，以生成其余字符。继续逐个生成字符，直到网络预测到文本结尾字符。

```
>>%根据训练数据中所有首字符的概率分布抽取第一个字符
initialCharacters = extractBefore(textData,2);
firstCharacter = datasample(initialCharacters,1);
generatedText = firstCharacter;
```

```
>>%将第一个字符转换为数值索引
X = double(char(firstCharacter));
```

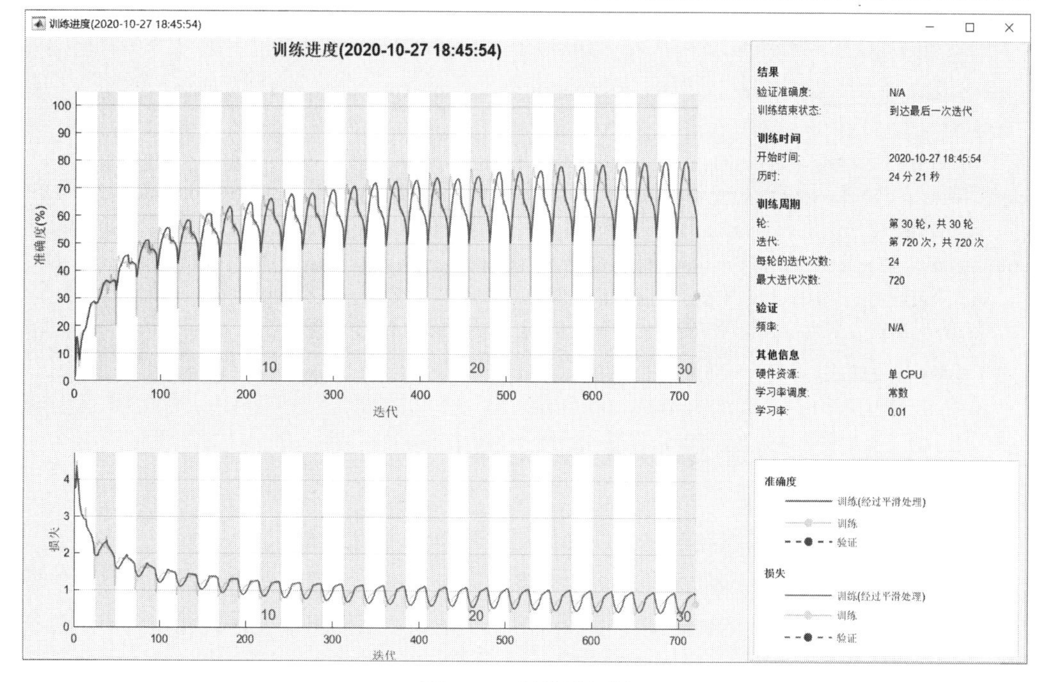


图 5-30　训练过程图

在后续的预测中，根据网络的预测分数抽取下一个字符。预测分数用于表示下一个字符的概率分布，从网络输出层的类名给出的字符词汇表中抽取字符，从网络的分类层中获取词汇表。

```
>>vocabulary = string(net.Layers(end).ClassNames);
```

使用 predictAndUpdateState 函数逐个对字符进行预测。对于每次预测，都输入前一个字符的索引，当网络预测到文本结尾字符或生成的文本长度达到 500 个字符时，停止预测。对于大型数据集合、长序列或大型网络，在 GPU 上进行预测计算通常比在 CPU 上进行预测计算快；在其他情况下，在 CPU 上进行预测计算通常更快。对于单时间步预测，请使用 CPU。要使用 CPU 进行预测，需要将 predictAndUpdateState 的'ExecutionEnvironment'选项设置为'cpu'。

```
>>maxLength = 500;
while strlength(generatedText) < maxLength
    % 预测下一个字符的得分
    [net,characterScores] = predictAndUpdateState(net,X,'ExecutionEnvironment','cpu');
    % 对下一个字符进行抽样
    newCharacter = datasample(vocabulary,1,'Weights',characterScores);
    % 在文本末尾停止预测
    if newCharacter == endOfTextCharacter
        break
    end
    % 将字符添加到生成的文本中
    generatedText = generatedText + newCharacter;
```

```
        % 获取字符的数字索引
        X = double(char(newCharacter));
    end
    %通过将特殊字符替换为对应的空白字符和换行符来重新构造生成的文本
    generatedText = replace(generatedText,[newlineCharacter whitespaceCharacter],[newline " "])
    generatedText =
    "“I wish Mr. Darcy, upon latter of my sort sincerely fixed in the regard to relanth. We were to join on the
Lucases. They are married with him way Sir Wickham, for the possibility which this two od since to know him
one to do now thing, and the opportunity terms as they, and when I read; nor Lizzy, who thoughts of the scent; for
a look for times, I never went to the advantage of the case; had forcibling himself. They pility and lively believe
she was to treat off in situation because, I am exceal"
    >>%要生成多篇文本，需要在每次生成完成后使用 resetState 函数重置网络状态
    net = resetState(net);
```

# 5.7 LSTM 网络逐单词生成文本

本节实例说明如何训练深度学习 LSTM 网络来逐单词生成文本。

要训练深度学习网络以逐单词生成文本，需要训练“序列到序列”的 LSTM 网络，以预测单词序列中的下一个单词。要训练网络以预测下一个单词，需要将输入序列指定为一个移位时间步。

此实例从网站上读取文本。LSTM 网络读取并解析 HTML 代码以提取相关文本，然后使用自定义的小批量数据存储 documentGenerationDatastore 将文档作为小批量序列数据输入网络。数据存储将文档转换为数值单词索引序列。深度学习网络是包含单词嵌入层的 LSTM 网络。

小批量数据存储是通过支持批量读取数据的数据存储实现的，可以使用小批量数据存储作为深度学习应用程序的训练集、验证集、测试集及预测集的数据源。使用小批量数据存储可读取无法放入内存的数据，或者在读取批量数据时执行特定的预处理操作。

该实例的实现步骤如下。

（1）加载训练数据。

从古登堡计划电子书中读取《Alice's Adventures in Wonderland by Lewis Carroll》（《爱丽丝梦游仙境》）中的 HTML 代码：

```
>>url = "https://www.gutenberg.org/files/11/11-h/11-h.htm";
code = webread(url);
```

（2）解析 HTML 代码。

HTML 代码包含<p>（段落）元素内的相关文本。通过 htmlTree 解析 HTML 代码，然后找到元素名为"p"的所有元素，以提取相关文本：

```
>>tree = htmlTree(code);
selector = "p";
subtrees = findElement(tree,selector);
%使用 extractHTMLText 从 HTML 子树中提取文本数据，并查看前 10 段
textData = extractHTMLText(subtrees);
```

```
textData(1:10)
10×1 string 数组
"Alice was beginning to get very tired of sitting by her sister on the bank, and of having nothing to do: once or twice she had peeped into the book her sister was reading, but it had no pictures or conversations in it, “and what is the use of a book,” thought Alice “without pictures or conversations?” "…
…She felt that she was dozing off, and had just begun to dream that she was walking hand in hand with Dinah, and saying to her very earnestly, “Now, Dinah, tell me the truth: did you ever eat a bat?” when suddenly, thump! thump! down she came upon a heap of sticks and dry leaves, and the fall was over. "
%删除空段落并查看更新后的前10段
textData(textData == "") = [];
textData(1:10)
ans =
  10×1 string 数组
  "Alice was beginning to get very tired of sitting by her sister on the bank, and of having nothing to do: once or twice she had peeped into the book her sister was reading, but it had no pictures or conversations in it, “and what is the use of a book,” thought Alice “without pictures or conversations?” "…
  …She felt that she was dozing off, and had just begun to dream that she was walking hand in hand with Dinah, and saying to her very earnestly, “Now, Dinah, tell me the truth: did you ever eat a bat?” when suddenly, thump! thump! down she came upon a heap of sticks and dry leaves, and the fall was over. "
%用文字云可视化文本数据
figure
wordcloud(textData);
title("《爱丽丝梦游仙境》")  %效果如图5-31所示
```

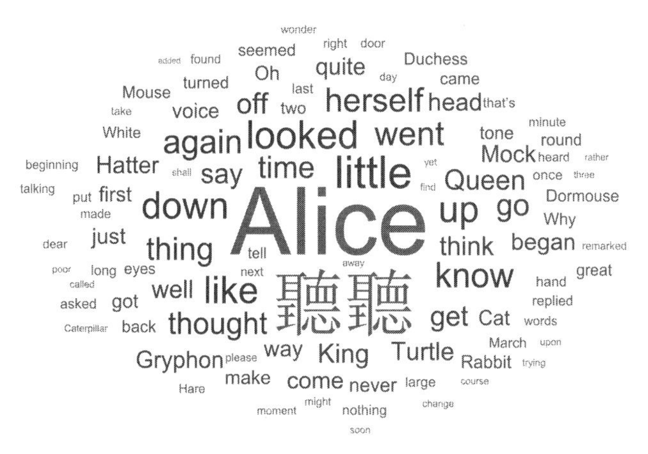


图5-31 用文字云可视化文本数据

（3）准备要训练的数据。

使用 documentGenerationDatastore 创建包含训练数据的数据存储，要创建数据存储，请先将自定义小批量数据存储 documentGenerationDatastore.m 保存到目录文件路径中。对于预测变量，此数据存储使用单词编码将文档转换为单词索引序列，每个文档的第一个单词索引对应于

“文本开始”标记。文本开始标记由字符串"startOfText"给出，作为响应，数据存储返回一个单词的分类序列。

```
%使用 tokenizedDocument 对文本数据进行分词
documents = tokenizedDocument(textData);
%使用分词后的文档创建数据存储文档
ds = documentGenerationDatastore(documents);
%要减少添加到序列中的填充量，请按序列长度对数据存储中的文档进行排序
ds = sort(ds);
```

（4）创建和训练 LSTM 网络。

定义 LSTM 网络架构。要将序列数据输入到网络中，请包含一个序列输入层并将输入大小设置为 1；包含一个维度为 100 且与单词编码具有相同单词数的单词嵌入层；包含一个 LSTM 层并指定隐藏单元个数为 100；最后，添加一个大小与类数相同的全连接层、一个 softmax 层和一个分类层。类的数量是词汇表中的单词数加上一个针对“文本结束”类的额外类。

```
inputSize = 1;
embeddingDimension = 100;
numWords = numel(ds.Encoding.Vocabulary);
numClasses = numWords + 1;

layers = [
    sequenceInputLayer(inputSize)
    wordEmbeddingLayer(embeddingDimension,numWords)
    lstmLayer(100)
    dropoutLayer(0.2)
    fullyConnectedLayer(numClasses)
    softmaxLayer
    classificationLayer];
%指定训练选项。指定求解器为'adam'，学习率为 0.01，进行 300 轮训练
%将小批量大小设置为 32
%要保持数据按序列长度排序，需要将 'Shuffle' 选项设置为'never'
%要监控训练进度，需要将'Plots'选项设置为'training-progress'
%要隐藏详细输出，需要将'Verbose'设置为 false
options = trainingOptions('adam', ...
    'MaxEpochs',300, ...
    'InitialLearnRate',0.01, ...
    'MiniBatchSize',32, ...
    'Shuffle','never', ...
    'Plots','training-progress', ...
    'Verbose',false);
%使用 trainNetwork 训练网络
net = trainNetwork(ds,layers,options);     %效果如图 5-32 所示
```

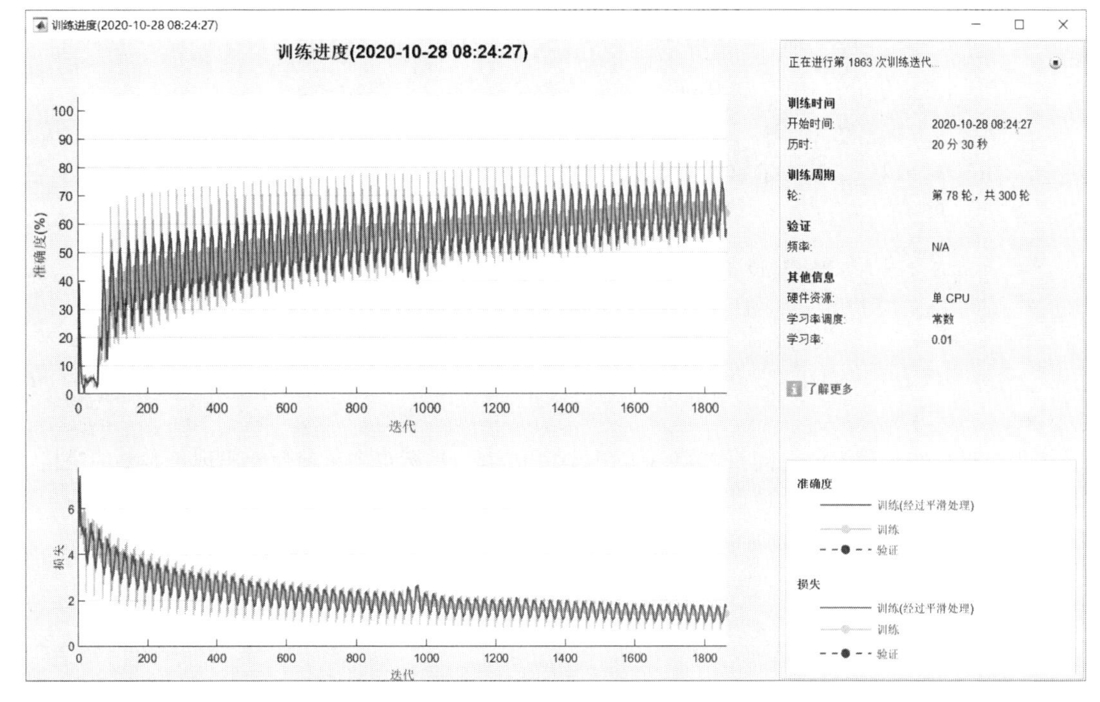


图 5-32　训练记录图

（5）生成新文本。

根据训练数据中文本的所有首个单词的概率分布抽取一个单词来生成文本的第一个单词。接着使用经过训练的 LSTM 网络基于当前已生成的文本序列预测下一时间步，用于生成其余单词。继续逐个生成单词，直到网络预测到文本结尾单词。

要使用网络进行第一次预测，请输入表示文本开始标记的索引。使用 word2ind 函数和文档数据存储使用的单词编码查找索引。

```
>>enc = ds.Encoding;
wordIndex = word2ind(enc,"startOfText")
wordIndex = 1
```

在后续的预测中，根据网络的预测分数抽取下一个单词，预测分数表示下一个单词的概率分布。从网络输出层给出的类名词汇表中抽取单词。

```
vocabulary = string(net.Layers(end).Classes);
```

使用 predictAndUpdateState 函数逐个对单词进行预测。对于每次预测，都需要输入前一个单词的索引，当网络预测到文本结尾单词或生成的文本长度达到 500 个字符时，停止预测。对于大型数据集合、长序列或大型网络，在 GPU 上进行预测计算通常比在 CPU 上进行预测计算要快。其他情况下，在 CPU 上进行预测计算通常更快。对于单时间步预测，请使用 CPU。如果使用 CPU 进行预测，请将 predictAndUpdateState 的'ExecutionEnvironment'选项设置为'cpu'。

```
generatedText = "";
maxLength = 500;
while strlength(generatedText) < maxLength
    %预测下一个单词的得分
```

```
        [net,wordScores] = predictAndUpdateState(net,wordIndex,'ExecutionEnvironment','cpu');
        %样本的下一个单词
        newWord = datasample(vocabulary,1,'Weights',wordScores);
        %在文本末尾停止预测
        if newWord == "EndOfText"
            break
        end
        %将单词添加到生成的文本中
        generatedText = generatedText + " " + newWord;
        %查找下一个输入的单词索引
        wordIndex = word2ind(enc,newWord);
end
```

生成过程在每次预测之间引入空白字符，这意味着一些标点字符前后会出现不必要的空格，可通过替换删除相应标点字符前后的空格来重新构造新生成的文本。

```
%删除特定标点字符前的空格
punctuationCharacters = ["." "," "’" ")" ":" "?" "!"];
generatedText = replace(generatedText," " + punctuationCharacters,punctuationCharacters);
%删除特定标点字符后的空格
punctuationCharacters = ["(" "‘"];
generatedText = replace(generatedText,punctuationCharacters + " ",punctuationCharacters)
generatedText =
" ‘Sure, it’s a good Turtle!’ said the Queen in a low, weak voice."
%要生成多篇文本，请在每次生成后使用 resetState 重置网络状态
net = resetState(net);
```

## 5.8 RNN 网络

本节实例说明如何使用深度学习 LSTM 网络对文本数据进行分类。

文本数据本身就是有序的，一段文本就是一个单词序列，这些单词之间可能存在依存关系。要学习和使用长期依存关系对序列数据进行分类，请使用 LSTM 网络。LSTM 网络是一种循环神经网络（RNN），可以学习序列数据的时间步之间的长期依存关系。

要将文本输入 LSTM 网络，首先需要将文本数据转换为数值序列，可以使用将文档映射为数值索引序列的单词编码来达到此目的。为了获得更好的结果，还要在网络中包含一个单词嵌入层，用来将词汇表中的单词映射为数值向量而不是标量索引，这些嵌入会捕获单词的语义细节，以便具有相似含义的单词具有相似的向量。它们还通过向量算术运算对单词之间的关系进行建模。例如，关系 "Rome is to Italy as Paris is to France" 通过公式 Italy－Rome＋Paris＝France 进行描述。

### 5.8.1 RNN 概述

循环神经网络（Recurrent Neural Network，RNN）是一类以序列数据为输入，在序列的演进方向进行递归且所有节点（循环单元）按链式连接的递归神经网络。它用于解决训练样本输

入是连续的序列，且序列的长短不一的问题，如基于时间序列的问题。基础的神经网络只在层与层之间建立权连接，RNN 最大的不同之处就是在层与层之间的神经元之间也建立权连接。RNN 的结构如图 5-33 所示，其中，$A$ 代表权连接，$h$ 代表输出集。

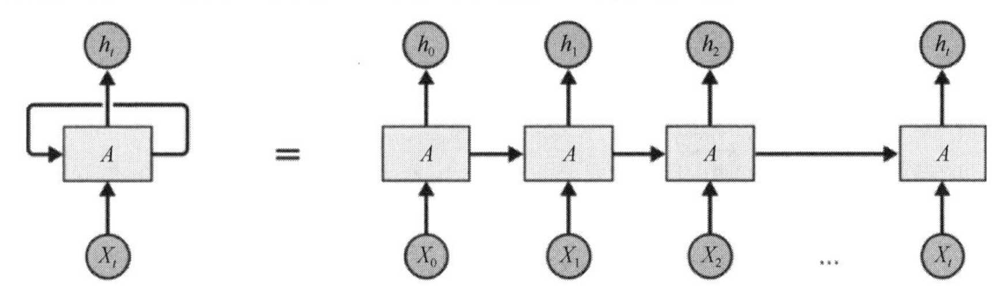


图 5-33　RNN 的结构

RNN 包含输入单元，输入集标记为 $\{x_0, x_1, \cdots, x_t, x_{t+1}, \cdots\}$，而输出单元的输出集则被标记为 $\{y_0, y_1, \cdots, y_t, y_{t+1}, \cdots\}$。RNN 还包含隐藏单元，将其输出集标记为 $\{s_0, s_1, \cdots, s_t, s_{t+1}, \cdots\}$，这些隐藏单元完成了最为主要的工作。在图 5-34 中，会发现：有一条单向流动的信息流是从输入单元到达隐藏单元的，与此同时，另一条单向流动的信息流从隐藏单元到达输出单元。在某些情况下，RNN 会打破后者的限制，引导信息从输出单元返回隐藏单元，这些被称为“Back Projections”，并且隐藏层的输入还包括上一隐藏层的状态，即隐藏层内的节点可以自连也可以互连。

图 5-34 将 RNN 展开成一个全神经网络。例如，对于一个包含 5 个单词的语句，展开的网络便是一个 5 层的神经网络，每一层代表一个单词。该网络的计算过程如下。

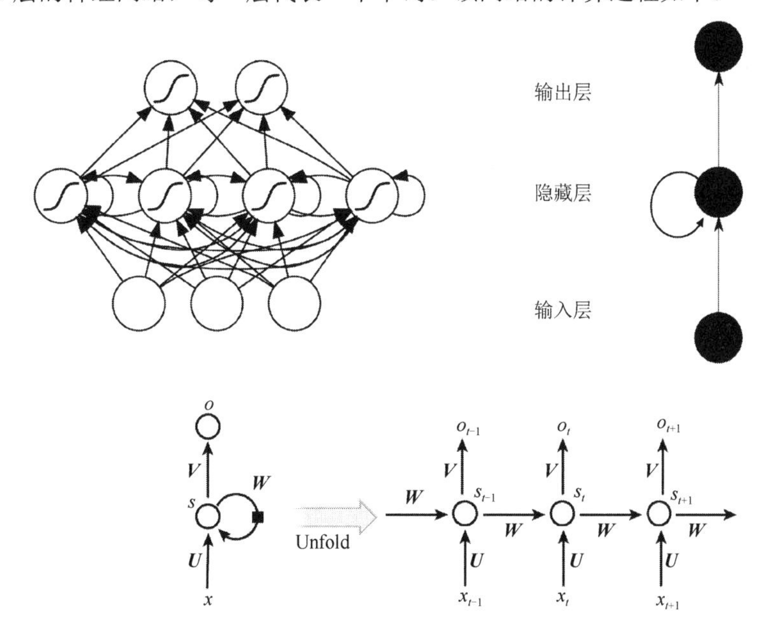


图 5-34　一个典型的 RNN

- $x_t$ 表示第 $t$（$t = 1, 2, 3, \cdots$）步的输入。例如，$x_1$ 为第二个词的 one-hot 向量（根据图 5-34 可知，$x_0$ 为第一个词）。
- $s_t$ 为隐藏层的第 $t$ 步的状态，是网络的记忆单元。$s_t$ 根据当前输入层的输出与上一步隐藏层的状态进行计算，即 $s_t = f(\boldsymbol{U}x_t + \boldsymbol{W}s_{t-1})$，其中，$f$ 一般是非线性的激活函数，如 tanh

或 ReLU，在计算 $s_0$ 即第一个单词的隐藏层状态时，需要用到 $s_{-1}$，但是它并不存在，在实现中一般将其置为 0 向量。

- $o_t$ 是第 $t$ 步的输出，如下个单词的向量表示为 $o_t = \text{softmax}(Vs_t)$。
- 在传统神经网络中，每个网络层的参数是不共享的，而在 RNN 中，每输入一步，每层各自都共享参数 $\boldsymbol{U}$、$\boldsymbol{V}$、$\boldsymbol{W}$。其实，RNN 中的每一步都在做相同的事，只是输入不同，因此大大减少了网络中需要学习的参数数量。

**注意：** 传统神经网络的参数是不共享的，但这并不表示对于每个输入都有不同的参数，而是将 RNN 展开，将其变成多层网络，如果这是一个多层的传统神经网络，那么 $x_t$ 到 $s_t$ 的 $\boldsymbol{U}$ 矩阵与 $x_{t+1}$ 到 $s_{t+1}$ 的 $\boldsymbol{U}$ 矩阵是不同的；而在 RNN 中则是一样的。同理，对于 $s$ 与 $s$ 之间的 $\boldsymbol{W}$、$s$ 与 $o$ 之间的 $\boldsymbol{V}$ 也是一样的。

## 5.8.2 RNN 实现文本分类

在本节的实例中，训练和使用 LSTM 网络有以下 4 步。

- 导入并预处理数据。
- 使用单词编码将单词转换为数值序列。
- 创建和训练具有单词嵌入层的 LSTM 网络。
- 使用经过训练的 LSTM 网络对新文本数据进行分类。

（1）导入数据。

导入工厂报告数据，该数据包含已标注的工厂事件文本描述。要将文本数据作为字符串导入，请将文本类型指定为'string'。

```
>> filename = "factoryReports.csv";
data = readtable(filename,'TextType','string');
head(data)
ans =
  8×5 table
              Description        Category          Urgency      Resolution          Cost
         _______________    ____________    ________    ______________    _____
    "Items are occasionally getting stuck in the scanner spools."        "Mechanical Failure"
"Medium"      "Readjust Machine"          45
    "Loud rattling and banging sounds are coming from assembler pistons."     "Mechanical Failure"
"Medium"      "Readjust Machine"          35
    "There are cuts to the power when starting the plant."                    "Electronic Failure"
"High"        "Full Replacement"       16200
    "Fried capacitors in the assembler."                                      "Electronic Failure"
"High"        "Replace Components"        352
    "Mixer tripped the fuses."                                                "Electronic Failure"
"Low"         "Add to Watch List"         55
    "Burst pipe in the constructing agent is spraying coolant."          "Leak"              "High"
"Replace Components"       371
```

```
    "A fuse is blown in the mixer."                                    "Electronic Failure"
"Low"        "Replace Components"        441
    "Things continue to tumble off of the belt."                       "Mechanical Failure"
"Low"        "Readjust Machine"          38
    %该实例的目标是按 Category 列中的标签对数据进行分类
    %要将数据划分为各个类，请将这些标签转换为分类
    data.Category = categorical(data.Category);
    %使用直方图查看数据中类的分布情况
    >> figure
    histogram(data.Category);   %效果如图 5-35 所示
    xlabel("类")
    ylabel("频率")
    title("类分布")
    %下一步是将其划分为训练集和验证集
    %将数据划分为训练分区与用于验证和测试的保留分区，并将保留百分比指定为 20%
    cvp = cvpartition(data.Category,'Holdout',0.2);
    dataTrain = data(training(cvp),:);
    dataValidation = data(test(cvp),:);
    %从分区后的表中提取文本数据和标签
    textDataTrain = dataTrain.Description;
    textDataValidation = dataValidation.Description;
    YTrain = dataTrain.Category;
    YValidation = dataValidation.Category;
    %要检查是否已正确导入数据，请使用文字云将训练文本数据可视化
    >> figure
    wordcloud(textDataTrain);   %效果如图 5-36 所示
    title("训练数据")
```

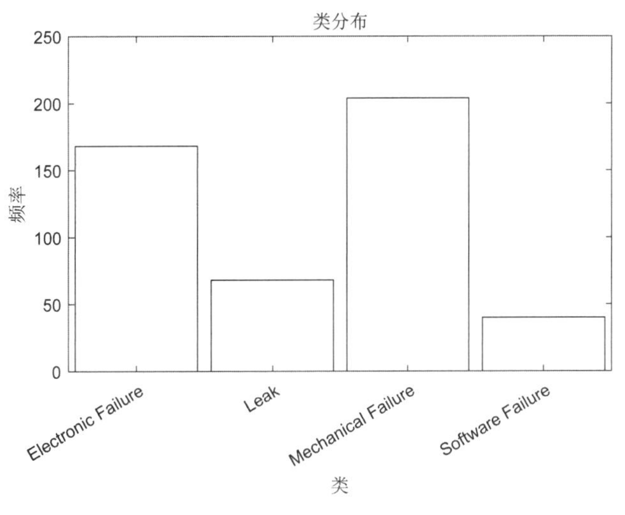


图 5-35　数据中类的分布情况

图 5-36　文本数据可视化效果

（2）预处理文本数据。

创建一个对文本数据进行分类和预处理的函数 preprocessText，执行以下操作。

- 使用 tokenizedDocument 对文本进行分类。
- 使用 lower 将文本转换为小写。
- 使用 erasePunctuation 删除标点符号。

```
>>%使用 preprocessText 函数预处理训练数据和验证数据
>> documentsTrain = preprocessText(textDataTrain);
documentsValidation = preprocessText(textDataValidation);
>>查看前几个预处理的训练文档
>> documentsTrain(1:5)
ans =
  5×1 tokenizedDocument:
    10 tokens: loud rattling and banging sounds are coming from assembler pistons
    10 tokens: there are cuts to the power when starting the plant
     5 tokens: fried capacitors in the assembler
     7 tokens: a fuse is blown in the mixer
     8 tokens: things continue to tumble off of the belt
```

（3）将文档转换为序列。

要将文档输入 LSTM 网络中，请使用单词编码将文档转换为数值索引序列。

```
%使用 wordEncoding 函数创建单词编码
enc = wordEncoding(documentsTrain);
```

下一个转换步骤是填充和截断文档，以使全部文档的长度相同。要填充和截断文档，请先选择目标长度，然后对长于它的文档进行截断处理，并对短于它的文档进行左填充处理。为获得最佳结果，目标长度应该较短，但又不至于丢弃大量数据。要找到合适的目标长度，请查看训练文档长度的直方图。trainingOptions 函数提供了自动填充和截断输入序列的选项。

```
>> documentLengths = doclength(documentsTrain);
figure
histogram(documentLengths)   %效果如图 5-37 所示
title("文件长度")
xlabel("长度")
ylabel("文档数")
```

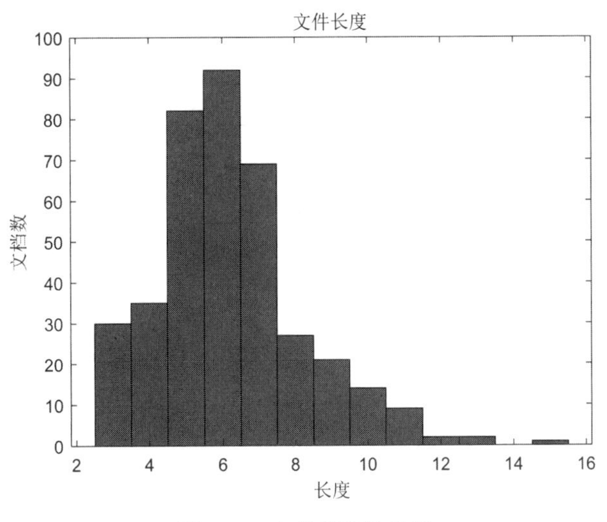


图 5-37 文件长度效果图

大多数训练文档的词数少于 10 个，将此数字（10）用作截断和填充的目标长度。使用 doc2sequence 将文档转换为数值索引序列。要对长度为 10 的序列进行截断或左填充处理，请将'Length'选项设置为 10。

```
>> sequenceLength = 10;
XTrain = doc2sequence(enc,documentsTrain,'Length',sequenceLength);
XTrain(1:5)
ans =
  5×1 cell 数组
    {1×10 double}
    {1×10 double}
    {1×10 double}
    {1×10 double}
    {1×10 double}
%使用相同选项将验证文档转换为序列
>> XValidation = doc2sequence(enc,documentsValidation,'Length',sequenceLength);
```

（4）创建和训练 LSTM 网络。

定义 LSTM 网络架构。要将序列数据输入网络中，首先需要将一个序列的输入层的输入大小设置为 1；其次，将一个维度为 50 且与单词编码具有相同单词数的单词嵌入层中；再次，将 LSTM 网络的隐含单元个数设置为 80；然后，将 LSTM 层用于“序列到标签”分类问题的输出模式设置为'last'；最后，添加一个大小与类数相同的全连接层、一个 softmax 层和一个分类层。

```
>> inputSize = 1;
embeddingDimension = 50;
numHiddenUnits = 80;
numWords = enc.NumWords;
numClasses = numel(categories(YTrain));

layers = [ ...
    sequenceInputLayer(inputSize)
    wordEmbeddingLayer(embeddingDimension,numWords)
    lstmLayer(numHiddenUnits,'OutputMode','last')
    fullyConnectedLayer(numClasses)
    softmaxLayer
    classificationLayer]
layers =
  具有以下层的 6×1 Layer 数组:
     1   ''   序列输入                   序列输入: 1 个维度
     2   ''   Word Embedding Layer    Word embedding layer with 50 dimensions and 420 unique
words
     3   ''   LSTM                    LSTM: 80 个隐含单元
     4   ''   全连接                   4 全连接层
     5   ''   Softmax                 softmax
     6   ''   分类输出                  crossentropyex
```

（5）指定训练选项。

- 使用 Adam 求解器进行训练。
- 指定小批量大小为 16。
- 每轮训练都会打乱数据。
- 通过将'Plots'选项设置为'training-progress'来监控训练进度。
- 使用'ValidationData'选项指定验证数据。
- 通过将'Verbose'选项设置为 false 来隐藏详细输出。

在默认情况下，如果有 GPU 可用，那么 trainNetwork 函数就会使用 GPU；否则将使用 CPU。要手动指定执行环境，请使用 trainingOptions 的'ExecutionEnvironment'名称-值对组参数。在 CPU 上进行训练所需的时间要明显长于在 GPU 上进行训练所需的时间。

```
>> options = trainingOptions('adam', ...
    'MiniBatchSize',16, ...
    'GradientThreshold',2, ...
    'Shuffle','every-epoch', ...
    'ValidationData',{XValidation,YValidation}, ...
    'Plots','training-progress', ...
    'Verbose',false);
>>%使用 trainNetwork 函数训练 LSTM 网络
>> net = trainNetwork(XTrain,YTrain,layers,options);   %效果如图 5-38 所示
```

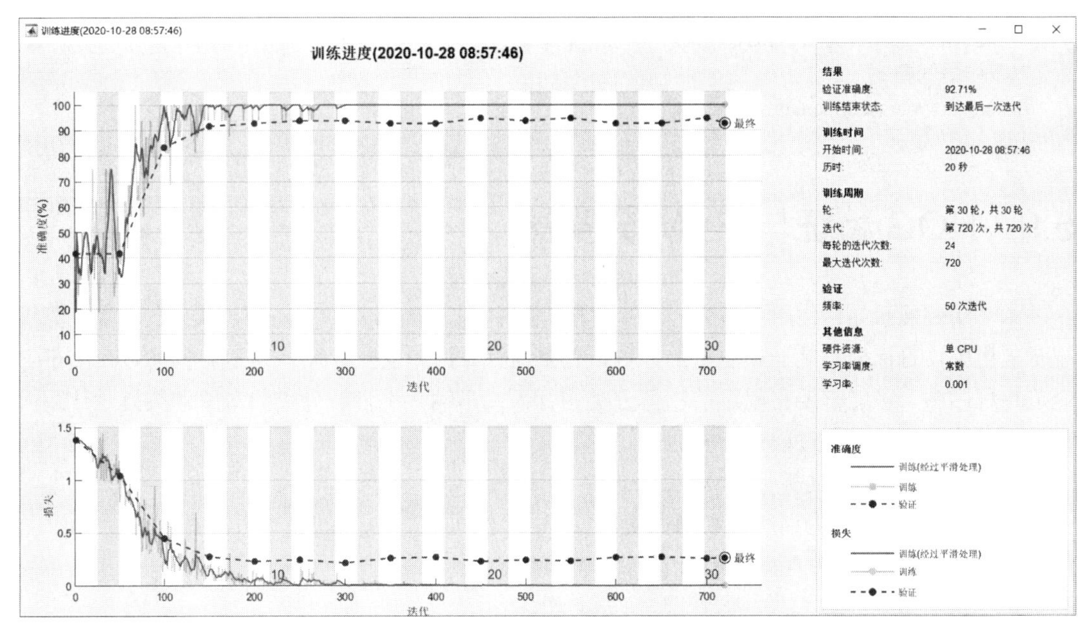


图 5-38　训练记录过程

（6）使用新数据进行预测。

对 3 个新报告的事件类型进行分类。创建包含新报告的字符串数组。

```
reportsNew = [ ...
    "Coolant is pooling underneath sorter."
    "Sorter blows fuses at start up."
    "There are some very loud rattling sounds coming from the assembler."];
%使用与预处理训练文档相同的步骤预处理文本数据
documentsNew = preprocessText(reportsNew);
%使用 doc2sequence 将文本数据转换为序列，所用选项与创建训练序列时的选项相同
XNew = doc2sequence(enc,documentsNew,'Length',sequenceLength);
%使用经过训练的 LSTM 网络对新序列进行分类
labelsNew = classify(net,XNew)
labelsNew = 3×1 categorical
     Leak
     Electronic Failure
     Mechanical Failure
```

在以上代码中，调用了自定义编写的预处理函数 preprocessText，该函数执行以下操作。

- 使用 tokenizedDocument 对文本进行分词。
- 使用 lower 将文本转换为小写。
- 使用 erasePunctuation 删除标点符号。

preprocessText 函数的源代码为：

```
function documents = preprocessText(textData)
% 标记文本
documents = tokenizedDocument(textData);
% 转换为小写
```

```
documents = lower(documents);
%删除标点符号
documents = erasePunctuation(documents);
end
```

# 5.9 HOG 特征与 SVM 分类器

本节实例展示如何使用 HOG 特征和一个多类 SVM 分类器对数字进行分类。在许多计算机视觉应用中，目标分类是一项重要的任务，包括监视、汽车安全、图像检索。例如，在汽车安全应用程序中，可能需要将附近的物体分类为行人或车辆。不管被分类的对象的类型是什么，创建对象分类器的基本过程是一样的。

- 获取目标图像的标记数据集。
- 将数据集划分为训练集和测试集。
- 使用从训练集中提取的特征训练分类器。
- 使用从测试集中提取的特征测试分类器。

为了说明这一点，本节实例展示了如何使用 HOG（Histogram of Oriented Gradient，方向梯度直方图）特征和一个多类 SVM（Support Vector Machine，支持向量机）分类器对数字进行分类。HOG 和 SVM 类型的分类经常用于许多光学字符识别（OCR）的应用中。

## 5.9.1 HOG

HOG 是一种解决人体目标检测问题的图像描述子，它使用梯度直方图特征表达人体，提取人体的外形信息和运动信息，形成丰富的特征集，最常用的是结合 SVM 进行行人检测。HOG 的生成过程如图 5-39 所示。

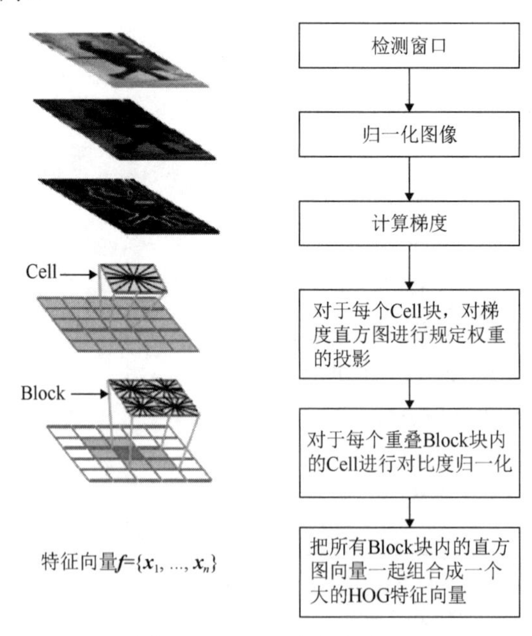


图 5-39 HOG 的生成过程

### 1. 归一化图像

归一化图像的主要目的是提高检测器对光照的健壮性，因为实际的人体目标可能出现在各种不同的场合，所以检测器必须对光照不太敏感才会有好的效果。

### 2. 利用一阶微分计算图像梯度

（1）图像平滑。

对于灰度图像，一般为了去除噪点，会先利用离散高斯平滑模板进行平滑操作。高斯函数必须在不同平滑尺度下对灰度图像进行平滑操作，其中人体目标检测效果最佳（不做高斯平滑处理），使得错误率降低了约一半。不对灰度图像做平滑操作，可能出现的原因是图像基于边缘平滑操作会降低边缘信息的对比度，从而减少图像中的信号信息。

（2）梯度法求图像梯度。

一阶微分处理一般对灰度梯度有较强的响应，一阶微分公式为

$$\frac{\partial \boldsymbol{f}}{\partial x}=\boldsymbol{f}(x+1)-\boldsymbol{f}(x)$$

对于函数 $\boldsymbol{f}(x,y)$，在其坐标 $(x,y)$ 上的梯度是通过如下二维向量定义的：

$$\frac{\partial^2 \boldsymbol{f}}{\partial x^2}=\boldsymbol{f}(x+1)-\boldsymbol{f}(x-1)-2\boldsymbol{f}(x)$$

这个向量的模值由下式给出：

$$\nabla \boldsymbol{f}=\begin{bmatrix}\boldsymbol{G}x\\ \boldsymbol{G}y\end{bmatrix}=\begin{bmatrix}\dfrac{\delta \boldsymbol{f}}{\delta x}\\ \dfrac{\delta \boldsymbol{f}}{\delta y}\end{bmatrix}$$

$$\nabla \boldsymbol{f}=\left\|\nabla \boldsymbol{f}\right\|_2=[\boldsymbol{G}x^2+\boldsymbol{G}y^2]^{\frac{1}{2}}=\left[\left(\frac{\delta \boldsymbol{f}}{\delta x}\right)^2+\left(\frac{\delta \boldsymbol{f}}{\delta y}\right)^2\right]^{\frac{1}{2}}$$

因为模值的计算开销比较大，所以一般可以按如下公式进行近似求解：

$$\nabla \boldsymbol{f}\approx\left|\boldsymbol{G}x\right|+\left|\boldsymbol{G}y\right|$$

以模板[-1,0,1]为例计算图像梯度及方向。通过梯度模板计算水平和垂直方向的梯度分别为

$$\boldsymbol{G}_h(x,y)=\boldsymbol{f}(x+1,y)-\boldsymbol{f}(x-1,y),\quad \forall x,y$$

$$\boldsymbol{G}_v(x,y)=\boldsymbol{f}(x,y+1)-\boldsymbol{f}(x,y-1),\quad \forall x,y$$

其中，$\boldsymbol{G}_h$ 和 $\boldsymbol{G}_v$ 分别表示该像素点的水平、垂直梯度值。计算该像素点的梯度值（梯度强度）及梯度方向：

$$\boldsymbol{M}(x,y)=\sqrt{\boldsymbol{G}_h(x,y)^2+\boldsymbol{G}_v(x,y)^2}\approx\left|\boldsymbol{G}_h(x,y)\right|+\left|\boldsymbol{G}_v(x,y)\right|$$

$$\theta(x,y)=\arctan(\boldsymbol{G}_h(x,y)/\boldsymbol{G}_v(x,y))$$

对于梯度方向的范围限定，一般采用无符号的范围，因此，梯度方向可表示为

$$\theta(x,y)=\begin{cases}\theta(x,y)+\pi, & \theta(x,y)<0\\ \theta(x,y), & \text{其他}\end{cases}$$

### 3. HOG 与梯度权重投影

（1）HOG 结构。

通常使用的 HOG 结构大致有 3 种：矩形 HOG（简称 R-HOG）、圆形 HOG 和中心环绕形

HOG。它们的单位都是块（Block）。Dalal 的实验证明，矩形 HOG 和圆形 HOG 的检测效果基本一致，而中心环绕形 HOG 的检测效果相对差一些。

（2）矩形 HOG 块的划分。

一般每个块（Block）都由若干单元（Cell）组成，每个单元都由若干像素点组成，如图 5-40 所示。

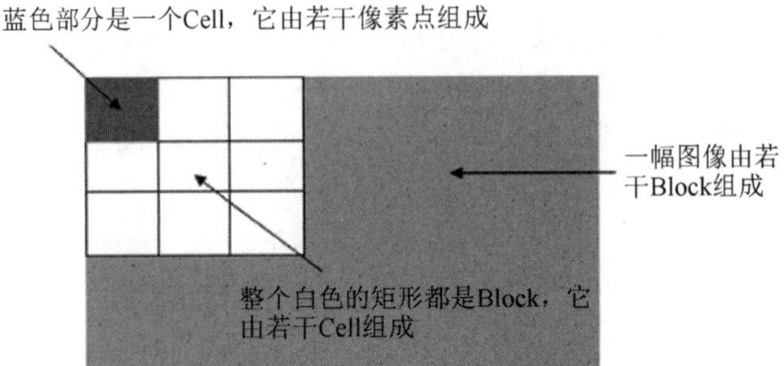


图 5-40　典型的图像中的块与单元的展示图

在每个单元中进行独立的梯度方向统计，从而形成以梯度方向为横轴的直方图，前面已经提到过，梯度方向可取 0°～180°或 0°～360°，但 Dalal 实验表明，对于人体目标检测，0°～180°这种忽略度数正负级的方向范围能够取得更好的结果。然后将这个梯度分布平均分成 9 个方向角度，每个方向角度范围都会对应一个直方柱。

（3）块中各个参数的最终选取。

对于人体目标检测，块的大小为 3×3 个单元格，当单元格的大小为 6×6（单位为像素）时，检测效果是最好的，错误率约为 10%。块的大小为 2×2 个单元格，当单元格大小为 8×8（单位为像素）时，检测效果也相差无几。对于宽度为 6～8 像素的单元格，2～3 个单元格宽的块的错误率都在最低的一个平面上。块的尺寸太大，标准化的作用会被削弱，从而导致错误率上升；如果块的尺寸太小，则有用的信息会被过滤掉。

在实际应用中，在块和单元划分之后，对于得到的各个像素区域，有时候还会进行一次高斯平滑处理，但是对于人体目标检测等问题，该步骤往往可以省略，因为实际应用作用不大，主要操作还是要去除区域中的噪点，因为梯度对噪点相当敏感。

（4）对梯度方向的加权投影。

对于梯度方向的加权投影，一般都采用一个权重投影函数，它可以是像素点的梯度幅值、梯度幅值的平方根或梯度幅值的平方，也可以使用梯度幅值的省略形式，它们都能够在一定程度上反映出像素上一定的边缘信息。根据 Dalal 等人的测试结果，采用梯度幅值量级本身得到的检测效果最佳，使用量级的平方根会轻微影响检测结果，而使用二值的边缘权值表示会严重降低效率[约为 5%个单位 10-4FPPW（False Positives Per Window）]。

### 4．HOG 特征向量归一化

对块内特征向量进行归一化主要是为了使特征向量空间对光照、阴影和边缘变化具有健壮性。

5．得出 HOG 最终的特征向量

最终通过以上步骤得到一个由 $\beta\times\zeta\times\eta$ 个数据组成的高维度向量，其中，$\beta$ 表示每个单元中的单元数目，$\zeta$ 和 $\eta$ 分别表示块的个数和一个块中单元的数目。至此，HOG 对图像实现了利用向量进行描述。

### 5.9.2　SVM

SVM 是一个有监督的学习模型，通常用来进行模式识别、分类及回归分析。

如图 5-41 所示，SVM 的原理为：假设要通过三八线把星星和点分成两类，那么将有无数多条线可以完成这个任务，在 SVM 中，需要寻找一条最优的分界线，使得它与两边边缘的距离都最大，在这种情况下，边缘的几个数据点就叫作支持向量（Support Vector），这也是这个分类算法名字的来源。

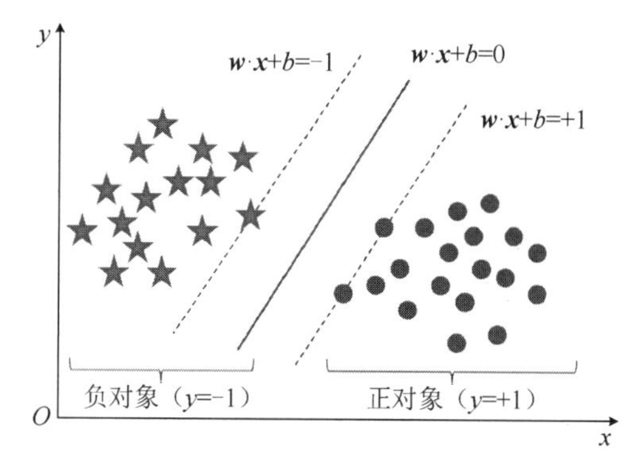


图 5-41　SVM 的原理

如图 5-42 所示，其中，“×”表示正样本；“。”表示负样本；直线就是决策边界（它的方程表示为 $\boldsymbol{\theta}^{\mathrm{T}}x=0$ ），或者叫作分离超平面。

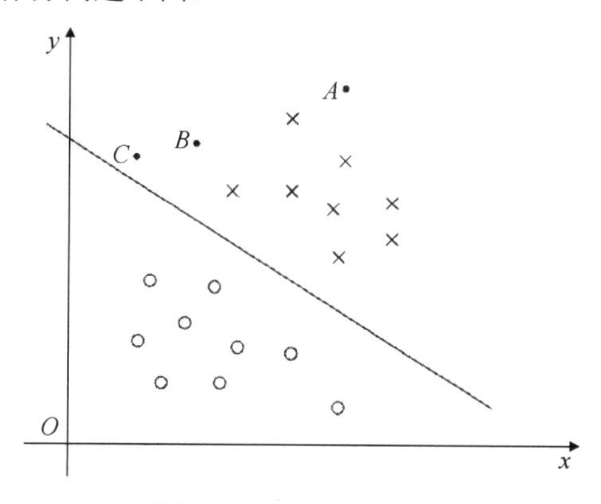


图 5-42　线性分类问题

对于图 5-42 中的 $A$ 点来说，它距离决策边界很远。如果要预测一下 $A$ 点对应的 $y$ 值，那么我们应该会很确定地说 $y$ =+1。反过来，对于 $C$ 点来说，它距离决策边界很近，虽然它也在决策边界的上方，但是只要决策边界有稍微地改变，它就可能变成在决策边界的下方。因此，相比较而言，$A$ 点的预测确信度要比 $C$ 点的预测确信度高。函数间隔和几何间隔的提出为找到最佳的超平面提供了依据。

### 1．函数间隔

如图 5-43 所示，点 $x$ 到蓝色线的距离为 $L=\beta\|x\|$。

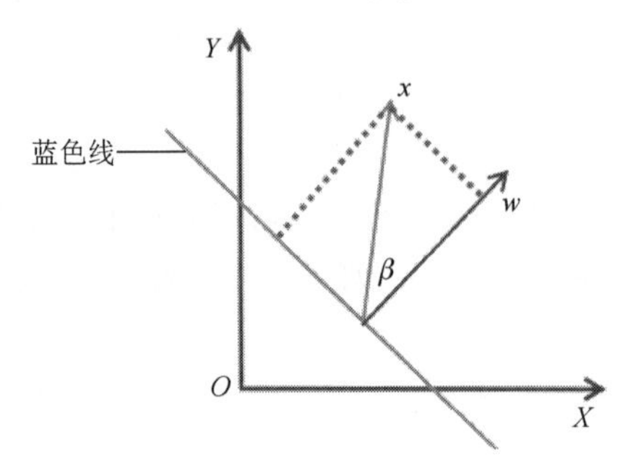


图 5-43　距离图

对于一个训练样本 $(x^{(i)},y^{(i)})$，定义相应的函数间隔为

$$\hat{\gamma}^{(i)}=y^{(i)}(\boldsymbol{w}^{\mathrm{T}}x^{(i)}+b)=y^{(i)}g(x^{(i)})$$

因此，如果 $y^{(i)}=1$，为了让函数间隔比较大（预测确信度较大），就需要 $\boldsymbol{w}^{\mathrm{T}}x^{(i)}+b$ 是一个大的正数。反过来，如果 $y^{(i)}=-1$，为了让函数间隔比较大（预测确信度较大），就需要 $\boldsymbol{w}^{\mathrm{T}}x^{(i)}+b$ 是一个大的负数。

接着就需要找所有点中与决策边界距离最小的点了。对于给定的数据集 $S=(x^{(i)},y^{(i)})$，$i=1,2,\cdots,m$，定义 $\hat{\gamma}$ 是数据集中最小的函数间隔，即

$$\hat{\gamma}=\min_{i=1,2,\cdots,m}\hat{\gamma}^{(i)}$$

但这里有一个问题，对于函数间隔来说，当 $\boldsymbol{w}$ 和 $b$ 被替换成 $2\boldsymbol{w}$ 和 $2b$ 时，有 $g(\boldsymbol{w}^{\mathrm{T}}x^{(i)}+b)=g(2\boldsymbol{w}^{\mathrm{T}}x^{(i)}+2b)$，这不会改变 $h_{w,b}(x)$ 的值。因此，引入了几何间隔。

### 2．几何间隔

如图 5-44 所示，直线为决策边界（由 $\boldsymbol{w}$ 和 $b$ 决定）。向量 $\boldsymbol{w}$ 垂直于直线（因为 $\boldsymbol{\theta}^{\mathrm{T}}x=0$，非零向量的内积为 0，所以它们互相垂直）。假设 $A$ 点代表样本 $x^{(i)}$，它的类别为 $y=+1$。假设 $A$ 点到决策边界的距离为 $\gamma^{(i)}$，即线段 $AB$ 的长度。

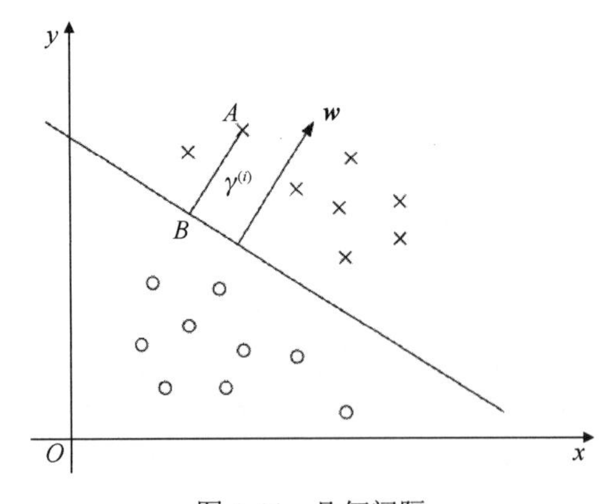


图 5-44　几何间隔

那么，应该如何计算 $\gamma^{(i)}$ 呢？首先，我们知道 $\dfrac{\boldsymbol{w}}{\|\boldsymbol{w}\|}$ 表示的是在 $\boldsymbol{w}$ 方向上的单位向量。因为 $A$ 点代表的是样本 $x^{(i)}$，所以 $B$ 点为 $x^{(i)}-\gamma^{(i)}\cdot\dfrac{\boldsymbol{w}}{\|\boldsymbol{w}\|}$。又因为 $B$ 点在决策边界上，所以 $B$ 点满足 $\boldsymbol{w}^{\mathrm{T}}x+b=0$，即

$$\boldsymbol{w}^{\mathrm{T}}\left(x^{(i)}-\gamma^{(i)}\cdot\frac{\boldsymbol{w}}{\|\boldsymbol{w}\|}\right)+b=0$$

解方程得

$$\gamma^{(i)}=\frac{\boldsymbol{w}^{\mathrm{T}}x^{(i)}+b}{\|\boldsymbol{w}\|}=\left(\frac{\boldsymbol{w}}{\|\boldsymbol{w}\|}\right)^{\mathrm{T}}x^{(i)}+\frac{b}{\|\boldsymbol{w}\|}$$

当然，上面这个方程对应的是正例的情况，反例时上面方程的解就是一个负数，这与我们平常说的距离不符合，因此，需要乘上 $y^{(i)}$，即

$$\gamma^{(i)}=y^{(i)}\left(\left(\frac{\boldsymbol{w}}{\|\boldsymbol{w}\|}\right)^{\mathrm{T}}x^{(i)}+\frac{b}{\|\boldsymbol{w}\|}\right)$$

可以看到，当 $\|\boldsymbol{w}\|=1$ 时，函数间隔与几何间隔就是一样的了。

同样，有了几何间隔的定义，接着就要找所有点中间隔最小的点了。对于给定的数据集 $S=(x^{(i)},y^{(i)})$，$i=1,2,\cdots,m$，定义 $\gamma$ 是数据集中最小的函数间隔，即

$$\gamma=\min_{i=1,2,\cdots,m}\gamma^{(i)}$$

### 3．间隔最大化

其实，对于上面的问题，如果将那些式子都除以 $\hat{\gamma}$，则变成：

$$\max_{\gamma,\boldsymbol{w},b}\frac{\hat{\gamma}/\hat{\gamma}}{\|\boldsymbol{w}\|/\hat{\gamma}}$$
$$s.t.\quad y^{(i)}(\boldsymbol{w}^{\mathrm{T}}x^{(i)}+b)/\hat{\gamma}\geqslant\hat{\gamma}/\hat{\gamma},\ i=1,2,\cdots,m$$

即

$$\max_{\gamma,\boldsymbol{w},b}\frac{1}{\|\boldsymbol{w}\|/\hat{\gamma}}$$
$$s.t.\quad y^{(i)}(\boldsymbol{w}^{\mathrm{T}}x^{(i)}+b)/\hat{\gamma}\geqslant 1,\ i=1,2,\cdots,m$$

然后，令 $\boldsymbol{w}=\dfrac{\boldsymbol{w}}{\hat{\gamma}}$，$b=\dfrac{b}{\hat{\gamma}}$，问题就变成跟下面的一样了。因此，其实只是做了一个变量替换操作：

$$\max_{\gamma,\boldsymbol{w},b}\frac{1}{\|\boldsymbol{w}\|}$$
$$s.t.\quad y^{(i)}(\boldsymbol{w}^{\mathrm{T}}x^{(i)}+b)\geqslant 1,\ i=1,2,\cdots,m$$

因为最大化 $\dfrac{1}{\|\boldsymbol{w}\|}$ 相当于最小化 $\|\boldsymbol{w}\|^2$，所以问题变成：

$$\min_{\gamma,w,b}\frac{1}{2}\|w\|^2$$
$$s.t.\quad y^{(i)}(w^{\mathrm{T}}x^{(i)}+b)\geqslant 1,\ i=1,2,\cdots,m$$

### 5.9.3 HOG 实现数据分类

本节实例使用机器学习工具箱中的 fitcecoc 函数和计算机视觉工具箱中的提取特征相关函数实现数据分类。具体步骤如下。

（1）数字数据集。

合成数字图像用于训练，每个训练图像都包含多个数字，这些数字模仿了通常情况下数字一起出现的方式。使用合成图像非常方便，可以创建各种训练样本，而不必手动收集它们。测试时，通过扫描手写数字来验证分类器在处理与训练不同数据时的表现如何。虽然这不是最具代表性的数据集，但是有足够的数据来训练和测试一个分类器，并显示方法的可行性。

```
>> % 使用 imageDatastore 加载训练数据和测试数据
syntheticDir   = fullfile(toolboxdir('vision'), 'visiondata','digits','synthetic');
handwrittenDir = fullfile(toolboxdir('vision'), 'visiondata','digits','handwritten');
%递归地扫描包含图像的目录树，文件夹名称会自动用作每幅图像的标签
trainingSet = imageDatastore(syntheticDir,    'IncludeSubfolders', true, 'LabelSource', 'foldernames');
testSet =imageDatastore(handwrittenDir, 'IncludeSubfolders', true, 'LabelSource', 'foldernames');
%使用 countEachLabel 函数将每个图像的数量与标签制成表格
%在本实例中，训练集由每 10 个数字对应 101 幅图像组成，测试集由每 10 个数字对应 12 幅图像组成
>> countEachLabel(trainingSet)
ans =
  10×2 table
    Label    Count
    _____    _____
      0       101
      1       101
      2       101
      3       101
      4       101
      5       101
      6       101
      7       101
      8       101
      9       101
>> countEachLabel(testSet)
ans =
  10×2 table
    Label    Count
    _____    _____
```

```
        0           12
        1           12
        2           12
        3           12
        4           12
        5           12
        6           12
        7           12
        8           12
        9           12
>> %显示一些训练图像和测试图像
figure;     %效果如图 5-45 所示
subplot(2,3,1);
imshow(trainingSet.Files{102});
subplot(2,3,2);
imshow(trainingSet.Files{304});
subplot(2,3,3);
imshow(trainingSet.Files{809});
subplot(2,3,4);
imshow(testSet.Files{13});
subplot(2,3,5);
imshow(testSet.Files{37});
subplot(2,3,6);
imshow(testSet.Files{97});
```

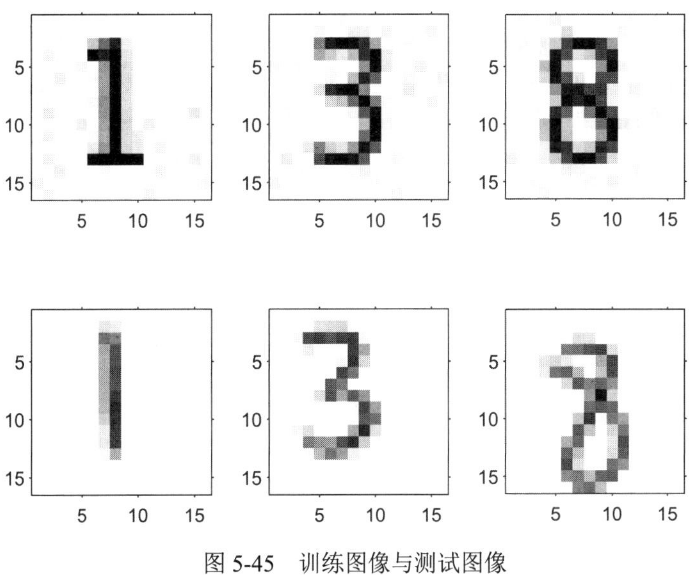

图 5-45　训练图像与测试图像

在训练和测试分类器之前，采用预处理操作去除在采集图像样本时引入的噪声，这为分类器的训练提供了更好的特征向量。

```
>> % 预处理的结果展示
exTestImage = readimage(testSet,37);
processedImage = imbinarize(rgb2gray(exTestImage));
figure;    %效果如图 5-46 所示
subplot(1,2,1)
imshow(exTestImage)
subplot(1,2,2)
imshow(processedImage)
```

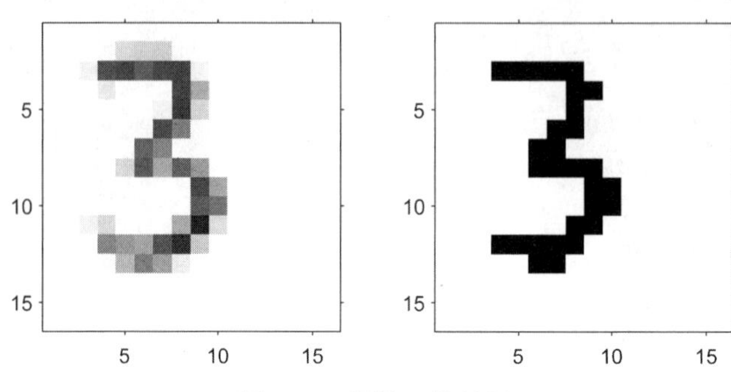


图 5-46　预处理的结果

（2）使用 HOG 特征。

用于训练分类器的数据是从训练图像中提取的 HOG 特征向量，它是图像信息的一个重要标记。extractHOGFeatures 函数返回一个可视化的输出，该输出可以帮助我们对“适当数量的信息”的含义形成某种直观效果。通过改变 HOG 细胞编码尺寸并将结果可视化，可以看到细胞编码尺寸对特征向量中形状信息编码量的影响。

```
>> img = readimage(trainingSet, 206);
%提取 HOG 特征和 HOG 可视化输出
[hog_2x2, vis2x2] = extractHOGFeatures(img,'CellSize',[2 2]);
[hog_4x4, vis4x4] = extractHOGFeatures(img,'CellSize',[4 4]);
[hog_8x8, vis8x8] = extractHOGFeatures(img,'CellSize',[8 8]);
% 显示原始图像
figure;   %效果如图 5-47 所示
subplot(2,3,1:3); imshow(img);
% 使 HOG 特征可视化
subplot(2,3,4);
plot(vis2x2);
title({'CellSize = [2 2]'; ['Length = ' num2str(length(hog_2x2))]});
subplot(2,3,5);
plot(vis4x4);
title({'CellSize = [4 4]'; ['Length = ' num2str(length(hog_4x4))]});
subplot(2,3,6);
plot(vis8x8);
title({'CellSize = [8 8]'; ['Length = ' num2str(length(hog_8x8))]});
```

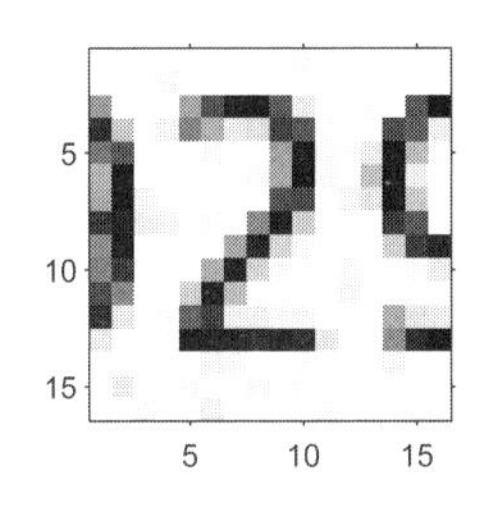

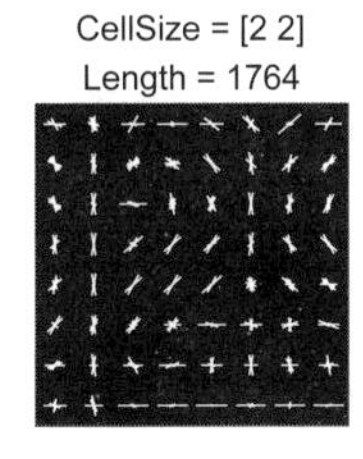


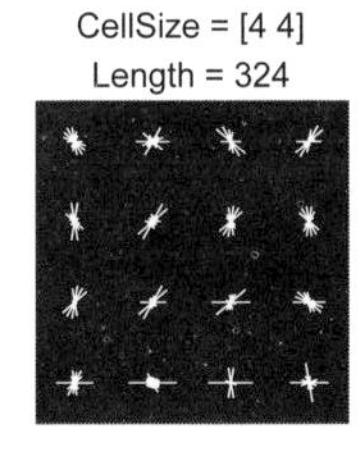


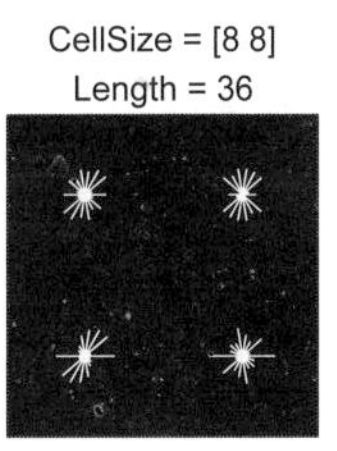


图 5-47 HOG 特征可视化效果

可视化结果表明，大小为[8 8]的细胞编码的形状信息并不多，而大小为[2 2]的细胞编码的形状信息较多，但显著增加了 HOG 特征向量的维数。一个很好的折中方法是单元格大小为 4×4 的细胞编码，这个大小设置可以编码足够的空间信息，在视觉上识别数字形状，同时限制 HOG 特征向量的维数，这有助于加速训练。在实际应用中，需要通过反复训练和测试分类器来改变 HOG 参数，以确定最优参数设置。

```
>> cellSize = [4 4];
hogFeatureSize = length(hog_4x4);
```

（3）训练一个数字分类器。

数字分类是一个多类分类问题，必须将一幅图像分为 10 个可能的数字类中的一个。在本实例中，使用机器学习工具箱中的 fitcecoc 函数和二进制 SVM 创建一个多类分类器。

首先从训练集中提取 HOG 特征，这些特征将用于训练分类器。

```
>> %循环训练集，从每幅图像中提取 HOG 特征
%使用类似的方法，从训练集中提取 HOG 特征
numImages = numel(trainingSet.Files);
trainingFeatures = zeros(numImages, hogFeatureSize, 'single');
for i = 1:numImages
    img = readimage(trainingSet, i);
    img = rgb2gray(img);
    % 应用预处理步骤
    img = imbinarize(img);
    trainingFeatures(i, :) = extractHOGFeatures(img, 'CellSize', cellSize);
end
% 为每幅图像获取标签
trainingLabels = trainingSet.Labels;
%接下来，利用提取的特征训练一个分类器
>> classifier = fitcecoc(trainingFeatures, trainingLabels);
```

（4）评估数字分类器。

利用测试集中的图像对数字分类器进行评估，并生成一个混淆矩阵以量化分类器的精度。

与训练步骤一样，首先从测试集中提取 HOG 特征，将使用训练好的分类器对这些特征进行预测。

```
>> %从测试集中提取 HOG 特征
%这个过程与前面展示的过程类似，为了简洁，将其封装为一个辅助函数
[testFeatures, testLabels] = helperExtractHOGFeaturesFromImageSet(testSet, hogFeatureSize, cellSize);
% 使用测试特性进行类预测
predictedLabels = predict(classifier, testFeatures);
% 使用混淆矩阵将结果制成表格
confMat = confusionmat(testLabels, predictedLabels);
helperDisplayConfusionMatrix(confMat)
digit  |0     1     2     3     4     5     6     7     8     9
-------------------------------------------------------------------------------------------
0      |0.25  0.00  0.08  0.00  0.00  0.00  0.58  0.00  0.08  0.00
1      |0.00  0.75  0.00  0.00  0.08  0.00  0.00  0.08  0.08  0.00
2      |0.00  0.00  0.67  0.17  0.00  0.00  0.08  0.00  0.00  0.08
3      |0.00  0.00  0.00  0.58  0.00  0.00  0.33  0.00  0.00  0.08
4      |0.00  0.08  0.00  0.17  0.75  0.00  0.00  0.00  0.00  0.00
5      |0.00  0.00  0.00  0.00  0.00  0.33  0.58  0.00  0.08  0.00
6      |0.00  0.00  0.00  0.00  0.25  0.00  0.67  0.00  0.08  0.00
7      |0.00  0.08  0.08  0.33  0.00  0.00  0.17  0.25  0.00  0.08
8      |0.00  0.00  0.00  0.08  0.00  0.00  0.00  0.08  0.67  0.17
9      |0.00  0.08  0.00  0.25  0.17  0.00  0.08  0.00  0.00  0.42
```

表格以百分比的形式显示了混淆矩阵，矩阵的列表示预测的标签，其中行表示已知的标签。对于这个测试集，数字 0 经常被错误地分类为 6，这很可能是由于它们的形状相似导致的。类似的错误可以在 9 和 3 中看到。使用更有代表性的数据集（如 MNIST 或 SVHN，它们包含数千个手写字符）进行训练，并与使用这个合成数据集创建的分类器相比，可能会产生更好的分类器。

在以上代码中，调用了自定义的 helperExtractHOGFeaturesFromImageSet 函数，该函数用于提取 HOG 特征，其源代码为：

```
function [features, setLabels] = helperExtractHOGFeaturesFromImageSet(imds, hogFeatureSize, cellSize)
% 从 imageDatastore 中提取 HOG 特征
setLabels = imds.Labels;
numImages = numel(imds.Files);
features   = zeros(numImages, hogFeatureSize, 'single');
% 对每幅图像进行处理并提取特征
for j = 1:numImages
    img = readimage(imds, j);
    img = rgb2gray(img);
    %应用预处理步骤
    img = imbinarize(img);
    features(j, :) = extractHOGFeatures(img,'CellSize',cellSize);
end
```

# 5.10 OCR 实现字符识别

本节通过一个例子展示如何检测图像中包含文本的区域，这是在非结构化场景中执行的常见任务。非结构化场景是指包含未确定或随机场景的图像。例如，可以从捕获的视频中自动检测和识别文本，以提醒司机有关道路标志。这与结构化场景不同，结构化场景包含预先知道文本位置的已知场景。

将文本从一个非结构化场景中分割出来，可以极大地帮助完成其他任务，如光学字符识别（OCR）。本实例中的自动文本检测算法会检测大量的文本区域候选，并逐步删除那些不太可能包含文本的区域。

下面先来理解什么是 OCR。

## 5.10.1 OCR 算法

将图像翻译成文字一般被称为光学字符识别（Optical Character Recognition，OCR）。可以实现 OCR 的底层库并不多，目前很多库都使用共同的几个底层 OCR 库，或者在 OCR 库中进行定制。

OCR 的基本原理可分为图像预处理、图像分割、字符识别和识别结果处理 4 部分，如图 5-48 所示。

图 5-48 OCR 的基本原理

### 1. 图像预处理

为了加快图像识别等模块的处理速度，需要将彩色图像转换为灰度图像，减小图像矩阵占用的内存空间。由彩色图像转换为灰度图像的过程叫作灰度化处理，灰度图像就是只有亮度信息而没有颜色信息的图像，而且存储灰度图像只需一个数据矩阵，矩阵中的每个元素都表示对应位置像素的灰度值。

通过拍摄、扫描等方式采集图像可能会受局部区域模糊、对比度偏弱等因素的影响，而图像增强可应用于对图像对比度的调整，可突出图像的重要细节，改善视觉质量。因此，采用图像灰度变换等方法可有效增强图像对比度，提高图像中字符的清晰度，突出不同区域的差异性。对比度增强是典型的空域图像增强算法，这种处理只是逐点修改原始图像中每个像素的灰度值，不会改变图像中各像素的位置，在输入像素与输出像素之间是一对一的映射关系。

图像可能在扫描或传输过程中受到噪声干扰，为了提高识别模块的准确率，通常采用平滑滤波的方法（如中值滤波、均值滤波）去噪。

在经扫描得到的图像中，不同位置的字符类型或大小可能也存在较大的差异，为了提高字符识别效率，需要将字符大小统一以得到标准的字符图像，这就是字符的标签化过程。为了将原来大小各不相同的字符统一，可以在实验过程中先统一高度，然后根据原始字符的宽度比例调整字符的宽度，得到标准字符。

此外，对输入的字符图像可能需要进行倾斜校正处理，使得同属一行的字符也都处于同一水平位置，这样既有利于字符的分割，又可以提高字符识别的准确率。倾斜校正主要根据对图像左右两边的黑色像素做积分投影得到的平均高度进行，字符组成的图像的左右两边的字符像素高度一般处于水平位置附近，如果两边的字符像素经积分投影得到的平均位置有较大的差异，则说明图像倾斜，需要校正。

**2．图像分割**

图像预处理之后，需要进行图像分割，常用的方法有灰度阈值分割、边缘分割等方法。

（1）灰度阈值分割。

灰度阈值分割法是一种最常用的并行区域技术，是图像分割中应用数量最多的一类。灰度阈值分割法实际上是输入图像 $f$ 到输出图像 $g$ 的如下变换：

$$G(i,j)=\begin{cases}1, & G(i,j)\geqslant T\\ 0, & G(i,j)<T\end{cases}$$

其中，$T$ 为阈值，对于物体的图像元素，$G(i,j)=1$；对于背景的图像元素，$G(i,j)=0$。由此可见，灰度阈值分割法的关键是确定阈值，如果能确定一个合适的阈值，就可准确地将图像分割开来。阈值确定后，将阈值与像素点的灰度值逐个进行比较，像素分割可对各像素并行地进行，分割的结果直接给出图像区域。灰度阈值分割法的优点是计算简单、运算效率较高、速度快。

（2）边缘分割。

图像分割的一种重要途径是通过边缘检测，即检测灰度级或结构突变的地方，这种不连续性称为边缘。不同的图像的灰度也不同，边界处一般有明显的边缘，利用此特征可以分割图像。图像中边缘处像素的灰度值不连续，这种不连续性可通过求导数来检测到。对于阶跃型边缘，其位置对应一阶导数的极值点，对应二阶导数的过零点。因此，常用微分算子进行边缘检测，常用的一阶微分算子有 Roberts 算子、Prewitt 算子和 Sobel 算子，常用的二阶微分算子有 Laplace 算子和 Kirsch 算子等。Laplace 算子的锐化结果如下：

$$\boldsymbol{g}(x,y)=\begin{cases}\boldsymbol{f}(x,y)-\nabla^2\boldsymbol{f}(x,y) & \nabla^2\boldsymbol{f}(x,y)\leqslant T\\ \boldsymbol{f}(x,y)+\nabla^2\boldsymbol{f}(x,y) & \nabla^2\boldsymbol{f}(x,y)>T\end{cases}$$

其中，$T$ 表示阈值常数。

**3．字符识别**

特征是用来识别字符的关键信息，每个不同的字符都能通过特征和其他文字进行区分。对于数字和英文字母来说，数据集比较小，数字有 10 个，英文字母有 52 个。对于汉字来说，特征提取比较困难，因为首先汉字是大字符集，国标中最常用的第一级汉字就有 3755 个；其次，汉字结构复杂，形近字多。在确定了使用何种特征后，还有可能要进行特征降维，这种情况就是如果特征的维数太高，那么分类器的效率会受到很大的影响，因此，为了提高识别速率，往往要降维。一种较通用的特征提取方法是 HOG。

**4．识别结果处理**

分类器是用来进行识别的，对于一幅文字（字符）图像，字符识别部分提取出其特征并传输给分类器，分类器就对其进行分类，输出这个特征该识别成哪个文字。一种简单的分类器是模板匹配方法，它使用图像的相似度进行文字识别，两图像的相似度可以用以下方程表示：

$$r=\frac{\sum_m\sum_n(A_{mn}-\bar{A})(B_{mn}-\bar{B})}{\sqrt{\sum_m\sum_n(A_{mn}-\bar{A})^2}\sqrt{\sum_m\sum_n(B_{mn}-\bar{B})^2}}$$

其中，$\boldsymbol{A}$和$\boldsymbol{B}$为图像矩阵。选取相似度最大的作为最终输出结果。得到结果后，有时需要对识别结果进行处理，又称后处理，因为分类器的分类有时不一定是完全正确的。例如，汉字中由于形近字的存在，很容易将一个字识别成其形近字。在后处理过程中，可以解决这个问题。

## 5.10.2 OCR 实现自然图像中文本的识别

OCR 实现自然图像中文本的识别的步骤如下。

（1）使用 MSER 检测候选文本区域。

MSER 特征检测器可以很好地找到文本区域。它适用于文本，因为文本是具有一致的颜色和高对比度，是一种稳定的强度配置文件。

```
%使用 detectMSERFeatures 函数找到图像中的所有区域并绘制这些结果
%需要注意的是，此时会在文本旁边检测到许多非文本区域
>> colorImage = imread('handicapSign.jpg');
I = rgb2gray(colorImage);
%MSER 检测区域
[mserRegions, mserConnComp] = detectMSERFeatures(I, ...
    'RegionAreaRange',[200 8000],'ThresholdDelta',4);
figure   %效果如图 5-49 所示
imshow(I)
hold on
plot(mserRegions, 'showPixelList', true,'showEllipses',false)
title('MSER 区域')
hold off
```

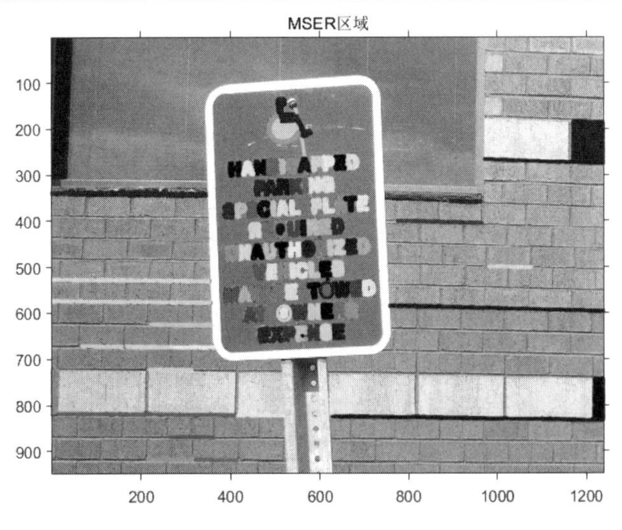


图 5-49 MSER 区域效果

（2）根据基本几何属性去除非文本区域。

虽然 MSER 算法能识别出大部分文本区域，但它也会检测出图像中其他非文本区域。此时，可以使用基于规则的方法删除非文本区域。例如，利用文本的几何属性，可以使用简单的阈值过滤掉非文本区域；或者可以使用机器学习方法训练文本分类器和非文本分类器。通常，这两种方法的结合会产生更好的结果。本实例使用一种根据几何属性的方法过滤非文本区域，使用 regionprops 函数测量其中的一些属性，然后根据属性值去除非文本区域。

```
>> % 使用区域道具测量 MSER 属性
mserStats = regionprops(mserConnComp, 'BoundingBox', 'Eccentricity', ...
    'Solidity', 'Extent', 'Euler', 'Image');
%使用边框数据计算高宽比
bbox = vertcat(mserStats.BoundingBox);
w = bbox(:,3);
h = bbox(:,4);
aspectRatio = w./h;
%确定数据的阈值，以确定要删除哪些区域（可能需要针对其他图像调整这些阈值）
filterIdx = aspectRatio' > 3;
filterIdx = filterIdx | [mserStats.Eccentricity] > .995 ;
filterIdx = filterIdx | [mserStats.Solidity] < .3;
filterIdx = filterIdx | [mserStats.Extent] < 0.2 | [mserStats.Extent] > 0.9;
filterIdx = filterIdx | [mserStats.EulerNumber] < -4;
% 删除区域
mserStats(filterIdx) = [];
mserRegions(filterIdx) = [];
% 显示剩余的区域
figure   %效果如图 5-50 所示
imshow(I)
hold on
plot(mserRegions, 'showPixelList', true,'showEllipses',false)
title('基于几何属性去除非文本区域效果')
hold off
```

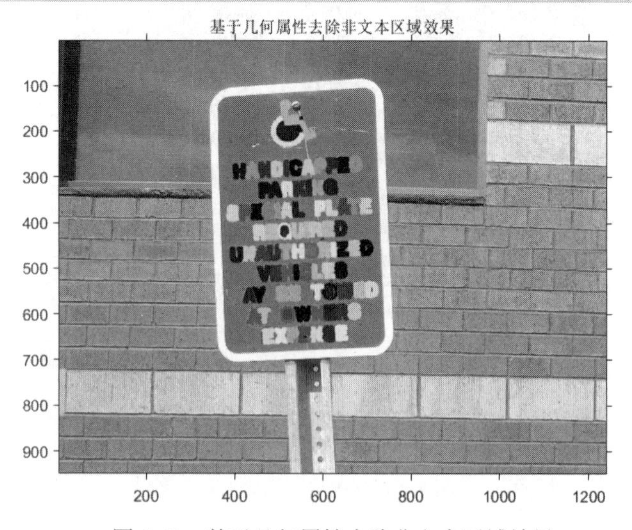


图 5-50　基于几何属性去除非文本区域效果

（3）根据笔画宽度变化去除非文本区域。

另一个用于区分文本区域和非文本区域的常用度量是笔画宽度。笔画宽度是对组成字符的曲线和线条的宽度的度量。文本区域的笔画宽度变化不大，而非文本区域的笔画宽度变化较大。为了帮助理解如何使用笔画宽度来移除非文本区域，可以通过使用距离变换和二进制细化操作来实现这一点。

```
>> %获取区域的二进制图像，并填充它以避免在笔画宽度计算期间产生边界效果
regionImage = mserStats(6).Image;
regionImage = padarray(regionImage, [1 1]);
%计算图像笔画宽度
distanceImage = bwdist(~regionImage);
skeletonImage = bwmorph(regionImage, 'thin', inf);
strokeWidthImage = distanceImage;
strokeWidthImage(~skeletonImage) = 0;
% 在笔画宽度图像旁边显示区域图像
figure    %效果如图 5-51 所示
subplot(1,2,1)
imagesc(regionImage)
title('区域图像')
subplot(1,2,2)
imagesc(strokeWidthImage)
title('笔画宽度图像')
```

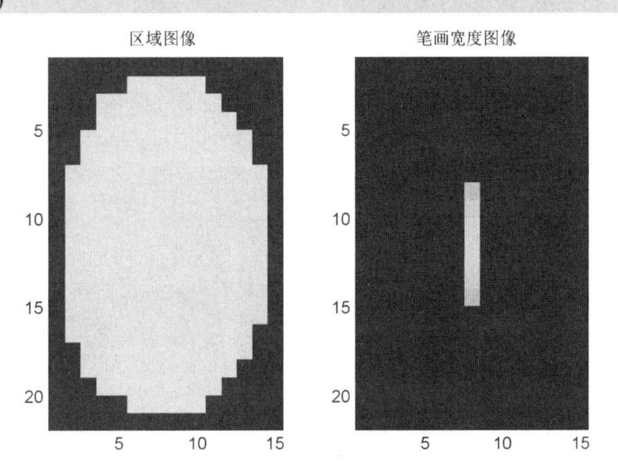


图 5-51　区域图像与笔画宽度图像

在图 5-51 中，发现笔画宽度图像在大部分区域中几乎没有变化，这表明该区域更可能是文本区域，因为构成该区域的线和曲线宽度都类似，这是人类可读文本的共同特征。

为了利用一个阈值来使用笔画宽度变化去除非文本区域，必须将整个区域的变化量化为一个单一的度量，代码如下：

```
>> % 计算笔画宽度变化度量
strokeWidthValues = distanceImage(skeletonImage);
strokeWidthMetric = std(strokeWidthValues)/mean(strokeWidthValues);
```

然后，可以应用阈值删除非文本区域。需要注意的是，对于具有不同字体样式的图像，可能需要调优该阈值。

```
>> % 阈值笔画宽度变化度量
strokeWidthThreshold = 0.4;
strokeWidthFilterIdx = strokeWidthMetric > strokeWidthThreshold;
```

上面的程序必须分别应用于每个检测到的 MSER 区域。下面的 for 循环用于处理所有区域，然后显示使用笔画宽度变化删除非文本区域的结果：

```
>> % 处理剩余区域
for j = 1:numel(mserStats)
    regionImage = mserStats(j).Image;
    regionImage = padarray(regionImage, [1 1], 0);
    distanceImage = bwdist(~regionImage);
    skeletonImage = bwmorph(regionImage, 'thin', inf);
    strokeWidthValues = distanceImage(skeletonImage);
    strokeWidthMetric = std(strokeWidthValues)/mean(strokeWidthValues);
    strokeWidthFilterIdx(j) = strokeWidthMetric > strokeWidthThreshold;
end
% 根据笔画宽度变化去除区域
mserRegions(strokeWidthFilterIdx) = [];
mserStats(strokeWidthFilterIdx) = [];
% 显示剩余区域
figure          %效果如图 5-52 所示
imshow(I)
hold on
plot(mserRegions, 'showPixelList', true,'showEllipses',false)
title('基于笔画宽度变化去除非文本区域后的效果图')
```

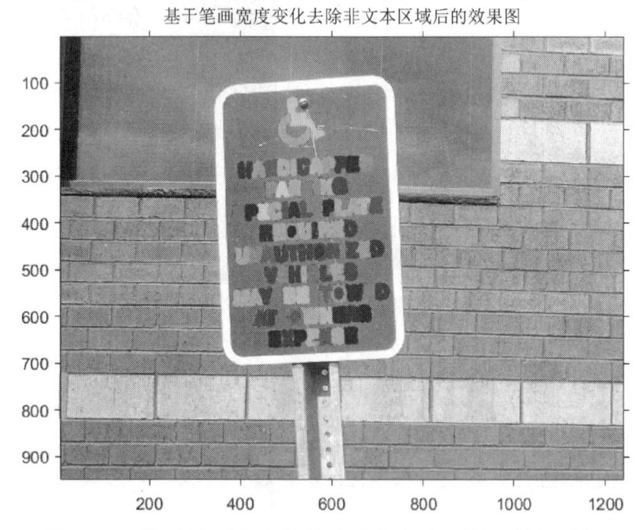


图 5-52　基于笔画宽度变化去除非文本区域后的效果图

（4）合并文本区域以获得最终检测结果。

此时，所有检测结果均由单个文本字符组成，要将这些结果用于识别任务（如 OCR），单个文本字符必须合并为单词或文本行，使得人们能够识别图像中实际的单词，这些单词比单个字符承载着更多有意义的信息。例如，识别字符串“EXIT”与单个字符集{‘X’，‘E’，‘T’，

'I' }，在这些字符中，如果没有正确的顺序，那么单词的意思就会丢失。

将单个文本区域合并为单词或文本行的一种方法是首先找到相邻的文本区域，然后在这些区域周围形成一个边框。为了找到相邻的文本区域，可以使用区域道具扩展之前计算的边框。这使得相邻文本区域的边框重叠，从而使属于同一单词或文本行的文本区域形成重叠的边框链。

```
>> % 获取所有区域的边框
bboxes = vertcat(mserStats.BoundingBox);
% 将边框格式转换为[xmin ymin xmax ymax]格式
xmin = bboxes(:,1);
ymin = bboxes(:,2);
xmax = xmin + bboxes(:,3) - 1;
ymax = ymin + bboxes(:,4) - 1;
% 将边框扩展一小部分
expansionAmount = 0.02;
xmin = (1-expansionAmount) * xmin;
ymin = (1-expansionAmount) * ymin;
xmax = (1+expansionAmount) * xmax;
ymax = (1+expansionAmount) * ymax;
% 将边框剪切到图像边界内
xmin = max(xmin, 1);
ymin = max(ymin, 1);
xmax = min(xmax, size(I,2));
ymax = min(ymax, size(I,1));
% 显示扩展的边框
expandedBBoxes = [xmin ymin xmax-xmin+1 ymax-ymin+1];
IExpandedBBoxes = insertShape(colorImage,'Rectangle',expandedBBoxes,'LineWidth',3);
figure      %效果如图 5-53 所示
imshow(IExpandedBBoxes)
title('扩展边框文本')
hold off
```

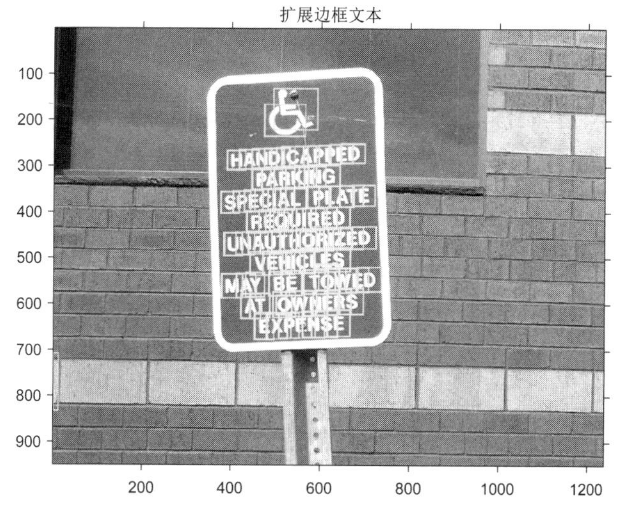


图 5-53　扩展边框文本效果图

现在，重叠的边框可以合并在一起，以形成围绕单个单词或文本行的单个边框。为此，需要计算所有边框之间的重叠比率，这相当于计算所有文本区域之间的距离，从而可以通过寻找非零重叠比率来找到相邻文本区域的组。一旦得到成对重叠比率，就使用一个图来寻找所有由非零重叠比率“连接”的文本区域。

```
%使用 bboxOverlapRatio 函数计算所有展开边框的成对重叠比率
%然后使用 graph 函数查找所有连接的文本区域
>> overlapRatio = bboxOverlapRatio(expandedBBoxes, expandedBBoxes);
%将边框与自身的重叠比率设置为零，以简化图的表示
n = size(overlapRatio,1);
overlapRatio(1:n+1:n^2) = 0;
% 创建图
g = graph(overlapRatio);
% 找出图中连接的文本区域
componentIndices = conncomp(g);
```

以上代码中的 conncomp 函数用来计算组成每个连接组件的单个边框的最小值和最大值，输出的是每个边框所属的连接文本区域的索引，使用这些索引将多个相邻边框合并为单个边框。

```
>> %根据最小尺寸和最大尺寸合并盒子
xmin = accumarray(componentIndices', xmin, [], @min);
ymin = accumarray(componentIndices', ymin, [], @min);
xmax = accumarray(componentIndices', xmax, [], @max);
ymax = accumarray(componentIndices', ymax, [], @max);
% 使用[x, y,宽度,高度]格式组成合并的边框
textBBoxes = [xmin ymin xmax-xmin+1 ymax-ymin+1];
```

最后，在显示最终检测结果之前，通过删除仅由一个文本区域组成的边框来抑制假文本检测。由于文本通常是成组的（单词和句子）的，所以这样删除的不太可能是实际文本的隔离区域。

```
>> % 删除只包含一个文本区域的边框
numRegionsInGroup = histcounts(componentIndices);
textBBoxes(numRegionsInGroup == 1, :) = [];
%显示最终的文本检测结果
ITextRegion = insertShape(colorImage, 'Rectangle', textBBoxes,'LineWidth',3);
figure   %效果如图 5-54 所示
imshow(ITextRegion)
title('检测到文本')
```

（5）使用 OCR 技术识别检测到的文本。

检测到文本区域后，使用 ocr 函数识别每个边框内的文本。需要注意的是，如果不首先找到文本区域，则 ocr 函数的输出会有相当大的噪声。

```
>> ocrtxt = ocr(I, textBBoxes);
[ocrtxt.Text]
ans =
    'HANDICIXPPED
     PARKING
```

```
SPECIAL PLATE
REQUIRED
UNAUTHORIZED
VEHICLES
MAY BE TOWED
AT OWNERS
EXPENSE
```

图 5-54　检测到文本效果图

这个实例展示了如何使用 MSER 特征检测器检测图像中的文本：首先找到候选文本区域，然后使用几何度量删除所有非文本区域。此实例代码是开发更健壮的文本检测算法的良好起点。

**注意：**如果没有进一步的增强，这个实例可以为其他各种图像生成合理的结果，如 poster. jpg 或 licenseplate .jpg。

# 第 6 章　计算机视觉在拼接中的应用

以前为了获得具有超宽视角、大视野、高分辨率的图像，传统方式为采用价格高昂的特殊摄像器材进行拍摄，采集图像并进行处理。近年来，随着数码相机、智能手机等经济适用型手持成像硬件设备的普及，人们可以对某些场景方便地获得离散图像序列，再通过适当的图像处理方法改善图像的质量，最终实现图像序列的自动拼接，同样可以获得具有超宽视角、大视野、高分辨率的图像。

## 6.1　全景拼接

本节提到的图像拼接就是基于图像绘制技术的全景拼接方法。全景拼接，顾名思义就是将多幅存在重叠部分的图像拼成一幅全景图。换一种理解方式：两幅图像之间可以通过特征匹配得到对应点，将这些对应点坐标重合而保留两幅图像的其他部分，就可以得到两幅图像的拼接结果，当然前提是这两幅图像有可以匹配的点，以这种方式循环，通过两两拼接的方式最终拼接成一幅全景图。

### 6.1.1　理论部分

目前，全景图根据实现类型可分为柱面、球面、立方体等形式。其中，柱面全景图因其数据存储结构简单、易于实现而被普遍采用。全景图的拼接一般有以下几步。

（1）空间投影。

将从真实世界中采集的一组相关图像以一定的方式投影到统一的空间面上，其中可能存在立方体、圆柱体和球面体表面等，因此，这组图像就具有统一的参数空间坐标。

（2）匹配定位。

对投影到统一的空间面上的相邻图像进行比对，确定可匹配的区域位置。

（3）叠加融合。

根据匹配结果，将图像重叠区域进行融合处理，拼接成全景图。图像拼接技术是全景拼接技术的关键和核心，通常可以分为两步：图像匹配和图像融合。

**1．图像匹配**

图像匹配通过计算相似性度量来决定图像间的变换参数，应用于将从不同传感器、视角和时间采集的同一场景的两幅或多幅图像变换到同一坐标系下，并在像素层实现最佳匹配效果。根据相似性度量计算的对象，图像匹配的方法大致可以划分为 4 类：基于灰度的匹配、基于模板的匹配、基于变换域的匹配和基于特征的匹配。

1）基于灰度的匹配

基于灰度的匹配以图像的灰度信息为处理对象，通过计算优化极值的思想进行匹配，其基本步骤如下。

（1）几何变换。将待匹配的图像进行几何变换。

（2）目标函数。以图像的灰度信息统计特性为基础定义一个目标函数，如互信息、最小均方差等，并将其作为参考图像与变换图像的相似性度量。

（3）极值优化。通过对目标函数计算极值来获取配准参数，将其作为配准的判决准则，通过对配准参数求最优化，可以将配准问题转化为某多元函数的极值问题。

（4）变换参数。采用某种最优化方法计算正确的几何变换参数。

通过以上步骤可以看出，基于灰度的匹配方法不涉及图像分割和特征提取过程，因此具有精度高、健壮性好的特点。但是这种匹配方法对灰度变换十分敏感，未能充分利用灰度统计特性，对每点的灰度信息都具有较强的依赖性，使得匹配结果容易受到干扰。

2）基于模板的匹配

基于模板的匹配通过在图像的已知重叠区域选择一块矩形区域作为模板，用于扫描被匹配图像中同样大小的区域并进行对比，计算其相相似性度量，确定最佳匹配位置，因此，该方法也被称为块匹配过程。基于模板的匹配包括以下 4 个关键步骤。

（1）选择模板特征，并选择基准模板。

（2）选择基准模板的大小及坐标定位。

（3）选择模板匹配的相似性度量公式。

（4）选择模板匹配的扫描策略。

3）基于变换域的匹配

基于变换域的匹配指对图像进行某种变换后，在变换空间进行处理。常用的方法包括基于傅里叶变换的匹配、基于 Gabor 变换的匹配和基于小波变换的匹配。其中，最为经典的方法是在 20 世纪 70 年代被提出的基于傅里叶变换的相位相关法，该方法首先对待匹配的图像进行快速傅里叶变换，将空域图像变换到频域；然后通过它们的互功率谱计算两幅图像之间的平移量；最后计算匹配位置。此外，对于存在倾斜旋转的图像，为了提高其匹配准确率，可以将图像坐标变换到极坐标下，将旋转量转换为平移量来计算。

4）基于特征的匹配

基于特征的匹配以图像的特征集合为分析对象，其基本思想是：首先根据特定的应用要求处理待匹配图像，提取特征集合；然后将特征集合进行匹配对应，生成一组匹配特征对集合；最后利用特征对之间的对应关系估计全局变换参数。基于特征的匹配主要包括以下 4 步。

（1）特征提取。

根据待匹配图像的灰度性质选择要进行匹配的特征，一般要求该特征突出且易于提取，并且该特征在参考图像与待匹配图像上的数量足够多。常用的特征有边缘特征、区域特征、点特征等。

（2）特征匹配。

特征匹配是在特征集之间建立一个对应关系，如采用特征自身的属性、特征所处区域的灰度、特征之间的几何拓扑关系等确定特征间的对应关系。常用的特征匹配方法有空间相关法、描述符法和金字塔算法等。

（3）模型参数估计。

在确定匹配特征集之后，需要构造变换模型并估计模型参数。通过图像之间部分元素的匹配关系进行拓展来确定两幅图像的变换关系，通过变换模型将待拼接图像变换到参考图像的坐标系下。

（4）图像变换。

通过进行图像变换和灰度插值处理，将待拼接图像变换到参考图像的坐标系下，实现目标匹配。

**2．图像融合**

待拼接图像在采集或传输过程中可能受到光照、地形差异、电子干扰等不确定因素的影响，因此，重叠区域可能在不同的图像中有较大的差别。如果直接对待拼接图像简单地进行叠加、合并，那么得到的拼接图在拼接位置上可能会存在明显的拼接缝或出现重叠区域模糊失真现象。其中，图像拼接过程中在拼接位置产生的拼接缝主要有以下两类。

（1）鬼影。

同一物体相互重叠的现象称为鬼影，根据其来源可以分为配准鬼影和合成鬼影。配准鬼影一般由无法准确配准的图像产生，合成鬼影一般由物体运动产生。

（2）曝光瑕疵。

曝光瑕疵是指数码相机或智能手机等采集设备自动曝光造成的待拼接图像的色彩强度不同，从而导致拼接图像产生曝光差异。

在拼接过程中，如果不能综合考虑图像拼接时的拼接缝问题，就往往无法得到真正意义上的全景图。图像融合技术产生的目的就是要消除拼接图像的拼接缝，即消除拼接图像中的鬼影和曝光瑕疵，获得真正意义上的无缝拼接图像。

### 6.1.2　图像配准技术拼接全景图

在本实例中，使用基于特征的图像配准技术自动将一组图像拼接在一起。

具体的实现步骤如下。

（1）加载图像。

本实例使用的图像集是包含建筑物的图片。这些图片是用未经校准的智能手机摄像头拍摄的，从左到右沿着地平线扫视摄像头，捕捉到建筑物的所有部分。

如图 6-1 所示，图像相对不受任何镜头畸变的影响，因此不需要相机校准。然而，如果镜头畸变是存在的，则应该在相机校准和图像无畸变之前创建全景图。如果需要的话，则可以使用相机校准应用程序校准相机。

```
>> %载入图像
buildingDir = fullfile(toolboxdir('vision'), 'visiondata', 'building');
buildingScene = imageDatastore(buildingDir);
%显示需要缝合的图像
montage(buildingScene.Files)
```

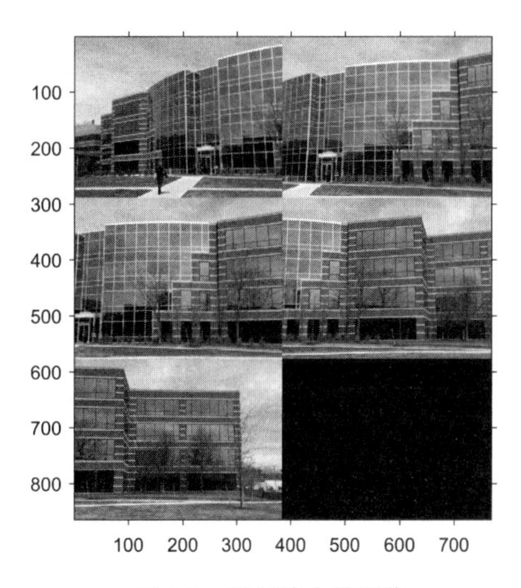

图 6-1　需要缝合的图像

（2）登记图像。

要创建全景图，首先执行以下操作登记连续的图像对。

- 检测和匹配 I(n)和 I(n−1)之间的特征。
- 估计将 I(n)映射到 I(n−1)的几何变换 T(n)。
- 计算图像 I(n)的映射变换 T(n)∗T(n−1)∗⋯∗T(1)。
- 初始化单位矩阵的所有变换。

**注意**：这里使用了投影变换，因为建筑图像非常接近相机，所以如果场景是从更远的距离捕捉到的，那么一个仿射变换就足够了。

```
>> %从图像集中读取第一幅图像
I = readimage(buildingScene, 1);
% I(1)的初始化特征
grayImage = rgb2gray(I);
points = detectSURFFeatures(grayImage);
[features, points] = extractFeatures(grayImage, points);
%初始化单位矩阵的所有变换
numImages = numel(buildingScene.Files);
tforms(numImages) = projective2d(eye(3));
% 初始化变量以保存图像大小
imageSize = zeros(numImages,2);
%迭代剩余的图像对
for n = 2:numImages
    % I(n-1)的存储和特征点
    pointsPrevious = points;
    featuresPrevious = features;
    %读取 I(n)
    I = readimage(buildingScene, n);
    %将图像转换为灰度图像
    grayImage = rgb2gray(I);
    %保存图像大小
```

```
        imageSize(n,:) = size(grayImage);
        %检测 I(n)和提取 SURF 特征
        points = detectSURFFeatures(grayImage);
        [features, points] = extractFeatures(grayImage, points);
        %查找 I(n)和 I(n-1)之间的对应关系
        indexPairs = matchFeatures(features, featuresPrevious, 'Unique', true);
        matchedPoints = points(indexPairs(:,1), :);
        matchedPointsPrev = pointsPrevious(indexPairs(:,2), :);
        %估计 I(n)和 I(n-1)之间的变换
        tforms(n) = estimateGeometricTransform(matchedPoints, matchedPointsPrev,...
            'projective', 'Confidence', 99.9, 'MaxNumTrials', 2000);
        %计算 T(n)*T(n-1)*…* T (1)
        tforms(n).T = tforms(n).T * tforms(n-1).T;
end
```

此时，tforms 中的所有转换都是相对于第一幅图像进行的。这是对图像配准过程进行编码的一种方法，因为它允许对所有图像进行顺序处理。然而，使用第一幅图像作为全景图的开始并不能产生最美观的全景图，因为它倾向于扭曲形成全景图的大部分图像。通过修改变换，可以创建一个更好的全景图，可以使场景的中心失真最小。此时可通过反转中心图像的变换并将该变换应用到所有其他图像来完成。

首先使用 projective2d 对象的 outputLimits 方法查找每个转换的输出限制，然后使用输出限制自动找到大致在场景中心的图像。

```
>> % 计算每个转换的输出限制
for i = 1:numel(tforms)
    [xlim(i,:), ylim(i,:)] = outputLimits(tforms(i), [1 imageSize(i,2)], [1 imageSize(i,1)]);
end
```

接着，计算每个变换的平均 X 极限，并找到位于场景中心的图像。这里只使用了 X 限制，因为已知场景是水平的，所以如果使用另一组图像，则可能需要同时使用 X 和 Y 限制来查找中心图像。

```
>> avgXLim = mean(xlim, 2);
[~, idx] = sort(avgXLim);
centerIdx = floor((numel(tforms)+1)/2);
centerImageIdx = idx(centerIdx);
%最后，将中心图像的反变换应用于所有其他图像
>> Tinv = invert(tforms(centerImageIdx));
for i = 1:numel(tforms)
    tforms(i).T = tforms(i).T * Tinv.T;
end
```

（3）初始化全景图。

现在，创建一个初始的、空的全景图，并将所有图像都映射到其中。

```
%使用 outputLimits 方法计算所有最小和最大输出限制
%这些值用于自动计算全景图的大小
>> maxImageSize = max(imageSize);
```

```
%找出最小和最大输出限制
xMin = min([1; xlim(:)]);
xMax = max([maxImageSize(2); xlim(:)]);
yMin = min([1; ylim(:)]);
yMax = max([maxImageSize(1); ylim(:)]);
% 全景图的宽度和高度
width   = round(xMax - xMin);
height = round(yMax - yMin);
%初始化“空”全景图
panorama = zeros([height width 3], 'like', I);
```

（4）创建全景图。

使用 imwarp 函数将图像映射到全景图中，并使用 vision.AlphaBlender 将图像叠加在一起。

```
>> blender = vision.AlphaBlender('Operation', 'Binary mask', ...
    'MaskSource', 'Input port');
%创建一个定义全景图大小的二维空间参考对象
xLimits = [xMin xMax];
yLimits = [yMin yMax];
panoramaView = imref2d([height width], xLimits, yLimits);
% 创建全景图
for i = 1:numImages
    I = readimage(buildingScene, i);
    % 转换成全景图
    warpedImage = imwarp(I, tforms(i), 'OutputView', panoramaView);
    % 生成一个二进制掩码
    mask = imwarp(true(size(I,1),size(I,2)), tforms(i), 'OutputView', panoramaView);
    %将纹理覆盖到全景图上
    panorama = step(blender, panorama, warpedImage, mask);
end
figure
imshow(panorama)    %效果如图 6-2 所示
```

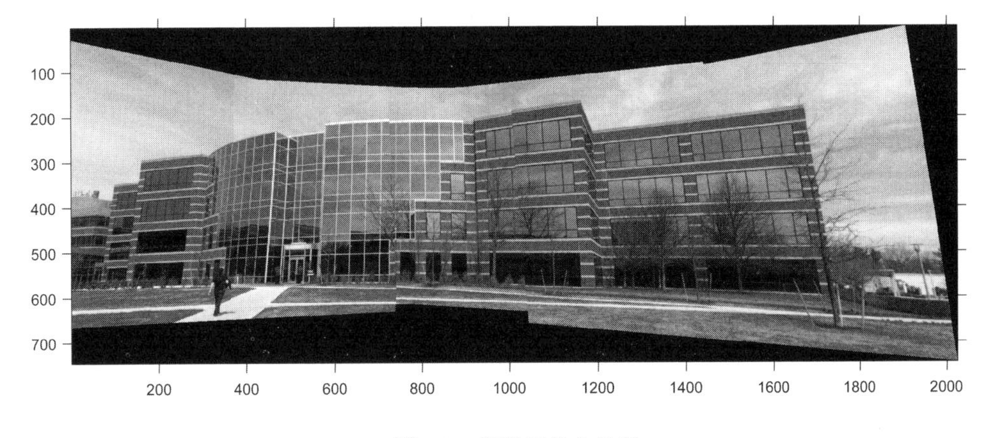


图 6-2 拼接后的全景图

这个实例展示了如何使用基于特征的图像配准技术自动创建全景图，可以将其他技术合并到实例中以改进全景图的混合和对齐。

# 6.2 ICP 拼接

这个实例将 Kinect 捕捉到的点云集合拼接在一起，从而构建一个更大的场景 3D 视图。该实例将 ICP 算法应用于两个连续的点云，这种类型的重建可用于开发对象的三维模型或建立用于同步定位和映射（SLAM）的三维世界地图。

那么，什么是 ICP 呢？下面来了解一下。

## 6.2.1 ICP 算法的原理与步骤

ICP（Iterative Closest Point）算法即迭代最近点算法，是经典的数据配准算法。ICP 的特征在于通过求取源点云和目标点云之间的对应点对，基于对应点对构造旋转平移矩阵，并利用所求矩阵将源点云变换到目标点云的坐标系下，估计变换后源点云与目标点云的误差函数，若误差函数值大于阈值，则迭代进行上述运算，直到满足给定的误差要求。

ICP 算法采用最小二乘估计计算变换矩阵，原理简单且具有较高的精度；但是由于采用了迭代计算，所以算法计算速度较慢，而且在采用 ICP 算法进行配准计算时，其对配准点云的初始位置有一定的要求，若所选初始位置不合理，则会导致算法陷入局部最优。

在图 6-3 中，绿色为参考点云，蓝色为需要匹配的点云（图中已标出）。图 6-3（a）为两个点云的初始位置，其实在这个图中，两个点云已经位于同一个坐标系（由我们指定的初始值）中了；图 6-3（b）中的红色直线为匹配的误差（图中已指出）；图 6-3（c）为配准后的点云。

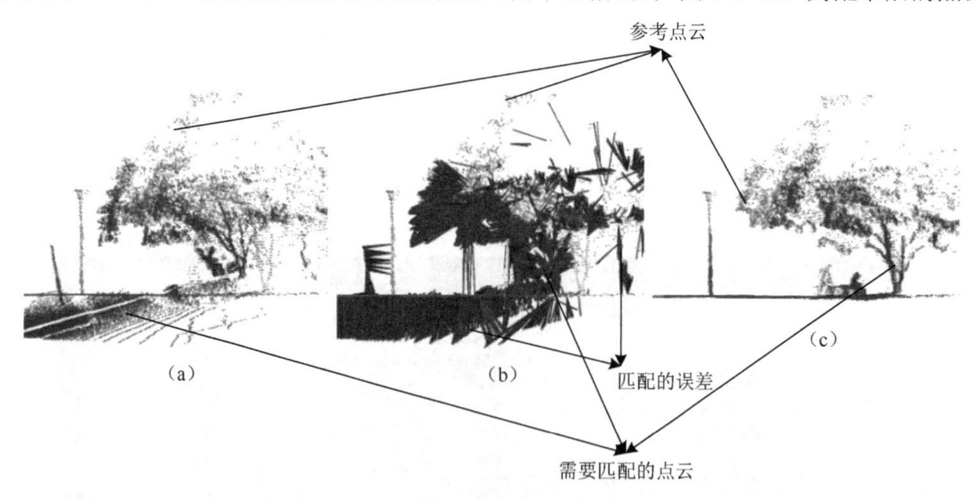


图 6-3　云配准过程图

### 1. ICP 算法的原理

ICP 算法的基本原理是：分别在待匹配的目标点云 $P$ 和源点云 $Q$ 中，按照一定的约束条件，找到最邻近点 $(p_i,q_i)$，然后计算出最优匹配参数 $\boldsymbol{R}$ 和 $\boldsymbol{t}$，使得误差函数最小。误差函数 $E(\boldsymbol{R},\boldsymbol{t})$ 为

$$E(\boldsymbol{R},\boldsymbol{t})=\frac{1}{n}\sum_{i=1}^{n}\left\|q_i-(\boldsymbol{R}p_i+\boldsymbol{t})\right\|^2$$

其中，$n$为最邻近点对的个数；$p_i$为目标点云$P$中的一点；$q_i$为源点云$Q$中与$p_i$对应的最近点；$\boldsymbol{R}$为旋转矩阵；$\boldsymbol{t}$为平移矩阵。

**2．ICP算法的步骤**

ICP算法的步骤主要如下。

（1）在目标点云$P$中取点集$p_i \in P$。

（2）找出源点云$Q$中的对应点集$q_i \in Q$，使得$\|q_i - p_i\| = \min$。

（3）计算旋转矩阵$\boldsymbol{R}$和平移矩阵$\boldsymbol{t}$，使得误差函数最小。

（4）对$p_i$使用上一步求得的旋转矩阵$\boldsymbol{R}$和平移矩阵$\boldsymbol{t}$进行旋转与平移变换，得到新的对应点集$p_i' = \{p_i' = \boldsymbol{R}p_i + \boldsymbol{t}, p_i \in P\}$。

（5）计算$p_i$与对应点集$q_i$的平均距离：$d = \frac{1}{n}\sum_{i=1}^{n}\|p_i' - q_i\|^2$。

（6）如果$d$小于某一给定的阈值或大于预设的最大迭代次数，则停止迭代计算；否则返回第（2）步，直到满足收敛条件。

**3．ICP算法的关键点**

前面介绍了ICP算法的原理及步骤，但还需要知道ICP算法中有哪些关键点，主要表现在以下几方面。

（1）原始点集的采集方法有均匀采样、随机采样和法矢采样。

（2）确定对应点集的方法有点到点、点到投影、点到面。

（3）计算变化矩阵的方法有四元数法、SVD奇异值分解法。

### 6.2.2　利用ICP算法实现图像拼接

这个实例展示如何结合多个点云使用ICP算法重建三维场景。具体实现步骤如下。

（1）登记两个点云。

```
>> dataFile = fullfile(toolboxdir('vision'), 'visiondata', 'livingRoom.mat');
load(dataFile);
% 提取两个连续的点云，并使用第一个点云作为参考
ptCloudRef = livingRoomData{1};
ptCloudCurrent = livingRoomData{2};
```

配准的质量取决于数据噪声和ICP算法的初始设置。可以应用预处理步骤过滤杂音或设置适合数据的初始属性值。在此，采用网格过滤器向下采样法对数据进行预处理，并设置网格过滤器的大小为10cm。网格过滤器将点云空间划分为立方体，每个立方体内的点通过平均它们的X、Y、Z坐标组合成单个输出点。

```
%注意：向下降采样操作不仅可以加快配准速度，还可以提高精度
>> gridSize = 0.1;
fixed = pcdownsample(ptCloudRef, 'gridAverage', gridSize);
moving = pcdownsample(ptCloudCurrent, 'gridAverage', gridSize);
```

为了使两点云对齐，使用ICP算法对下采样数据进行三维刚体变换估计，并使用第一个点云作为参考，然后将估计转换到原始的第二个点云上。需要合并场景点云和对齐点云来处理重

叠的点。

首先寻找对准第二个点云和第一个点云的刚性转换，使用它将第二个点云转换为由第一个点云定义的参考坐标系统。

```
>> tform = pcregistericp(moving, fixed, 'Metric','pointToPlane','Extrapolate', true);
ptCloudAligned = pctransform(ptCloudCurrent,tform);
```

现在可以用注册的数据创建领域场景，重叠区域使用 1.5cm 的方格滤镜进行过滤。增大合并大小以减少生成场景点云的存储需求，减少合并以提高场景分辨率。

```
>> mergeSize = 0.015;
ptCloudScene = pcmerge(ptCloudRef, ptCloudAligned, mergeSize);
% 可视化输入图像
figure   %效果如图 6-4 所示
subplot(2,2,1)
imshow(ptCloudRef.Color)
title('第一次输入图像','Color','w')
drawnow
subplot(2,2,3)
imshow(ptCloudCurrent.Color)
title('第二次输入图像','Color','w')
drawnow
% 可视化全景图
subplot(2,2,[2,4])
pcshow(ptCloudScene, 'VerticalAxis','Y', 'VerticalAxisDir', 'Down')
title('初始的全景图')
xlabel('X (m)')
ylabel('Y (m)')
zlabel('Z (m)')
>> drawnow   %全景图的旋转，如图 6-5 所示
```

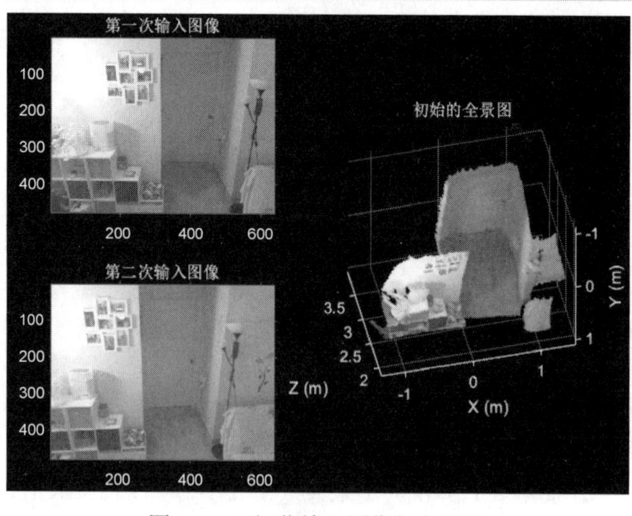


图 6-4　可视化输入图像与全景图

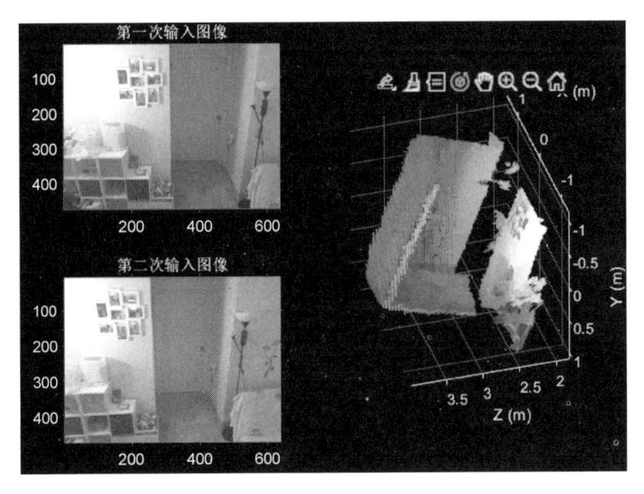


图 6-5　旋转全景图

（2）云序列缝合点。

要组成一个更大的 3D 场景，就要重复上面的步骤以处理一系列的点云。使用第一个点云建立参考坐标系，将每个点云转换为参考坐标系统，这个变换是成对变换的乘法。

```
>> % 转换对象
accumTform = tform;
figure   %效果如图 6-6 所示
hAxes = pcshow(ptCloudScene, 'VerticalAxis','Y', 'VerticalAxisDir', 'Down');
title('更新全景图')
% 设置轴属性以加快渲染速度
hAxes.CameraViewAngleMode = 'auto';
hScatter = hAxes.Children;
for i = 3:length(livingRoomData)
    ptCloudCurrent = livingRoomData{i};
    % 使用前面的移动点云作为参考
    fixed = moving;
    moving = pcdownsample(ptCloudCurrent, 'gridAverage', gridSize);
    % 应用 ICP 算法登记
    tform = pcregistericp(moving, fixed, 'Metric','pointToPlane','Extrapolate', true);
    % 将当前点云转换为由第一个点云定义的参考坐标系统
    accumTform = affine3d(tform.T * accumTform.T);
    ptCloudAligned = pctransform(ptCloudCurrent, accumTform);
    % 更新全景图
    ptCloudScene = pcmerge(ptCloudScene, ptCloudAligned, mergeSize);
    % 可视化全景图
    hScatter.XData = ptCloudScene.Location(:,1);
    hScatter.YData = ptCloudScene.Location(:,2);
    hScatter.ZData = ptCloudScene.Location(:,3);
    hScatter.CData = ptCloudScene.Color;
    drawnow('limitrate')
end
```

```
%在录音过程中，将 Kinect 指向下方
%为了更容易地可视化结果，可以转换数据，使地平面平行于 X-Z 平面
>> angle = -pi/10;
A = [1,0,0,0;...
    0, cos(angle), sin(angle), 0; ...
    0, -sin(angle), cos(angle), 0; ...
    0 0 0 1];
ptCloudScene = pctransform(ptCloudScene, affine3d(A));
pcshow(ptCloudScene, 'VerticalAxis','Y', 'VerticalAxisDir', 'Down', ... %效果如图 6-7 所示
        'Parent', hAxes)
title('更新全景图')
xlabel('X (m)')
ylabel('Y (m)')
zlabel('Z (m)')
```

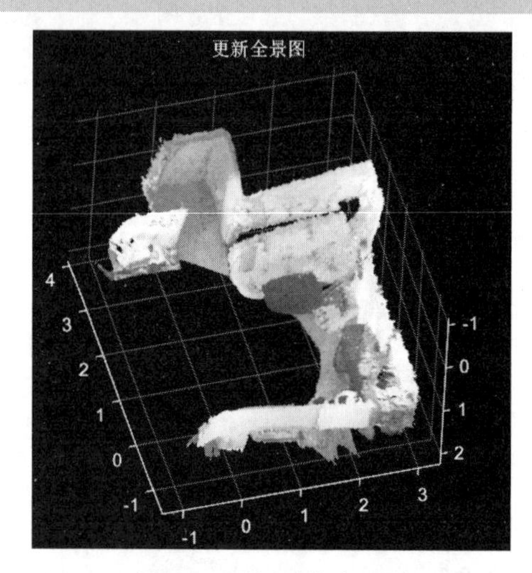


图 6-6　更新后的全景图

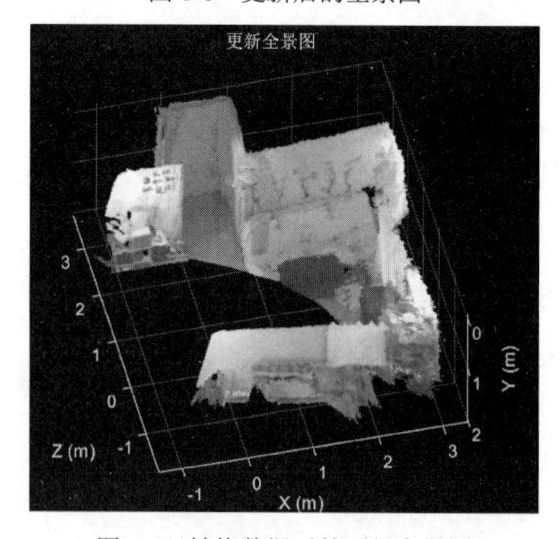


图 6-7　转换数据后的更新全景图

# 第 7 章　计算机视觉在目标匹配中的应用

本章主要介绍在杂乱无章的场景中实现目标匹配、未标定立体图像校正，以及使用点特征匹配稳定视频。

## 7.1　点特征匹配目标

本节给出了一种基于参考图像和目标图像之间的点对应的检测特定目标的算法，它可以检测对象的比例变化或在平面内旋转。该算法对少量的平面外旋转和遮挡也具有良好的健壮性。

该方法最适用于具有非重复纹理模式的对象，能产生独特的特征匹配。这种技术不太可能很好地应用于单色对象或包含重复模式的对象。需要注意的是，该算法是为检测特定对象而设计的，如参考图像中的大象，而不是任何大象。

### 7.1.1　点特征的概念

点特征是影像最基本的特征，是指那些灰度信号在二维方向上有明显变化的点，如角点、圆点等。基于点特征是指利用点特征进行图像的匹配或目标识别、跟踪。基于点特征进行处理，既可以减少参与计算的数据量，又不会损害图像的重要灰度信息，在匹配运算中能够较明显地加快匹配速度。

目前已有的点特征提取算子的方法大致可以归为两大类：一类是基于模板的方法，另一类是基于几何特征的提取方法。

关于模板匹配与几何特征的匹配在第 6 章已介绍过，这里不再展开介绍。

### 7.1.2　仿射变换

仿射变换可以用以下函数描述：

$$f(x)=\boldsymbol{A}x+\boldsymbol{b}$$

其中，$\boldsymbol{A}$ 是变形矩阵；$\boldsymbol{b}$ 是平移矩阵。在二维空间中，$\boldsymbol{A}$ 可以按如下 4 步进行分解：尺度、伸缩、扭曲、旋转。

**1．尺度变换**

实现尺度变换的表达式为

$$\boldsymbol{A}_s=\begin{pmatrix} s & 0 \\ 0 & s \end{pmatrix},\ s\geqslant 0$$

**2．伸缩变换**

实现伸缩变换的表达式为

$$A_t = \begin{pmatrix} 1 & 0 \\ 0 & t \end{pmatrix},\quad A_t A_s = \begin{pmatrix} s & 0 \\ 0 & st \end{pmatrix}$$

**3．扭曲变换**

实现扭曲变换的表达式为

$$A_u = \begin{pmatrix} 1 & u \\ 0 & 1 \end{pmatrix},\quad A_u A_t A_s = \begin{pmatrix} s & stu \\ 0 & st \end{pmatrix}$$

**4．旋转变换**

实现旋转变换的表达式为

$$A_\theta = \begin{pmatrix} \cos\theta & -\sin\theta \\ \sin\theta & \cos\theta \end{pmatrix},\quad 0 \leqslant \theta \leqslant 2\pi$$

$$A_\theta A_u A_t A_s = \begin{pmatrix} s\cos\theta & stu\cos\theta - st\sin\theta \\ s\sin\theta & stu\sin\theta + st\cos\theta \end{pmatrix}$$

**5．综合变换**

实现综合变换的表达式为

$$\begin{pmatrix} x' \\ y' \end{pmatrix} = \begin{pmatrix} x \\ y \end{pmatrix} \times \begin{pmatrix} s\cos\theta & stu\cos\theta - st\sin\theta \\ s\sin\theta & stu\sin\theta + st\cos\theta \end{pmatrix},\quad 0 \leqslant \theta \leqslant 2\pi$$

### 7.1.3 在一个杂乱的场景中实现匹配目标检测

本节直接通过实例来演示在一个杂乱的场景中使用点特征匹配目标的检测。具体步骤如下。

（1）读取图像。

读入包含感兴趣对象的参考图像：

```
>> clear all;
>> boxImage = imread('stapleRemover.jpg');
figure;
imshow(boxImage);     %效果如图 7-1 所示
title('方框图像');
```

图 7-1　方框图像效果

读取包含混乱场景的目标图像：

```
>> sceneImage = imread('clutteredDesk.jpg');
figure;
imshow(sceneImage);      %效果如图 7-2 所示
title('杂乱的场景图像');
```

图 7-2　杂乱的场景图像

（2）检测特征点。

检测两幅图像中的特征点：

```
>> boxPoints = detectSURFFeatures(boxImage);
scenePoints = detectSURFFeatures(sceneImage);
%将参考图像中发现的最强特征点可视化
>> figure;
imshow(boxImage);      %效果如图 7-3 所示
title('方框图像中的 100 个最强特征点');
hold on;
plot(selectStrongest(boxPoints, 100));
```

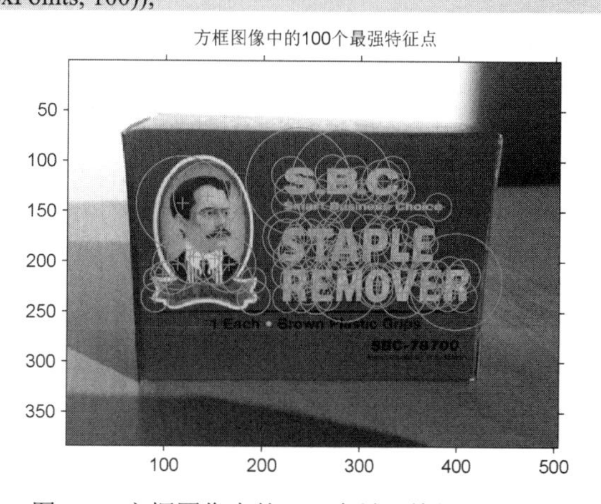


图 7-3　方框图像中的 100 个最强特征点的效果

将目标图像中发现的最强特征点可视化：

```
>> figure;
imshow(sceneImage);     %效果如图 7-4 所示
title('杂乱的场景图像中的 300 个最强特征点');
hold on;
plot(selectStrongest(scenePoints, 300));
```

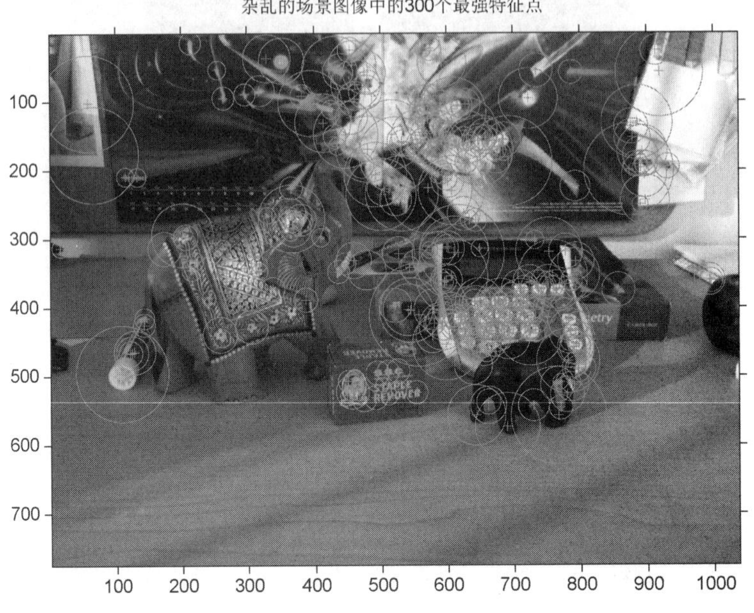


图 7-4　杂乱的场景图像中的 300 个最强特征点的效果

（3）提取特征描述符。

在两幅图像的兴趣点处提取特征描述符：

```
>> [boxFeatures, boxPoints] = extractFeatures(boxImage, boxPoints);
[sceneFeatures, scenePoints] = extractFeatures(sceneImage, scenePoints);
```

（4）找到假定匹配点。

使用匹配点的特征描述符匹配特征：

```
>> boxPairs = matchFeatures(boxFeatures, sceneFeatures);
%显示假定匹配点的特征
>> matchedBoxPoints = boxPoints(boxPairs(:, 1), :);
matchedScenePoints = scenePoints(boxPairs(:, 2), :);
figure;
showMatchedFeatures(boxImage, sceneImage, matchedBoxPoints,matchedScenePoints, 'montage');
%效果如图 7-5 所示
title('假定匹配点(包括异常值)');
```

（5）使用假定匹配点定位场景中的物体。

利用 estimateGeometricTransform 函数计算与匹配点相关的变换，同时消除异常值，这个转换允许在场景中定位物体：

```
>> [tform, inlierBoxPoints, inlierScenePoints] = ...
    estimateGeometricTransform(matchedBoxPoints, matchedScenePoints, 'affine');
>> %显示去除异常值的匹配点对
>> figure;
showMatchedFeatures(boxImage, sceneImage, inlierBoxPoints, ...
    inlierScenePoints, 'montage');                       %效果如图 7-6 所示
title('匹配点(仅限 Inliers)');
%获取参考图像的边界多边形
>> boxPolygon = [1, 1;...                                % 左上
        size(boxImage, 2), 1;...                         % 右上
        size(boxImage, 2), size(boxImage, 1);...         % 右下
        1, size(boxImage, 1);...                         % 左下
        1, 1];                                           % 再次从左上角关闭多边形
%将多边形转换为目标图像的坐标系统，转换后的多边形表示物体在场景中的位置
>> newBoxPolygon = transformPointsForward(tform, boxPolygon);
>> %显示检测到的对象
>> figure;
imshow(sceneImage);
hold on;
line(newBoxPolygon(:, 1), newBoxPolygon(:, 2), 'Color', 'y');   %效果如图 7-7 所示
title('检测到盒子');
```

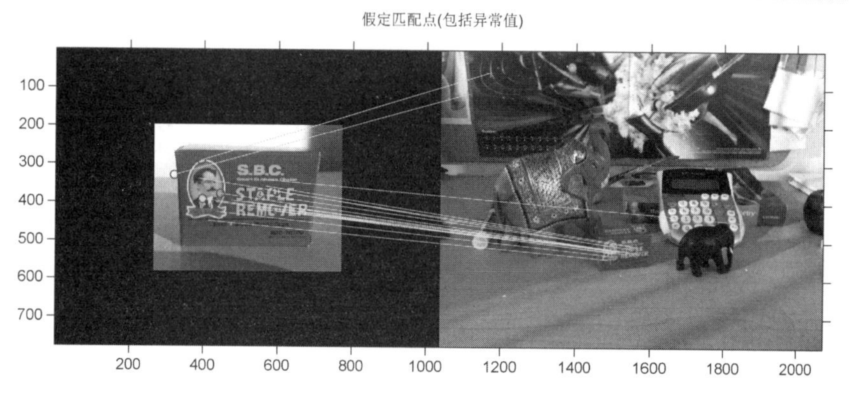


图 7-5　假定匹配点效果图

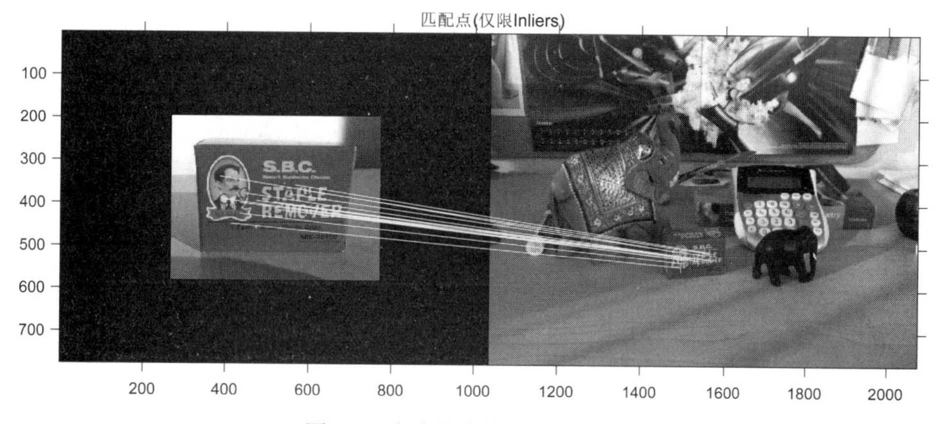


图 7-6　去除异常值的匹配点效果

图 7-7　检测到盒子效果图

（6）检测另一个对象。

使用与前面相同的步骤检测第二个对象，读取包含第二个感兴趣对象的图像：

```
>> elephantImage = imread('elephant.jpg');
figure;
imshow(elephantImage);                                         %效果如图 7-8 所示
title('大象图像');
newBoxPolygon = transformPointsForward(tform, boxPolygon);
>> %检测和可视化特征点
>> elephantPoints = detectSURFFeatures(elephantImage);
figure;
imshow(elephantImage);
hold on;
plot(selectStrongest(elephantPoints, 100));                    %效果如图 7-9 所示
title('大象图像中的 100 个最强特征点');
%提取特征描述符
>> [elephantFeatures, elephantPoints] = extractFeatures(elephantImage, elephantPoints);
>> %匹配特征
>> elephantPairs = matchFeatures(elephantFeatures, sceneFeatures, 'MaxRatio', 0.9);
>> %显示假定匹配点的特征
>> matchedElephantPoints = elephantPoints(elephantPairs(:, 1), :);
matchedScenePoints = scenePoints(elephantPairs(:, 2), :);
figure;
showMatchedFeatures(elephantImage, sceneImage, matchedElephantPoints, ...
    matchedScenePoints, 'montage');                            %效果如图 7-10 所示
title('假定匹配点(包括异常值)');
>> %估计几何变换和消除异常值
>> [tform, inlierElephantPoints, inlierScenePoints] = ...
```

```
    estimateGeometricTransform(matchedElephantPoints, matchedScenePoints, 'affine');
figure;                                                        %效果如图 7-11 所示
showMatchedFeatures(elephantImage, sceneImage, inlierElephantPoints, ...
    inlierScenePoints, 'montage');
title('匹配点(仅限 Inliers)');
>> %显示两个对象
>> elephantPolygon = [1, 1;...                                 %左上
        size(elephantImage, 2), 1;...                          % 右上
        size(elephantImage, 2), size(elephantImage, 1);...     %右下
        1, size(elephantImage, 1);...                          %左下
        1,1];                                                  %再次从左上角关闭多边形
newElephantPolygon = transformPointsForward(tform, elephantPolygon);
figure;
imshow(sceneImage);                                            %效果如图 7-12 所示
hold on;
line(newBoxPolygon(:, 1), newBoxPolygon(:, 2), 'Color', 'y');
line(newElephantPolygon(:, 1), newElephantPolygon(:, 2), 'Color', 'g');
title('检测到大象和盒子');
```

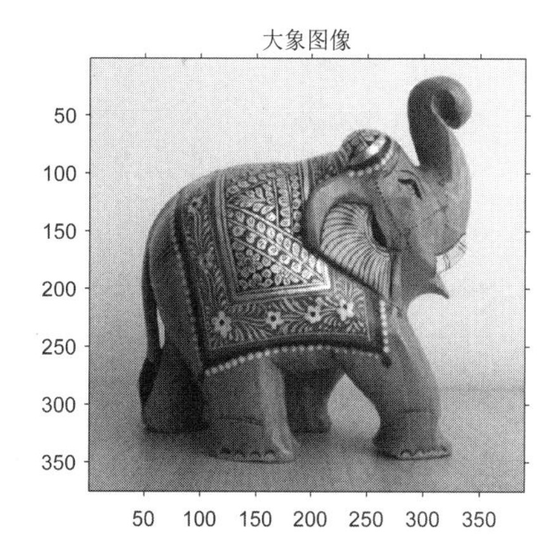


图 7-8　大象图像效果图

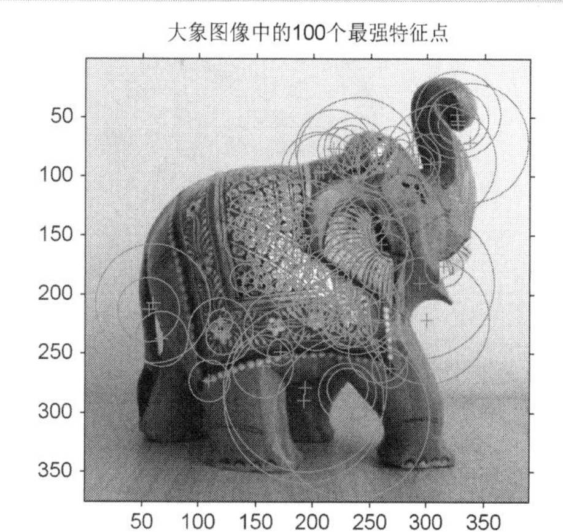


图 7-9　大象图像中的 100 个最强特征点效果图

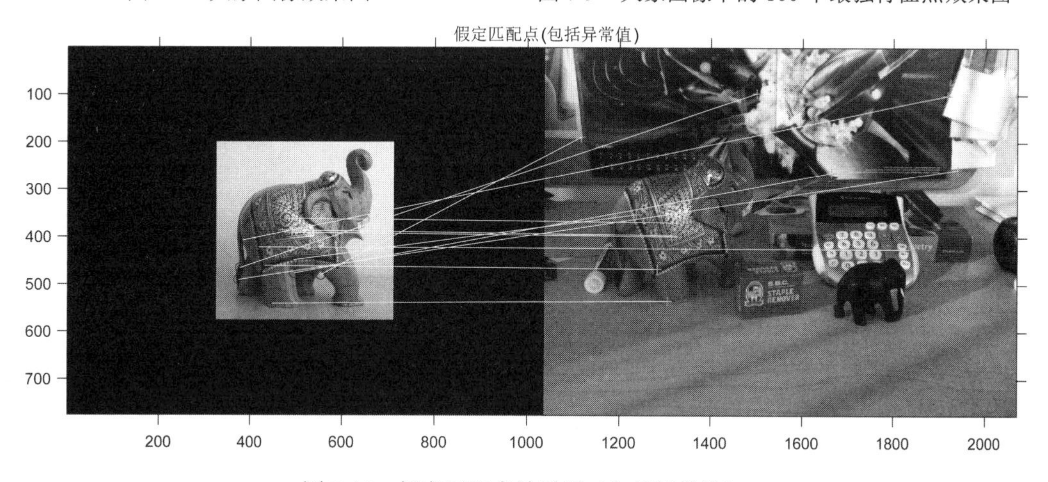


图 7-10　假定匹配点效果图（包括异常值）

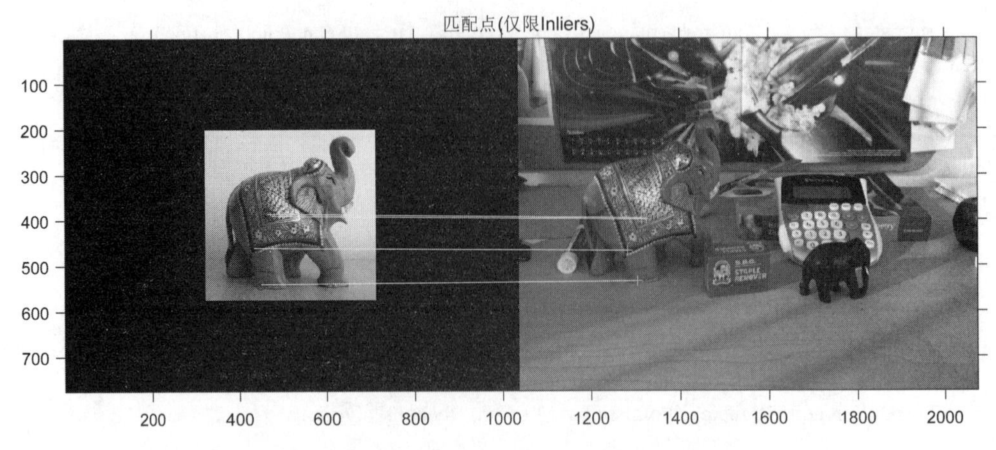


图 7-11　假定匹配点效果图（消除异常值）

图 7-12　检测到大象和盒子效果图

### 7.1.4　使用点特征匹配捕获视频

前面的实例展示了在一个杂乱的场景中实现匹配目标检测，本节实例展示如何稳定地从一个活动的平台捕获视频。

稳定视频的一种方法是跟踪图像中的一个显著特征，可使用它作为一个锚点来抵消所有相对于它的扰动。然而，这个过程必须通过了解第一个视频帧中显著特征的位置来引导。在这个实例中，我们探索了一种不需要任何先验知识就可以稳定视频的算法，它会自动在视频序列中搜索“背景平面”，并利用其观察到的失真来校正摄像机的运动。

该稳定算法包括两个步骤：首先，利用应用于两幅图像之间点对应的估计几何变换函数来确定视频序列中所有相邻帧之间的仿射图像变换；其次，需要扭曲视频帧，以稳定视频。具体的步骤如下。

（1）从电影文件中读取帧。

这里读取视频序列的前两帧，因为颜色对稳定算法是不必要的，所以使用灰度图像以提高速度。下面将这两帧并排展示，通过一个红青色合成图来说明它们之间的像素差异。可以看出，这两帧明显有很大的垂直和水平偏移。

```
>> filename = 'shaky_car.avi';
hVideoSrc = VideoReader(filename);
imgA = rgb2gray(im2single(readFrame(hVideoSrc))); % Read first frame into imgA
imgB = rgb2gray(im2single(readFrame(hVideoSrc))); % Read second frame into imgB
figure; imshowpair(imgA, imgB, 'montage');                          %效果如图 7-13 所示
title(['图像 A', repmat(' ',[1 70]), '图像 B']);
>> figure; imshowpair(imgA,imgB,'ColorChannels','red-cyan');         %效果如图 7-14 所示
title('彩色合成 (图像 A = red, 图像 B = cyan)');
```

图 7-13　前两帧效果图

图 7-14　颜色合成效果图

（2）从每帧中收集感兴趣点。

本实例的目标是确定一个转换，用于纠正两帧之间的失真。在此可以使用 estimateGeometricTransform 函数，它将返回一个仿射变换，但是必须为这个函数提供两帧的一组对应点作为输入。为了生成这些信息，首先需要从两帧中收集感兴趣的点，然后在它们之间选择可能的信息。

在这一步中，会为每帧生成候选点，为了使这些候选点在另一帧中有对应的点，希望这些点在突出的图像特征（如角）周围，可以使用 detectFASTFeatures 函数，它是最快实现角点检

测的算法之一。

两帧检测到的点如图 7-15 和图 7-16 所示。观察它们中有多少覆盖了相同的图像特征，如沿着树线的角点、大型路标的角点和汽车的角点。

```
>> ptThresh = 0.1;
pointsA = detectFASTFeatures(imgA, 'MinContrast', ptThresh);
pointsB = detectFASTFeatures(imgB, 'MinContrast', ptThresh);
%显示图像 A 和 B 中的角点
figure; imshow(imgA); hold on;
plot(pointsA);
title('图像 A 的角点');
>> figure; imshow(imgB); hold on;
plot(pointsB);
title('图像 B 的角点');
```

图 7-15　检查到图像 A 的角点

图 7-16　检查到图像 B 的角点

（3）选择点之间的对应。

接下来，选择上面导出的点之间的对应，对于每个点，都需要提取一个以它为中心的快速视网膜关键点描述符。因为畸形描述符是二进制形式的，所以在点之间使用的匹配方法是汉明

距离，图像 A 和图像 B 中的点是假定匹配的。

**注意**：这里没有唯一性约束，因此，来自图像 B 的点可以对应于图像 A 中的多个点。

```
% 为角点提取畸形描述符
[featuresA, pointsA] = extractFeatures(imgA, pointsA);
[featuresB, pointsB] = extractFeatures(imgB, pointsB);
%匹配当前帧和之前帧中发现的特征
>> indexPairs = matchFeatures(featuresA, featuresB);
pointsA = pointsA(indexPairs(:, 1), :);
pointsB = pointsB(indexPairs(:, 2), :);
```

图 7-17 显示了图像 A 与图像 B 相同颜色的合成效果，但是添加的是来自图像 A 的点（用“○”表示）和来自图像 B 的点（用“+”表示）。点与点之间用直线（软件中用黄色的线）表示上述步骤所选择的对应。在这些点对应中，有许多是正确的，但也有大量的异常值。

```
>> figure; showMatchedFeatures(imgA, imgB, pointsA, pointsB); %效果如图 7-17 所示
legend('A', 'B');
```

图 7-17　图像 A 与图像 B 相同颜色的合成效果

（4）从有噪声的信息中估计变换。

上一步中得到的许多点对应是不正确的，但是，仍然可以利用 m-估计样本一致性（MSAC）算法对两幅图像之间的几何变换进行鲁棒估计，该算法是 RANSAC 算法的一个变种。在估计的几何变换函数中实现 MSAC 算法，当给定一组点对应时，该函数将搜索有效的内联点对应，然后将推导出使第一组内联点与第二组内联点对应最接近内联点实现仿射变换。这个仿射变换将是一个 3×3 的矩阵，其形式如下：

```
[a_1 a_3 0;
a_2 a_4 0;
t_x t_y 1]
```

其中，参数 a 定义了变换的缩放、旋转和剪切效果，参数 t 是平移参数。这种变换可用于扭曲图像，可将其对应的特征移动到相同的图像位置上。

仿射变换的一个限制是它只能改变成像平面，因此，它不适合寻找一个三维场景的两帧之间的一般失真，如这个视频中移动的汽车，但它在某些条件下确实有效（后面会描述）。

```
>> [tform, pointsBm, pointsAm] = estimateGeometricTransform(...
      pointsB, pointsA, 'affine');
imgBp = imwarp(imgB, tform, 'OutputView', imref2d(size(imgB)));
pointsBmp = transformPointsForward(tform, pointsBm.Location);
```

图 7-18 是一个彩色合成图，显示了图像 A 与重投影图像 B 的叠加效果，以及重投影点对应，效果十分理想，与对应的内联点几乎完全重合。相应的图像都很好地实现了对齐，红青色的合成在那个区域几乎完全变成了黑白色。

请注意，所有的内联点对应都在图像的背景中，而不是在前景中，因为前景本身没有对齐，这是因为背景特征距离足够远，以至于它们表现得好像在一个无限远的平面上。因此，尽管仿射变换仅限于改变成像平面，但这足以对齐两幅图像的背景平面。此外，如果假设背景平面在帧之间没有明显的移动或变化，那么这个变换实际上捕获了摄像机的运动。因此，只要摄像机在帧之间的运动足够小，或者视频帧速率足够高，这种稳定情况就会保持。

```
>>figure;
showMatchedFeatures(imgA, imgBp, pointsAm, pointsBmp);   %效果如图 7-18 所示
legend('A', 'B');
```

图 7-18　图像 A 与重投影图像 B 的叠加效果图

（5）近似变换和平滑。

给定一组视频帧 $T_i$（$i=0,1,2,\cdots$），现在可以使用上述程序来估计所有帧 $T_i$ 和 $T_{i+1}$ 之间的失真 $H_i$。第 $i$ 帧相对于第 1 帧的累积变形将是所有前面的帧间变换 $\boldsymbol{H}$ 的乘积：

$$\boldsymbol{H}_{\text{cumulative},i} = \prod_{j=0}^{i-1} H_i$$

可以使用上述仿射变换的所有 6 个参数，但是，为了数值的简单性和稳定性，这里重新选择拟合矩阵，使其尺度更简单、旋转与平移变换更方便。与完全仿射变换的 6 个参数相比，它只有 4 个参数：1 个比例因子、1 个角度和 2 个平移。新变换矩阵的形式为：

```
[s*cos(ang)   s*-sin(ang)   0;
 s*sin(ang)   s*cos(ang)    0;
        t_x           t_y     1]
```

下面通过将上面得到的变换 $\boldsymbol{H}$ 与一个比例-旋转-平移变换矩阵 $\boldsymbol{H}_{\text{s-R-t}}$ 进行拟合来展示这个变换过程，为了使变换的误差最小，使用两个变换重投影图像 B，并将下面的两幅图像显示为

红青色合成图。当图像呈现黑白色时，很明显，不同重投影之间的像素差可以忽略不计。

```
%提取比例因子和旋转部分子矩阵
H = tform.T;
R = H(1:2,1:2);
% 根据两个 atan 计算平均值
theta = mean([atan2(R(2),R(1)) atan2(-R(3),R(4))]);
% 由两个稳定平均值计算比例尺
scale = mean(R([1 4])/cos(theta));
% translation 仍然是相同的
translation = H(3, 1:2);
%重构新的 s-R-t（比例-旋转-平移）变换矩阵
HsRt = [[scale*[cos(theta) -sin(theta); sin(theta) cos(theta)];translation], [0 0 1]'];
tformsRT = affine2d(HsRt);
imgBold = imwarp(imgB, tform, 'OutputView', imref2d(size(imgB)));
imgBsRt = imwarp(imgB, tformsRT, 'OutputView', imref2d(size(imgB)));
figure(2), clf;
imshowpair(imgBold,imgBsRt,'ColorChannels','red-cyan') %效果如图 7-19 所示
axis image;
title('彩色合成的仿射和 s-R-t 变换输出');
```

图 7-19　两幅图像的红青色合成图

（6）播放完整的视频。

现在应用上面的步骤平滑一个视频序列。为便于阅读，上述估计两幅图像之间的变换的程序已放在 MATLAB 函数 cvexEstStabilizationTform 中。函数 cvexTformToSRT 还将一般的仿射变换转换为比例-旋转-平移变换。

在每一步中，都需要计算当前帧之间的变换 $\boldsymbol{H}$，再把它拟合成比例-旋转-平移变换矩阵 $\boldsymbol{H}_{\text{s-R-t}}$。然后将其与描述自第 1 帧以来的所有摄像机运动的累积变换 $\boldsymbol{H}_{\text{cumulative}}$ 结合起来。平滑后的视频的最后两帧以红青色合成的形式在视频播放器中显示。使用以下这段代码还可以取出早期退出条件，使用循环处理整个视频：

```
>> % 将视频源重新设置到文件的开头
read(hVideoSrc, 1);
```

```
hVPlayer = vision.VideoPlayer; % 创建视频查看器
% 处理视频中的所有帧
movMean = rgb2gray(im2single(readFrame(hVideoSrc)));
imgB = movMean;
imgBp = imgB;
correctedMean = imgBp;
ii = 2;
Hcumulative = eye(3);
while hasFrame(hVideoSrc) && ii < 10
    % 读入新帧
    imgA = imgB; % z^-1
    imgAp = imgBp; % z^-1
    imgB = rgb2gray(im2single(readFrame(hVideoSrc)));
    movMean = movMean + imgB;
    %估计从图像 A 转换到图像 B，拟合为比例-旋转-平移
    H = cvexEstStabilizationTform(imgA,imgB);
    HsRt = cvexTformToSRT(H);
    Hcumulative = HsRt * Hcumulative;
    imgBp = imwarp(imgB,affine2d(Hcumulative),'OutputView',imref2d(size(imgB)));
    % 显示彩色合成与最后校正帧
    step(hVPlayer, imfuse(imgAp,imgBp,'ColorChannels','red-cyan'));
    correctedMean = correctedMean + imgBp;
    ii = ii+1;
end
correctedMean = correctedMean/(ii-2);
movMean = movMean/(ii-2);
%调用 release()方法关闭所有打开的文件并释放内存
release(hVPlayer);
```

运行程序，效果如图 7-20 所示。

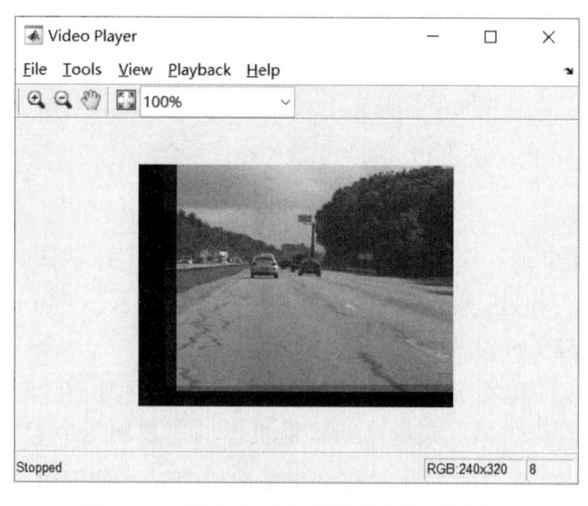


图 7-20　彩色合成与最后校正帧效果图

在计算过程中，已计算了原始视频帧和校正帧的均值，下面并列地显示这些平均值。图 7-21

左边的图像显示了原始输入帧的平均值，证明了原始视频存在很大的失真；然而，校正帧的平均值显示了几乎没有失真的图像，但它的当前景细节被模糊（作为汽车前进运动的必要结果），这显示了稳定算法的有效性。

```
>> figure; imshowpair(movMean, correctedMean, 'montage');   %效果如图 7-21 所示
title(['原始输入帧的平均值', repmat(' ',[1 50]), '校正帧的平均值']);
```

图 7-21　原始输入帧与校正帧的平均值效果

# 7.2　未标定立体图像校正

基于光学的运动捕捉系统使用多台摄像机同时采集带有多个发光标记点的观测目标图像，通过匹配和跟踪各摄像机图像帧中的相应标记点，可获取观测目标标记点的三维运动信息，为后期动画、游戏中的三维模型动作驱动提供了数据。在实际操作中，一台摄像机的视野范围往往不能时刻拍摄到所有的标记，因此需要两台或多台摄像机协同工作。在多台摄像机的协同工作中，立体匹配是其中最复杂、最重要的环节。

立体匹配可以分为基于特征、基于区域、基于相位 3 类方法。其中，基于特征的方法主要通过提取特征点、线、边缘等特征，然后进行匹配。提取特征点后，常用的匹配技术是运动估计技术，包括基于块匹配的方法和基于光流匹配的方法。

在运动捕捉过程中，由于存在部分标记点，所以会出现外极线计算不准确或同时穿过多个标记点等问题，使得仅仅使用外极线约束无法进行精确的立体匹配。针对上述运动捕捉过程中存在的问题，利用平行相机结构，提出了使用统计匹配像素点平均高度差的方法，并与外极线约束相结合，将匹配标记点搜索范围限制在一个区域内，缩短了搜索时间，对于标记点重合部分，可使用聚类的方法和加权距离最小值得到正确的标记点，从而提高立体匹配的速度和精度。

## 7.2.1　外极线约束原理

设空间中一点 $P$，通过光学中心点 $O_1$ 和 $O_2$，在两投影图像 $I_1$ 和 $I_2$ 上的两个投影点分别为 $P_1$ 和 $P_2$。这 5 个点都位于 2 条相交光线 $O_1P$ 和 $O_2P$ 形成的外极平面上。如果知道相机的相对方向，就可以利用外极线几何在一维空间进行搜索。

根据外极线约束原理，像点 $P_2$ 的位置就在 $P_1$ 相关联的外极线 $e_2$ 上，这样，对 $P_2$ 的搜索就被限制在 $e_2$ 上而非整个图像，这里，外极线几何的估计是通过弱标准过程实现的。而标准图像对

具有这样的特点：标准图像对位于同一平面内且与基线平行，如果已知图像 $I_1$ 中的一点 $P_1=(u_1,v_1)$，则图像 $I_2$ 中的对应点 $P_2=(u_2,v_2)$ 与 $P_1$ 位于相同的扫描线上，即 $v_1=v_2$。因此，对于 $P_2$ 的求解就可以直接确定，但求出的 $P_2$ 会有一定的偏差，不过可以将范围缩小到一个包含 $P_2$ 点的有效线段区间，这样不但可以大大提高计算效率，而且由于搜索范围的缩小，错误匹配点的数量也大大减少了。

### 7.2.2 平行光轴相机的极限约束

根据上面的叙述，采用平行结构的两个相同参数的相机，确保了空间点在两个视图中所成的像点的纵坐标一致。但在实际应用中，较难保证两个相机的垂直坐标高度一致，两相机的高度差和物距参数就会反映在像点的纵坐标差上。假设 $v_1$ 和 $v_1'$ 代表图像平面两个像点的纵坐标，$S$ 代表成像平面单位像素的高度（像素为正方形），$f$ 代表相机的固定焦距，$H$、$L$ 分别代表物体的高度和物距，$h$ 为相机的高度差，因为图像平面坐标与成像平面坐标转换呈线性关系，所以根据小孔成像原理有

$$\left.\begin{aligned}\frac{v_1\times S}{f}=\frac{H}{L}\\ \frac{v_1'\times S}{f}=\frac{H-h}{L}\end{aligned}\right\}\Rightarrow v_1-v_1'=\frac{fh}{LS} \tag{7-1}$$

在第一帧标记匹配点对时，采用了统计匹配像素点平均高度差的方法，从而取得相机的相对高度差，然后根据三维重建取得运动物体的物距，利用式（7-1）更新这个平均高度差，并以此确定后续图像帧中两个匹配点的纵坐标偏差。

### 7.2.3 立体匹配概述

在利用外极线进行立体匹配的过程中，关键的一步是基本矩阵的求取，计算出基本矩阵后，就可以利用它和一个视图中的特征点计算出与另一个视图中匹配点所在的外极线。基本矩阵在第一帧初始化匹配标记点时求取。

#### 1. 基本矩阵的求取

基本矩阵 $\boldsymbol{F}$ 是匹配点对之间对应关系的数学表示，包含了相机的内参和外参信息，是相机标定、匹配和跟踪、三维重建的基础。基本矩阵的求取是计算外极线的关键步骤，其计算精度在很大程度上影响着利用外极线指定的对应点。

由于运动捕获系统的多路摄像机在拍摄的时候位置不变，所以基本矩阵只需在手动标定对应匹配点时求取即可。

假设初始化标记的两幅图像上的对应匹配点集合为 $\{p_i,p_i'\}(i=1,2,\cdots,n)$，则可根据下式计算基本矩阵 $\boldsymbol{F}$：

$$p_i^{\mathrm{T}}\boldsymbol{F}p_i'=0,\ i=1,2,\cdots,n \tag{7-2}$$

其中，$p_i=(u_i,v_i,1)^{\mathrm{T}}$，$p_i'=(u_i',v_i',1)^{\mathrm{T}}$，为两幅图像上对应特征点的齐次形式。特征矩阵 $\boldsymbol{F}$ 是一个 3×3 且秩为 2 的矩阵，由于基本矩阵 $\boldsymbol{F}$ 有 7 个自由度，因此至少需要 7 对匹配点对来计算，当匹配点数目 $n>8$ 时，可通过最小二乘法求取。

### 2．外极线的求取

根据外极线理论，对于图像 $I_1$ 中的一点 $P_1$，其对应的图像 $I_2$ 中的外极线 $l_2$ 可以表示为

$$l_2 = \boldsymbol{F}P_1 \tag{7-3}$$

其中，$\boldsymbol{F}$ 为基本矩阵。同理，图像 $I_2$ 中的一点 $P_2$ 在图像 $I_1$ 中的外极线 $l_1$ 可以表示为

$$l_1 = \boldsymbol{F}^{\mathrm{T}}P_2 \tag{7-4}$$

如果 $I_2$ 中的任意一点 $P_2$ 在图像 $I_1$ 中的对应点为 $P_1$，那么 $P_1$ 一定在 $l_1$ 上，并满足：

$$P_1^{\mathrm{T}}\boldsymbol{F}^{\mathrm{T}}P_2 = 0 \tag{7-5}$$

每条外极线用归一化的 3 个参数 $a$、$b$、$c$ 表示：

$$au + bv + c = 0 \tag{7-6}$$

当 $P_1$ 的纵坐标 $u_1$ 已知时，有

$$u_1 = \frac{bv_1 + c}{a} \tag{7-7}$$

## 7.2.4　立体匹配的具体步骤

### 1．初始化匹配标记点

在运动捕捉过程中，需要在第一帧确定运动物体上的标记点代表哪个部位，这是连续跟踪及三维恢复的前提条件，通过手动标定的方法进行指定并以此得到相机的相对高度差。具体步骤如下：首先手动标定两幅图像中的 $n$ 对匹配点对，每个匹配点对应一个标记点，由于手动标定的匹配点并不精确，因此需要校正它们的位置，进而利用这些匹配点计算基本矩阵，获取相机的相对高度差。具体执行过程如下。

（1）在两幅图像中，手动选择标记点中的 $n$ 对匹配点对，每个匹配点对应一个标记点。

（2）通过聚类校正手动标定匹配标记点的中心位置：在选择的匹配点的某一范围内找标记点所在的轮廓，如果找到一个轮廓，就用聚类得到的轮廓中心代替标记点的中心；如果未找到，则取标记点的中心位置。

（3）根据这 $n$ 对匹配点对，利用 RANSAC 算法获取基本矩阵，通过统计匹配像素点平均高度差取得相机的相对高度差，以此确定以后匹配点对的纵坐标偏差。

### 2．对应匹配标记点的求取

（1）根据初始化匹配标记点获取的 10 对匹配点对统计平均高度差 meanhigherr 为

$$\text{meanhigherr} = \frac{1}{n}\sum_{i=1}^{n}(v_i - v_i') \tag{7-8}$$

其中，$v_i$ 和 $v_i'$ 分别对应标记点 $\{p_i, p_i'\}(i = 1, 2, \cdots, n)$ 的纵坐标。

（2）利用式（7-2）计算基本矩阵 $\boldsymbol{F}$ 。

（3）对于待匹配的图像，始终以一个视图的图像作为主视图，待匹配点所在的视图为从视图。假设主视图的所有标记点都可以检测到：$\{p_i(u_i, v_i)\}(i = 1, \cdots, n)$，利用式（7-3）计算另一视图中对应极点 $\{l_i(a_i, b_i, c_i)\}(i = 1, 2, \cdots, n)$，其中，$a_i$、$b_i$、$c_i$ 为 $l_i$ 的 3 个参数且满足式（7-6）。

（4）使用外极线理论估算对应视图中的所有匹配标记点 $\{p_i'(u_i', v_i')\}(i = 1, 2, \cdots, n)$：

$$v_i' = v_i - \text{meanhigher} \tag{7-9}$$

$$u_i' = -\frac{b_i v_i' + c_i}{a_i} \tag{7-10}$$

（5）在大多数情况下，$p_i'(u_i',v_i')$ 可以准确代表对应的匹配标记点，然而由于基本矩阵求取存在的误差和实际中相机存在的抖动，$p_i'(u_i',v_i')$ 的位置与实际的匹配点的位置有一定的偏差，这样的偏差只反映在 $u_i'$ 分量上，而对于利用点到外极线的最小距离求解出的 $p_i'(u_i',v_i')$，因为 $u_i'$ 分量的偏差较大，所以往往检测不准，正确的检测方法为：利用计算出的点 $p_i'(u_i',v_i')$ 为中心，选取矩形框，矩形的长度为 $x$ 方向上的匹配标记点的直径的 3 倍，宽度为 $y$ 方向上的匹配标记点的直径的 2 倍，在该区域内查找轮廓，找出距离 $p_i'(u_i',v_i')$ 最近的轮廓中心。

定义距离为

$$\text{Dist} = \alpha\left|y_i - \boldsymbol{v}_i'\right| + (1-\alpha)\left|x_i - \boldsymbol{u}_i'\right| \tag{7-11}$$

其中，$(x_i, y_i)$ 为轮廓中心坐标；$\alpha$ 代表 $\boldsymbol{y}$ 分量上的权重。最小化式（7-11），即可找到正确的匹配标记点。少数情况下，因为匹配标记点出现遮挡而找不到轮廓，则取 $p_i'(u_i',v_i')$ 作为实际的匹配点。

### 7.2.5 立体匹配实现图像校正

立体图像校正将图像投影到公共图像平面上，使对应的点具有相同的行坐标。这个过程对立体视觉是有用的，因为二维立体对应问题被简化为一维问题。例如，立体图像校正常被用作计算视差或创建浮雕图像的预处理步骤。

实现未标定立体图像校正的步骤如下。

（1）读取立体图像对。

读取同一场景中的两幅不同位置的彩色图像，然后将它们转换为灰度图像（颜色是不需要匹配的）。

```
>> I1 = imread('yellowstone_left.png');
I2 = imread('yellowstone_right.png');
%转换为灰度图像
I1gray = rgb2gray(I1);
I2gray = rgb2gray(I2);
%并排显示两幅图像，演示由一个颜色合成图像之间的像素差异
>> figure;
imshowpair(I1, I2,'montage');              %效果如图 7-22 所示
title('I1 (左); I2 (右)');
figure;
imshow(stereoAnaglyph(I1,I2));             %效果如图 7-23 所示
title('合成图像(左-红、右-青色)');
```

这些图像在方向和位置上都有明显的偏移。校正的目的是对图像进行变换，使对应的点出现在两幅图像的同一行上，使它们对齐。

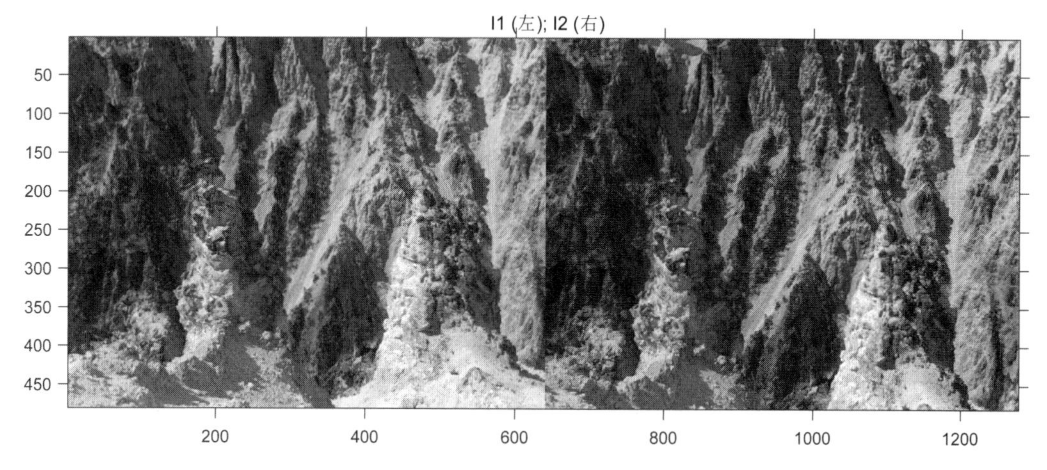


图 7-22　并排显示两幅图像

图 7-23　合成图像效果

（2）从每幅图像中获取感兴趣的点。

校正过程需要两幅图像之间的一组对应点。为了生成这些对应点，需要从两幅图像中获取感兴趣的点，然后在它们之间选择潜在的匹配点。使用 detectSURFFeatures 函数可在两幅图像中找到类似匹配点的特征。

```
>> figure;
imshow(I1);
hold on;
plot(selectStrongest(blobs1, 30));          %效果如图 7-24 所示
title('I1 中 30 个最强的 SURF 特征');
figure;
imshow(I2);
hold on;
plot(selectStrongest(blobs2, 30));          %效果如图 7-25 所示
title('I2 中 30 个最强的 SURF 特征');
```

图 7-24　I1 中 30 个最强的 SURF 特征

图 7-25　I2 中 30 个最强的 SURF 特征

（3）找出对应匹配点。

利用提取特征函数和匹配特征函数找到对应匹配点。对于每个匹配点，计算 SURF 特征向量（描述符）：

```
>> [features1, validBlobs1] = extractFeatures(I1gray, blobs1);
[features2, validBlobs2] = extractFeatures(I2gray, blobs2);
%使用绝对差和（SAD）度量确定匹配特征的指标
>> indexPairs = matchFeatures(features1, features2, 'Metric', 'SAD','MatchThreshold', 5);
>> %检索每幅图像的匹配点的位置
>> matchedPoints1 = validBlobs1(indexPairs(:,1),:);
matchedPoints2 = validBlobs2(indexPairs(:,2),:);
```

```
%在组合图像上显示匹配点
%注意：大多数匹配点是正确的，但是仍然有一些异常值
>> figure;
showMatchedFeatures(I1, I2, matchedPoints1, matchedPoints2);   %效果如图 7-26 所示
legend('I1 中的匹配点', 'I2 中的匹配点');
```

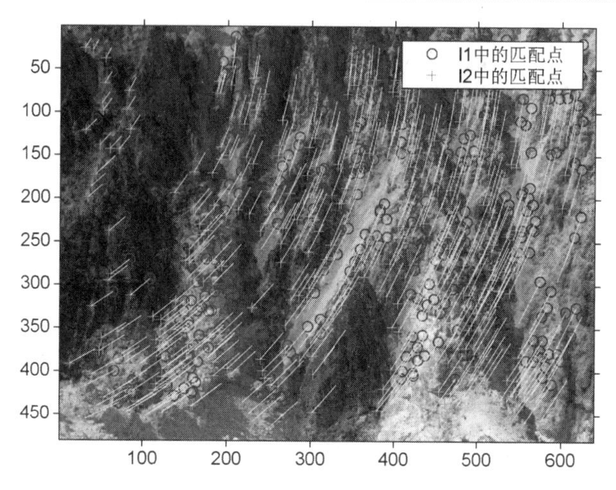


图 7-26　I1 与 I2 中的对应匹配点效果图

（4）使用外极线约束去除异常值。

正确匹配的点必须满足外极线约束，这意味着一个点必须位于由其对应匹配点确定的外极线上。在代码中，使用 estimateFundamentalMatrix 函数计算基本矩阵，并找到满足外极线约束的内联点。

```
>> [fMatrix, epipolarInliers, status] = estimateFundamentalMatrix(...
   matchedPoints1, matchedPoints2, 'Method', 'RANSAC', ...
   'NumTrials', 10000, 'DistanceThreshold', 0.1, 'Confidence', 99.99);

if status ~= 0 || isEpipoleInImage(fMatrix, size(I1)) ...
   || isEpipoleInImage(fMatrix', size(I2))
   error(['Either not enough matching points were found or '...
            'the epipoles are inside the images. You may need to '...
            'inspect and improve the quality of detected features ',...
            'and/or improve the quality of your images.']);
end
inlierPoints1 = matchedPoints1(epipolarInliers, :);
inlierPoints2 = matchedPoints2(epipolarInliers, :);
figure;
showMatchedFeatures(I1, I2, inlierPoints1, inlierPoints2);   %效果如图 7-27 所示
legend('I1 的内点', 'I2 的内点');
```

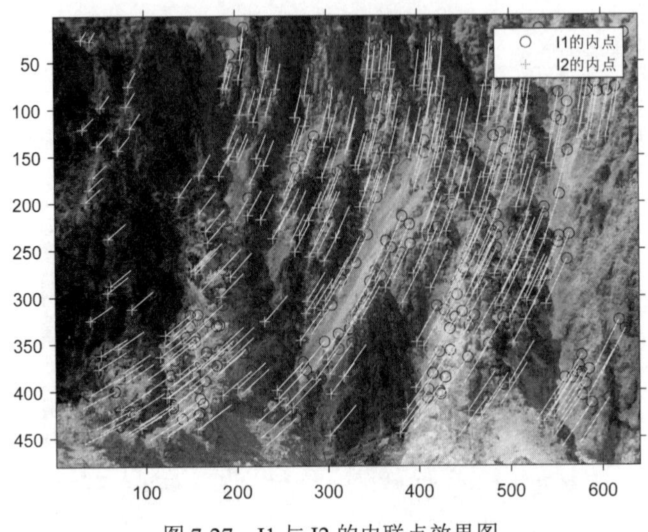

图 7-27 I1 与 I2 的内联点效果图

（5）校正图像。

使用 estimateUncalibratedRectification 校准校正函数实现校准变换，校准可用于变换图像，以便相应的点出现在同一行上。

```
>> [t1, t2] = estimateUncalibratedRectification(fMatrix, ...
   inlierPoints1.Location, inlierPoints2.Location, size(I2));
tform1 = projective2d(t1);
tform2 = projective2d(t2);
%对立体图像进行校正，并以立体浮雕的形式显示
%可以使用红青色立体眼镜看 3D 效果
>> [I1Rect, I2Rect] = rectifyStereoImages(I1, I2, tform1, tform2);
figure;
imshow(stereoAnaglyph(I1Rect, I2Rect));   %效果如图 7-28 所示
title('经校正的立体图像(红-左图像、青色-右图像)');
```

图 7-28 校正后的立体图像效果

（6）扩展使用。

上述步骤中使用的校正图像已被设置为适合两个特定的立体图像。要处理其他图像，可以

使用 cvexRectifyImages 函数，该函数可以自动调整校正参数。图 7-29 显示了使用此函数处理一对图像的结果。

```
>> cvexRectifyImages('parkinglot_left.png', 'parkinglot_right.png'); %效果如图 7-29 所示
>> title('校正立体图像(红-左图像、青色-右图像)')
```

图 7-29　校正立体图像效果

# 7.3　高斯混合模型

检测和计数汽车可以用来分析交通模式。检测也是执行更复杂的任务（如跟踪或按车辆类型分类）之前的第一步。

本节实例展示如何使用前景检测器和斑点分析来检测与统计视频序列中的汽车（假设摄像机是静止的，着重于检测对象）。下面先来了解什么是高斯混合模型。

## 7.3.1　高斯混合模型概述

高斯混合模型（Gaussian Mixed Model，GMM）指的是多个高斯分布函数的线性组合，理论上，高斯混合模型可以拟合出任意类型的分布，通常用于解决同一集合下的数据包含多个不同分布的情况，同一类型的分布但参数不一样的情况，或者不同类型的分布，如正态分布和伯努利分布。

如图 7-30 所示，图中的点在我们看来明显分成了两个聚类，这两个聚类中的点分别通过两个不同的正态分布随机生成。但是如果没有高斯混合模型，那么只能用一个二维的高斯分布来描述图 7-30 中的数据。图 7-30 中的椭圆即 2 倍标准差的正态分布椭圆，这显然不太合理，毕竟肉眼一看就觉得应该把它们分成两类。

这时候就可以使用高斯混合模型来分析，如图 7-31 所示，该数据在平面上的空间分布和图 7-30 类似，这时使用两个二维高斯分布来描述图 7-31 中的数据，分别记为 $N(\mu_1,\Sigma_1)$ 和 $N(\mu_2,\Sigma_2)$，图中的两个椭圆分别是这两个高斯分布的 2 倍标准差椭圆。可以看到，使用两个二维高斯分布来描述图中的数据显然更合理。实际上，图 7-31 中的两个聚类中的点是通过两个不同的正态分布随机生成的，如果将这两个二维高斯分布 $N(\mu_1,\Sigma_1)$ 和 $N(\mu_2,\Sigma_2)$ 合成一个二维的

分布，就可以用合成的分布来描述图 7-31 中的所有点。最直观的方法就是对这两个二维高斯分布做线性组合，用线性组合后的分布来描述整个集合中的数据，这就是高斯混合模型。

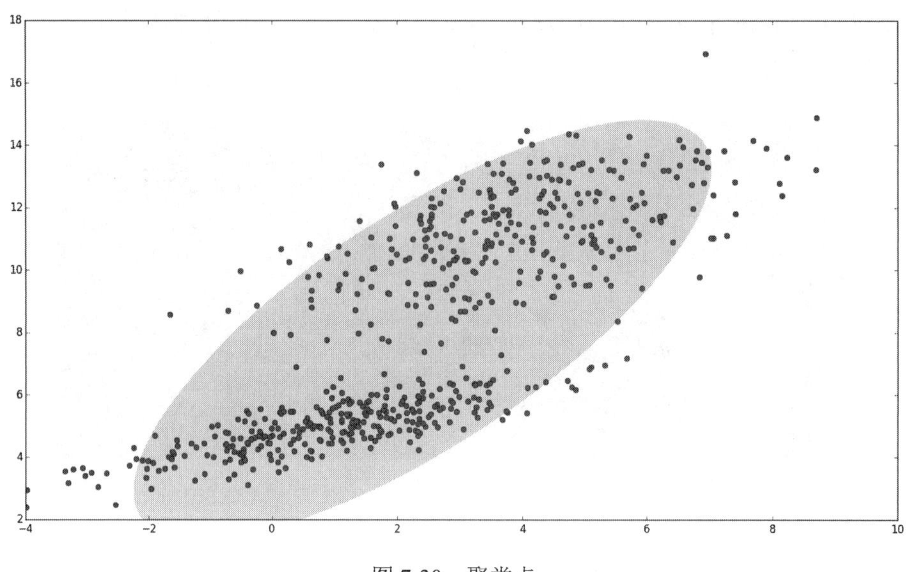


图 7-30　聚类点

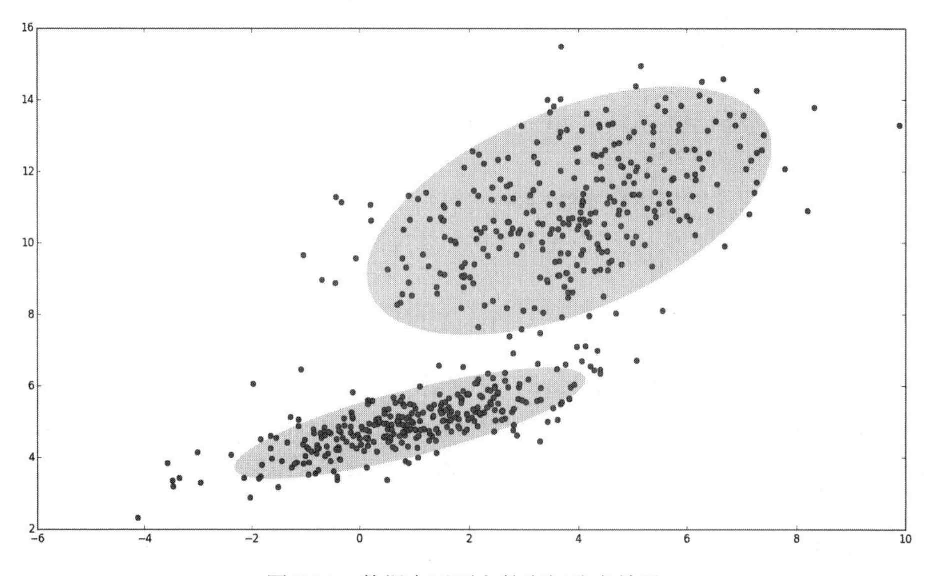


图 7-31　数据在平面上的空间分布效果

### 1. 高斯混合模型的原理

设有随机变量 $x$，则高斯混合模型可以用下式表示：

$$\boldsymbol{p}(\boldsymbol{x})=\sum_{k=1}^{K}\pi_k N(\boldsymbol{x}\mid\mu_k,\Sigma_k)$$

其中，$N(\boldsymbol{x}\mid\mu_k,\Sigma_k)$ 称为混合模型中的第 $k$ 个分量，如图 7-31 中的空间分布，有两个聚类，可以用两个二维高斯分布来表示，因此分量数 $K=2$；$\pi_k$ 为混合系数，且满足：

$$\sum_{k=1}^{K}\pi_k=1,\quad 0\leqslant\pi_k\leqslant 1$$

实际上，可以认为$\pi_k$就是每个分量$N(\boldsymbol{x}\mid\mu_k,\Sigma_k)$的权重。

### 2. 高斯混合模型的应用

高斯混合模型常用于聚类，从高斯混合模型的分布中随机地取一个点，实际上可以分为两步：先随机地在这$K$个分量中选一个，每个分量被选中的概率实际上就是它的混合系数$\pi_k$；选中分量之后，单独地考虑从这个分量的分布中选取一个点就可以了。

当将高斯混合模型用于聚类时，假设数据服从高斯混合分布，那么只要根据数据推出高斯混合模型的概率分布就可以了，此时高斯混合模型的$K$个分量实际上对应$K$个聚类 。根据数据推算概率密度通常被称为密度估计。特别地，当已知（或假定）概率密度函数的形式时，要估计其中的参数的过程被称为参数估计。

例如，在图 7-31 中，很明显有两个聚类，可以定义$K=2$，此时对应的高斯混合模型的形式如下：

$$\boldsymbol{p}(\boldsymbol{x})=\pi_1 N(\boldsymbol{x}\mid\mu_1,\Sigma_1)+\pi_2 N(\boldsymbol{x}\mid\mu_2,\Sigma_2)$$

上式中的未知参数有 6 个：$(\pi_1,\mu_1,\Sigma_1;\pi_2,\mu_2,\Sigma_2)$。之前提到，高斯混合模型聚类时分为两步，第一步是随机地在这$K$个分量中选一个，每个分量被选中的概率即混合系数$\pi_k$。可以设定$\pi_1=\pi_2=0.5$，表示每个分量被选中的概率是 0.5，即从中抽出一个点，这个点属于第一类的概率和属于第二类的概率各占一半。但在实际应用中，事先指定$\pi_k$的值是很笨的做法，当问题一般化后，会出现一个问题：当从图 7-31 的集合中随机选取一个点时，怎么知道这个点是来自$N(\boldsymbol{x}\mid\mu_1,\Sigma_1)$还是$N(\boldsymbol{x}\mid\mu_2,\Sigma_2)$呢？换言之，怎么根据数据自动确定$\pi_1$和$\pi_2$的值呢？这就是高斯混合模型参数估计问题，要解决这类问题，可以使用 EM 算法。通过 EM 算法，可以迭代计算出高斯混合模型中的参数$(\pi_k,x_k,\Sigma_k)$。

### 3. 高斯混合模型的参数估计过程

1）高斯混合模型的贝叶斯

在介绍高斯混合模型参数估计前，先改写高斯混合模型的形式，改写之后的高斯混合模型可以方便地使用 EM 算法估计参数。高斯混合模型的原始形式为

$$\boldsymbol{p}(\boldsymbol{x})=\sum_{k=1}^{K}\pi_k N(\boldsymbol{x}\mid\mu_k,\Sigma_k)\tag{7-12}$$

前面提到，$\pi_k$可以看成是第$k$个聚类被选中的概率。下面引入一个新的$K$维随机变量$z$，$z_k(1\leqslant k\leqslant K)$只能取 0 或 1 两个值；$z_k=1$表示第$k$个聚类被选中的概率，即$p(z_k=1)=\pi_k$；$z_k=0$表示第$k$个聚类未被选中的概率。更数学化一点，$z_k$要满足以下两个条件：

$$\begin{cases}z_k\in\{0,1\}\\ \sum_K z_k=1\end{cases}$$

例如，在图 7-31 中，有两个聚类，因此$z$的维数是 2。如果从第一个聚类中取出一个点，则$z=(1,0)$；如果从第二个聚类中取出一个点，则$z=(0,1)$。$z_k=1$的概率就是$\pi_k$，假设$z_k$之间是独立同分布的，则可以写出$z$的联合概率分布形式，就是连乘：

$$p(z)=p(z_1)p(z_2)\cdots p(z_K)=\prod_{k=1}^{K}\pi_k^{z_k} \tag{7-13}$$

因为 $z_k$ 只能取 0 或 1，且 $z$ 中只能有一个 $z_k$ 为 1 而其他 $z_j(j\neq k)$ 全为 0，所以式（7-13）是成立的。

图 7-31 中的数据可以分为两个聚类，显然，每个聚类中的数据都是服从正态分布的。这个叙述可以用条件概率来表示：

$$p(\boldsymbol{x}\mid z_k=1)=N(\boldsymbol{x}\mid\mu_k,\Sigma_k)$$

即第 $k$ 个聚类中的数据服从正态分布。因此，上式又可以写成如下形式：

$$p(\boldsymbol{x}\mid z)=\prod_{k=1}^{K}N(\boldsymbol{x}\mid\mu_k,\Sigma_k)^{z_k} \tag{7-14}$$

上面分别给出了 $p(z)$ 和 $p(\boldsymbol{x}\mid z)$ 的形式，根据条件概率公式，可以求出 $p(x)$ 的形式：

$$p(\boldsymbol{x})=\sum_z p(z)p(\boldsymbol{x}\mid z)=\sum_z\left(\prod_{k=1}^{K}\pi_k^{z_k}N(\boldsymbol{x}\mid\mu_k,\Sigma_k)^{z_k}\right)=\sum_{k=1}^{K}\pi_k N(\boldsymbol{x}\mid\mu_k,\Sigma_k) \tag{7-15}$$

可以看到，式（7-12）与式（7-13）有一样的形式，且在式（7-15）中引入了一个变量 $z$，通常称为隐含变量。对于图 7-31 中的数据，“隐含”的意义是：知道数据可以分成两类，但是随机抽取一个数据点，不知道这个数据点属于第一个聚类还是第二个聚类，它的归属观察不到，因此引入一个隐含变量 $z$ 来描述这个现象。

注意到，在贝叶斯的思想下，$p(z)$ 是先验概率，$p(\boldsymbol{x}\mid z)$ 是似然概率，很自然会想到求出后验概率 $p(z\mid\boldsymbol{x})$：

$$\begin{aligned}\gamma(z_k)=p(z_k=1\mid\boldsymbol{x})&=\frac{p(z_k=1)p(\boldsymbol{x}\mid z_k=1)}{p(\boldsymbol{x})}\\&=\frac{p(z_k=1)p(\boldsymbol{x}\mid z_k=1)}{\sum_{j=1}^{K}p(z_j=1)p(\boldsymbol{x}\mid z_j=1)}=\frac{\pi_k N(\boldsymbol{x}\mid\mu_k,\Sigma_k)}{\sum_{j=1}^{K}\pi_j N(\boldsymbol{x}\mid\mu_k,\Sigma_j)}\end{aligned} \tag{7-16}$$

在式（7-16）中，定义符号 $\gamma(z_k)$ 表示第 $k$ 个分量的后验概率。在贝叶斯的观点下，$\pi_k$ 可视为 $z_k=1$ 的先验概率。

上述内容改写了高斯混合模型的形式，并引入了隐含变量 $z$ 和已知 $\boldsymbol{x}$ 后的后验概率 $\gamma(z_k)$，这样做是为了方便使用 EM 算法估计高斯混合模型参数。

2）使用 EM 算法估计高斯混合模型参数

EM 算法分两步：第一步，先求出要估计参数的粗略值；第二步，使用第一步值的最大化似然函数。因此，要先求出高斯混合模型的似然函数。

假设 $x=\{x_1,x_2,\cdots,x_N\}$，对于图 7-31，$\boldsymbol{x}$ 是图中的所有点。高斯混合模型的概率模型如式（7-12）所示。高斯混合模型中有 3 个参数需要估计，分别是 $\boldsymbol{\pi}$、$\boldsymbol{\mu}$ 和 $\Sigma$，将式（7-12）稍微改写一下：

$$p(\boldsymbol{x}\mid\boldsymbol{\pi},\boldsymbol{\mu},\Sigma)=\sum_{k=1}^{K}\pi_k N(\boldsymbol{x}\mid\mu_k,\Sigma_k) \tag{7-17}$$

为了估计这 3 个参数，需要分别求解出这 3 个参数的最大似然函数。先求解 $\mu_k$ 的最大似然函数。式（7-17）的所有样本连乘得到最大似然函数，对式（7-17）取对数得到对数似然函数，再对 $\mu_k$ 求导数并令导数为 0，即可得到最大似然函数：

$$0=-\sum_{n=1}^{N}\frac{\pi_k N(x_n \mid \mu_k,\Sigma_k)}{\sum_{j}\pi_j N(x_n \mid \mu_j,\Sigma_j)}\sum_{k}^{-1}(x_n-\mu_k) \tag{7-18}$$

注意到式（7-18）中分数的一项的形式正好是式（7-16）后验概率的形式。两边同时乘 $\Sigma_k$，重新整理可以得到：

$$\mu_k=\frac{1}{N_k}\sum_{n=1}^{N}\gamma(z_{nk})x_n \tag{7-19}$$

其中

$$N_k=\sum_{n=1}^{N}\gamma(z_{nk}) \tag{7-20}$$

在式（7-19）和式（7-20）中，$N$ 表示点的数量。$\gamma(z_{nk})$ 表示点 $n$ 的权重，$x_n$ 属于聚类 $k$ 的后验概率。因此，$N_k$ 可以表示属于第 $k$ 个聚类的点的数量，此时 $\mu_k$ 表示所有点的加权平均，每个点的权重是 $\sum_{n=1}^{N}\gamma(z_{nk})$，跟第 $k$ 个聚类有关。

同理，求 $\Sigma_k$ 的最大似然函数，可以得到：

$$\Sigma_k=\frac{1}{N_k}\sum_{n=1}^{N}\gamma(z_{nk})(x_n-\mu_k)(x_n-\mu_k)^{\mathrm{T}} \tag{7-21}$$

最后剩下 $\pi_k$ 的最大似然函数。注意到 $\pi_k$ 有限制条件，即 $\sum_{k=1}^{N}\pi_k=1$，因此，需要加入拉格朗日算子：

$$\ln \boldsymbol{p}(\boldsymbol{x} \mid \boldsymbol{\pi},\boldsymbol{\mu},\Sigma)+\lambda\sum_{k=1}^{N}\pi_k-1 \tag{7-22}$$

求式（7-22）关于 $\pi_k$ 的最大似然函数，得到：

$$0=\sum_{n=1}^{N}\frac{N(x_n \mid \mu_k,\Sigma_k)}{\sum_{j}\pi_j N(x_n \mid \mu_j,\Sigma_j)}+\lambda \tag{7-23}$$

将式（7-23）两边同乘 $\pi_k$，可以做如下推导：

$$0=\sum_{n=1}^{N}\frac{\pi_k N(x_n \mid \mu_k,\Sigma_k)}{\sum_{j}\pi_j N(x_n \mid \mu_j,\Sigma_j)}+\lambda\pi_k \tag{7-24}$$

结合式（7-16）和式（7-20），可以将式（7-24）改写成：

$$0=N_k+\lambda\pi_k \tag{7-25}$$

注意到 $\sum_{k=1}^{K}\pi_k=1$，对于式（7-25），两边同时对 $k$ 求和。此外，$N_k$ 表示属于第 $k$ 个聚类的点的数量，对 $N_k$ 从 $k=1$ 到 $k=K$ 求和后，就是所有点的数量 $N$：

$$0=\sum_{k=1}^{K}N_k+\lambda\sum_{k=1}^{K}\pi_k \tag{7-26}$$

$$0 = N + \lambda \tag{7-27}$$

从而可得到 $N = -\lambda$，将其代入式（7-25），进而可得到 $\pi_k$ 更简洁的表达式：

$$\pi_k = \frac{N_k}{N} \tag{7-28}$$

利用 EM 算法估计高斯混合模型参数，即最大化式（7-19）、式（7-21）和式（7-23）。需要用到式（7-16）、式（7-19）、式（7-21）和式（7-23）。先指定 $\pi$、$\mu$ 和 $\Sigma$ 的初始值，并代入式（7-17），计算出 $\gamma(z_{nk})$；再将 $\gamma(z_{nk})$ 代入式（7-19）、式（7-21）和式（7-23），求得 $\mu_k$、$\Sigma_k$ 和 $\pi_k$；接着将求得的 $\pi_k$、$\mu_k$ 和 $\Sigma_k$ 代入式（7-16），得到新的 $\gamma(z_{nk})$；再将更新后的 $\gamma(z_{nk})$ 代入式（7-19）、式（7-21）和式（7-23），如此往复，直到算法收敛。

### 7.3.2 高斯混合模型实现车辆检测

这个实例展示如何使用基于高斯混合模型的前景检测器检测和统计视频序列中的汽车。具体的实现步骤如下。

（1）导入视频并初始化前景检测器。

这个实例不是立即处理整个视频，而是首先获得一个初始的视频帧，其中的运动对象被从背景中分割出来，这样操作有助于逐步介绍处理视频的步骤。

前景检测器需要一定数量的视频帧来初始化高斯混合模型，因此，这个实例使用前 50 帧来初始化混合模型中的 3 种高斯模式。

```
foregroundDetector = vision.ForegroundDetector('NumGaussians', 3,'NumTrainingFrames', 50);
videoReader = VideoReader('visiontraffic.avi');
for i = 1:150
    frame = readFrame(videoReader);                    %读取
    foreground = step(foregroundDetector, frame);
end
```

训练结束后，前景检测器开始输出更可靠的分割结果。下面的两幅图像中，一幅显示了帧视频，另一幅显示了由前景检测器计算的前景掩码。

```
figure; imshow(frame); title('视频帧');               %效果如图 7-32 所示
figure; imshow(foreground); title('前景掩码');         %效果如图 7-33 所示
```

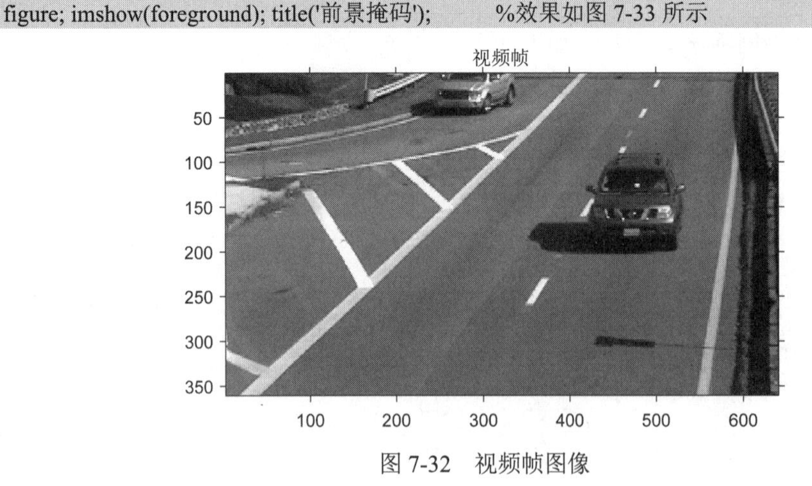


图 7-32　视频帧图像

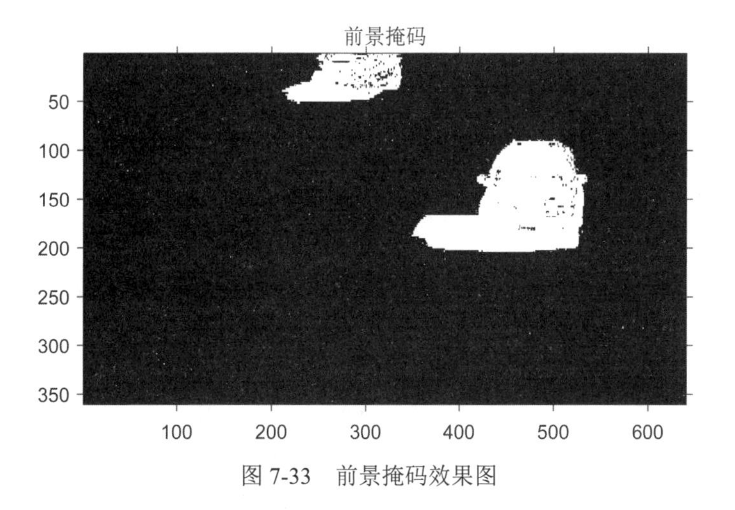


图 7-33 前景掩码效果图

（2）在最初的视频帧中检测汽车。

前景分割的过程是不完美的，经常包括不良噪声。该实例使用形态学开运算去除噪声并填充被检测对象的间隙：

```
se = strel('square', 3);
filteredForeground = imopen(foreground, se);
figure; imshow(filteredForeground); title('填充空白'); %效果如图 7-34 所示
```

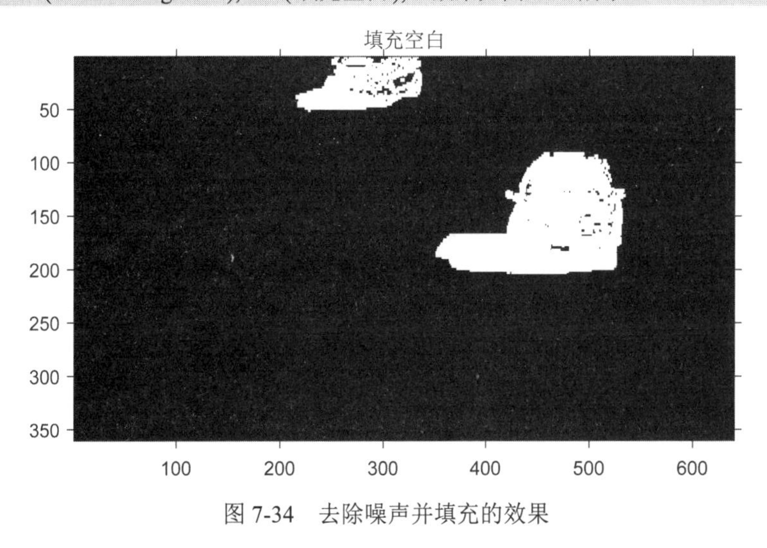


图 7-34 去除噪声并填充的效果

接下来，利用 BlobAnalysis 对象寻找视觉中每个连接组件对应的移动汽车的包围框。BlobAnalysis 对象通过拒绝包含小于 150 像素的斑点来进一步过滤检测到的前景：

```
blobAnalysis = vision.BlobAnalysis('BoundingBoxOutputPort', true, ...
    'AreaOutputPort', false, 'CentroidOutputPort', false, ...
    'MinimumBlobArea', 150);
bbox = step(blobAnalysis, filteredForeground);
%为了突出显示检测到的汽车，在它们周围画上绿色框
result = insertShape(frame, 'Rectangle', bbox, 'Color', 'green');
```

```
%包围框的数量对应于在视频帧中检测到的汽车的数量
%在处理后的视频帧的左上角显示检测到的汽车的数量
numCars = size(bbox, 1);
result = insertText(result, [10 10], numCars, 'BoxOpacity', 1, 'FontSize', 14);
figure; imshow(result); title('检测到汽车');    %效果如图 7-35 所示
```

图 7-35　显示检测到的汽车

（3）处理其余的视频帧。

最后一步，需要处理剩余的视频帧：

```
videoPlayer = vision.VideoPlayer('Name', 'Detected Cars');
videoPlayer.Position(3:4) = [650,400];    % 窗口大小：[width, height]
se = strel('square', 3); % morphological filter for noise removal
while hasFrame(videoReader)
    frame = readFrame(videoReader);   % 读取下一个视频帧
    %检测当前视频帧中的前景
    foreground = step(foregroundDetector, frame);
    %使用形态学开运算去除前景中的噪音
    filteredForeground = imopen(foreground, se);
    %检测指定最小面积的连接组件，并计算其包围框
    bbox = step(blobAnalysis, filteredForeground);
    %在检测到的汽车周围画包围框
    result = insertShape(frame, 'Rectangle', bbox, 'Color', 'green');
    %显示在视频帧中检测到的汽车的数量
    numCars = size(bbox, 1);
    result = insertText(result, [10 10], numCars, 'BoxOpacity', 1, ...
        'FontSize', 14);
    step(videoPlayer, result);              % 显示结果，如图 7-36 所示
end
```

图 7-36　在视频中检测到的汽车

# 第 8 章　计算机视觉在遥感中的应用

遥感技术是从人造卫星、飞机或其他飞行器上收集地物目标的电磁辐射信息，从而判认地球环境和资源的技术。它是 20 世纪 60 年代在航空摄影和判读的基础上随航天技术与电子计算机技术的发展而逐渐形成的综合性感测技术。

遥感技术广泛用于军事侦察、导弹预警、军事测绘、海洋监视、气象观测和互剂侦检等。在民用方面，遥感技术广泛用于地球资源普查、植被分类、土地利用规划、农作物病虫害和产量调查、环境污染监测、海洋研制、地震监测等方面。遥感技术总的发展趋势是：提高遥感器的分辨率和综合利用信息的能力；研制先进遥感器、信息传输和处理设备，以实现遥感系统全天候工作与实时获取信息；增强遥感系统的抗干扰能力。本节通过几个实例来演示计算机视觉在遥感中的应用。

## 8.1　多光谱技术分割图像

### 1. 概述

随着遥感传感器等对地观测技术的迅速发展，多光谱遥感图像的数据类型变得越来越丰富，影像空间分辨率也越来越高，不断为城市规划、土地利用规划、土地覆盖、交通及道路设施、环境评价、精细农业、林业测量、灾害评估等各个应用领域提供越来越广泛、深入的空间信息产品。

遥感图像分割是指把一幅影像划分为互不重叠的一组区域的过程，且保持每个区域具有一定的同质性，不同区域间呈现较为明显的差异。多光谱遥感图像分割是遥感分析的基础和关键，是遥感影像工程的影像处理和影像理解的中间环节，是遥感空间产品生产的核心技术。

目前，多采用根据多光谱遥感图像自身的特征直接对遥感图像数据进行分割的方法。常用的多光谱遥感图像分割主要包括基于像元阈值、像元聚类、区域、边缘检测的分割方法等。

（1）像元阈值分割法在图像直方图没有明显峰值或谷底宽平，或者图像不存在明显灰度差异、灰度范围有较大重叠的时候，难以获得准确的分割结果。

（2）像元聚类分割法获得关于簇的精确个数通常是极其困难的，并且同样由于没有考虑像元的空间信息，所以易产生分割区域不连通的情况，且调整类与区域的关系也比较复杂。

（3）区域分割法主要利用区域内像素特征的相似性来分割图像，主要包括区域增长和区域分裂合并，但时空计算资源开销较大，确定分割种子点和区域同质标准比较困难。

### 2. 多光谱遥感图像分割

下面直接通过实例来演示如何使用基于深度学习的语义分割方法，根据一组多光谱图像计算某个区域的植被覆盖率。

此实例说明如何训练 U-Net 卷积神经网络而对具有 7 个通道的多光谱图像进行语义分割，这 7 个通道包括 3 个颜色通道、3 个近红外通道和 1 个掩膜通道。具体实现步骤如下。

（1）下载数据。

此实例使用高分辨率多光谱数据集来训练网络。图像集是用无人机在纽约 Hamlin Beach 州立公园拍摄的，数据包含已加标签的训练集、验证集和测试集，有 18 个对象类标签，数据文件的大小约为 3.0 GB。

使用 downloadHamlinBeachMSIData 辅助函数下载数据集的 MAT 文件版本。此函数作为支持文件包含在本实例中：

```
>> imageDir = tempdir;
url = 'http://www.cis.rit.edu/~rmk6217/rit18_data.mat';
downloadHamlinBeachMSIData(url,imageDir);
```

此外，使用 downloadTrainedUnet 辅助函数为该数据集下载 U-Net 的预训练版本。此函数也作为支持文件包含在本实例中。借助预训练模型，无须等待训练完成即可运行整个实例：

```
trainedUnet_url = 'https://www.mathworks.com/supportfiles/vision/data/multispectralUnet.mat';
downloadTrainedUnet(trainedUnet_url,imageDir);
```

（2）检查训练数据。

将数据集加载到工作区中：

```
load(fullfile(imageDir,'rit18_data','rit18_data.mat'));
%检查数据的结构
whos train_data val_data test_data
  Name            Size                 Bytes        Class     Attributes
  test_data       7×12446×7654         1333663576   uint16
  train_data      7×9393×5642          741934284    uint16
  val_data        7×8833×6918          855493716    uint16
```

多光谱图像数据排列为通道数×宽度×高度的数组。但是，在 MATLAB 中，多通道图像排列为宽度×高度×通道数的数组。要重构数据以使通道处于第三个维度中，可使用辅助函数 switchChannelsToThirdPlane。此函数作为支持文件包含在本实例中：

```
train_data = switchChannelsToThirdPlane(train_data);
val_data      = switchChannelsToThirdPlane(val_data);
test_data    = switchChannelsToThirdPlane(test_data);
%确认数据结构正确
whos train_data val_data test_data
  Name            Size                 Bytes        Class     Attributes
  test_data       12446×7654×7         1333663576   uint16
  train_data      9393×5642×7          741934284    uint16
  val_data        8833×6918×7          855493716    uint16
```

RGB 颜色通道是第三个、第二个和第一个图像通道。将训练图像、验证图像和测试图像的颜色分量显示为蒙太奇形式。要使图像在屏幕上看起来更亮，需要使用 histeq 函数执行直方图均衡化处理：

```
figure    %效果如图 8-1 所示
```

```
montage(...
    {histeq(train_data(:,:,[3 2 1])), ...
    histeq(val_data(:,:,[3 2 1])), ...
    histeq(test_data(:,:,[3 2 1]))}, ...
    'BorderSize',10,'BackgroundColor','white')
title('RGB 训练图像(左)、验证图像(中)和测试图像(右) ')
```

RGB训练图像(左)、验证图像(中)和测试图像(右)

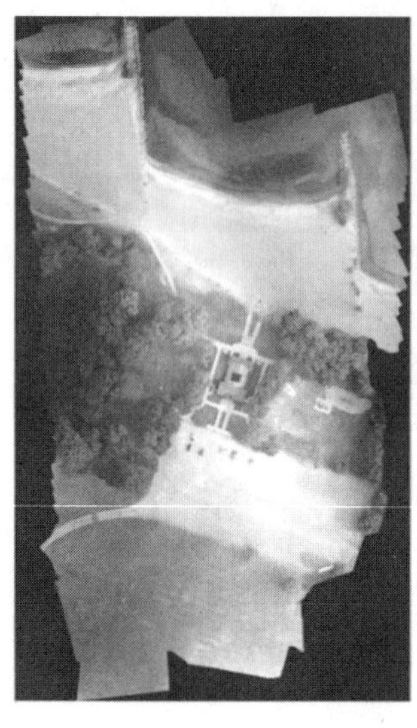

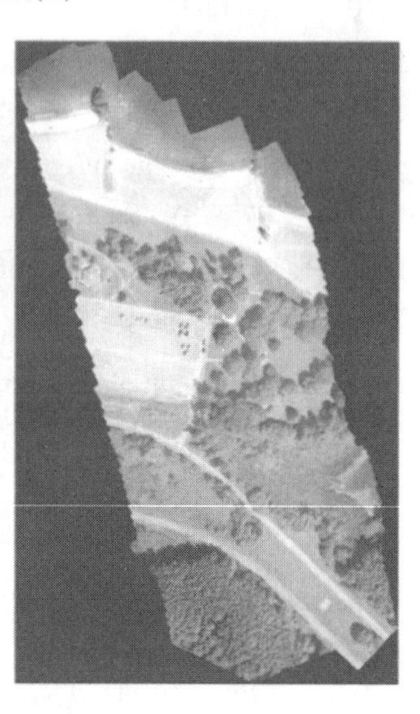

图 8-1　训练图像、验证图像及测试图像效果

将训练数据的后 3 个经过直方图均衡化处理的通道显示为蒙太奇形式。这些通道对应于近红外波段，并基于其热特征突出显示图像的不同分量。例如，第二个通道图像中心附近的树比其他两个通道图像中的树显示的细节要多。

```
figure   %效果如图 8-2 所示
montage(...
    {histeq(train_data(:,:,4)), ...
    histeq(train_data(:,:,5)), ...
    histeq(train_data(:,:,6))}, ...
    'BorderSize',10,'BackgroundColor','white')
title('训练图像的 IR 通道 1(左)、2(中)、3(右) ')
%通道 7 是指示有效分割区域的掩膜。显示训练图像、验证图像和测试图像的掩膜
figure    %效果如图 8-3 所示
montage(...
    {train_data(:,:,7), ...
    val_data(:,:,7), ...
    test_data(:,:,7)}, ...
    'BorderSize',10,'BackgroundColor','white')
title('训练图像掩膜(左)、验证图像掩膜(中)和测试图像(右)')
```

训练图像的IR通道1(左)、2(中)、3(右)

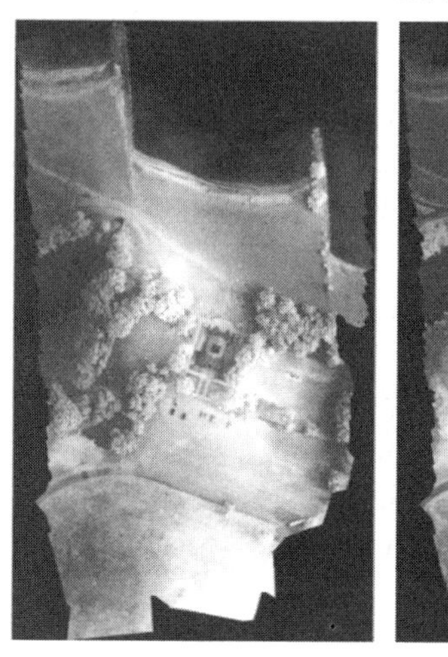

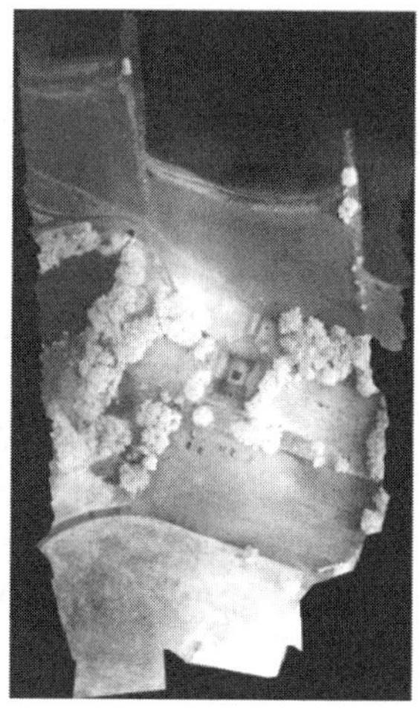

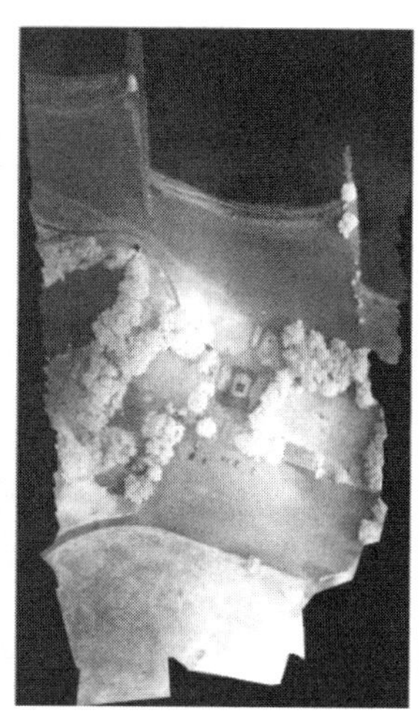

图 8-2　3 个通道上的训练效果

训练图像掩膜(左)、验证图像掩膜(中)和测试图像掩膜(右)

图 8-3　训练图像、验证图像、测试图像的掩膜效果

已加标签的图像包含用于分割的真实值数据，将每个像素分配给 18 个类之一，获取具有对应 ID 的类的列表：

```
disp(classes)
0. Other Class/Image Border
1. Road Markings
2. Tree
3. Building
4. Vehicle (Car, Truck, or Bus)
5. Person
6. Lifeguard Chair
7. Picnic Table
8. Black Wood Panel
9. White Wood Panel
10. Orange Landing Pad
```

```
11. Water Buoy
12. Rocks
13. Other Vegetation
14. Grass
15. Sand
16. Water (Lake)
17. Water (Pond)
18. Asphalt (Parking Lot/Walkway)
%创建一个类名向量
classNames = [ "RoadMarkings","Tree","Building","Vehicle","Person", ...
               "LifeguardChair","PicnicTable","BlackWoodPanel",...
               "WhiteWoodPanel","OrangeLandingPad","Buoy","Rocks",...
               "LowLevelVegetation","Grass_Lawn","Sand_Beach",...
               "Water_Lake","Water_Pond","Asphalt"];
%在经过直方图均衡化处理的 RGB 训练图像上叠加标签，在图像中添加一个颜色栏
cmap = jet(numel(classNames));
B = labeloverlay(histeq(train_data(:,:,4:6)),train_labels,'Transparency',0.8,'Colormap',cmap);
figure          %效果如图 8-4 所示
title('训练的标签')
imshow(B)
N = numel(classNames);
ticks = 1/(N*2):1/N:1;
colorbar('TickLabels',cellstr(classNames),'Ticks',ticks,'TickLength',0,'TickLabelInterpreter','none');
colormap(cmap)
%将训练数据保存为一个 MAT 文件，将训练标签保存为一个 PNG 文件
save('train_data.mat','train_data');
imwrite(train_labels,'train_labels.png');
```

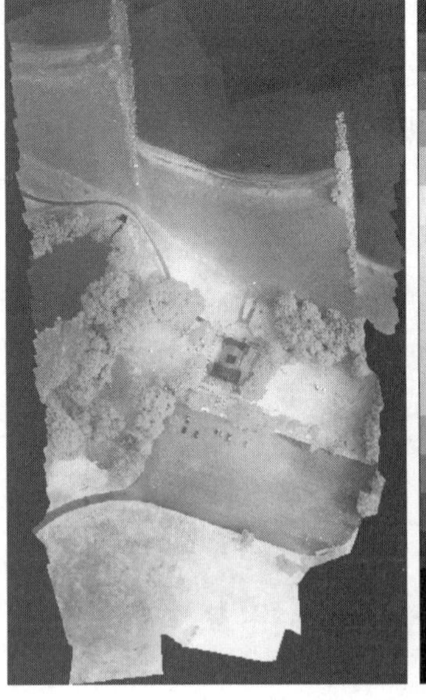


图 8-4　训练的标签效果图

（3）为训练创建随机补片以提取数据存储。

使用随机补片提取数据存储，将训练数据馈送给网络。此数据存储从一个包含真实值图像的图像数据存储和包含像素标签的像素标签数据存储中提取多个对应的随机补片。补片是防止大图像耗尽内存和有效增大可用训练数据量的常用方法。

首先将来自 train_data.mat 的训练图像存储在 imageDatastore 中。由于 MAT 文件格式是非标准图像格式，所以必须使用 MAT 文件读取器读取图像数据。可以使用 MAT 文件读取器辅助函数 matReader，它从训练数据中提取前 6 个通道，省略包含掩膜的最后一个通道，此函数作为支持文件包含在本实例中。

```
>>imds = imageDatastore('train_data.mat','FileExtensions','.mat','ReadFcn',@matReader);
%创建一个 pixelLabelDatastore (Computer Vision Toolbox)
%用来存储包含 18 个已加标签的区域的标签补片
pixelLabelIds = 1:18;
pxds = pixelLabelDatastore('train_labels.png',classNames,pixelLabelIds);
%在图像数据存储和像素标签数据存储中创建一个 randomPatchExtractionDatastore(Image Processing Toolbox)
%每个小批量包含 16 个大小为 256×256（单位为像素）的补片，在轮的迭代中提取 1000 个小批量
dsTrain = randomPatchExtractionDatastore(imds,pxds,[256,256],'PatchesPerImage',16000);
%将随机补片提取的数据存储在 dsTrain 中
%在每轮训练的迭代过程中可向网络提供小批量数据，预览数据存储以探查数据
inputBatch = preview(dsTrain);
disp(inputBatch)
        InputImage          ResponsePixelLabelImage
    __________________    _______________________
    {256×256×6 uint16}    {256×256 categorical}
    {256×256×6 uint16}    {256×256 categorical}
    {256×256×6 uint16}    {256×256 categorical}
    {256×256×6 uint16}    {256×256 categorical}
    {256×256×6 uint16}    {256×256 categorical}
    {256×256×6 uint16}    {256×256 categorical}
    {256×256×6 uint16}    {256×256 categorical}
    {256×256×6 uint16}    {256×256 categorical}
```

（4）创建 U-Net 网络层。

此实例使用 U-Net 网络的一种变体。U-Net 中的初始卷积层序列与最大池化层交叠，从而会逐步降低输入图像的分辨率。这些层后跟一系列使用上采样算子散布的卷积层，从而会连续提高输入图像的分辨率。

此实例对 U-Net 进行了修改以在卷积中使用零填充，从而使卷积的输入和输出具有相同的大小。使用辅助函数 createUnet 创建一个具有几个预选超参数的 U-Net，此函数作为支持文件包含在本实例中：

```
inputTileSize = [256,256,6];
lgraph = createUnet(inputTileSize);
disp(lgraph.Layers)
  58x1 Layer array with layers:
```

```
    1  'ImageInputLayer'   Image Input   256×256×6 images with 'zerocenter' normalization
    2  'Encoder-Section-1-Conv-1'   Convolution 64 3×3×6 convolutions with stride [1   1] and padding [1
1   1   1]
    3  'Encoder-Section-1-ReLU-1'      ReLU         ReLU
    4  'Encoder-Section-1-Conv-2'      Convolution        64 3×3×64 convolutions with stride [1
1] and padding [1   1   1   1]
    5  'Encoder-Section-1-ReLU-2'      ReLU         ReLU
    6  'Encoder-Section-1-MaxPool'     Max Pooling      2×2 max pooling with stride [2   2] and padding
[0   0   0   0]
    7  'Encoder-Section-2-Conv-1'     Convolution      128  3×3×64  convolutions  with  stride  [1   1]  and
padding [1   1   1   1]
    8 'Encoder-Section-2-ReLU-1'      ReLU         ReLU
    9  'Encoder-Section-2-Conv-2'     Convolution      128  3×3×128  convolutions  with  stride  [1   1]  and
padding [1   1   1   1]
    10 'Encoder-Section-2-ReLU-2'     ReLU         ReLU
    11  'Encoder-Section-2-MaxPool'   Max Pooling      2×2 max pooling with stride [2   2] and padding
[0   0   0   0]
   12  'Encoder-Section-3-Conv-1'       Convolution      256 3×3×128 convolutions with stride [1   1] and
padding [1   1   1   1]
    13  'Encoder-Section-3-ReLU-1'        ReLU         ReLU
    14   'Encoder-Section-3-Conv-2'        Convolution       256 3×3×256 convolutions with stride [1   1]
and padding [1   1   1   1]
    15 'Encoder-Section-3-ReLU-2'      ReLU         ReLU
    16 'Encoder-Section-3-MaxPool'      Max Pooling      2×2 max pooling with stride [2   2] and padding
[0   0   0   0]
    17   'Encoder-Section-4-Conv-1'       Convolution      512  3×3×256  convolutions  with  stride  [1   1]
and padding [1   1   1   1]
    18 'Encoder-Section-4-ReLU-1'      ReLU         ReLU
    19   'Encoder-Section-4-Conv-2'     Convolution      512  3×3×512  convolutions  with  stride  [1   1]  and
padding [1   1   1   1]
    20 'Encoder-Section-4-ReLU-2'          ReLU         ReLU
    21   'Encoder-Section-4-DropOut'     Dropout         50% dropout
    22  'Encoder-Section-4-MaxPool'      Max  Pooling          2×2  max  pooling  with  stride  [2   2]  and
padding [0   0   0   0]
    23    'Mid-Conv-1'          Convolution           1024 3×3×512 convolutions with stride [1
1] and padding [1   1   1   1]
    24    'Mid-ReLU-1'       ReLU         ReLU
    25    'Mid-Conv-2'          Convolution         1024  3×3×1024  convolutions  with  stride  [1   1]  and
padding [1   1   1   1]
    26 'Mid-ReLU-2'          ReLU         ReLU
    27   'Mid-DropOut'          Dropout       50% dropout
    28 'Decoder-Section-1-UpConv'    Transposed Convolution       512 2×2×1024 transposed convolutions
with stride [2   2] and cropping [0   0   0   0]
   29  'Decoder-Section-1-UpReLU'        ReLU         ReLU
    30  'Decoder-Section-1-DepthConcatenation'    Depth concatenation      Depth concatenation of 2 inputs
```

```
31 'Decoder-Section-1-Conv-1'    Convolution    512 3×3×1024 convolutions with stride [1  1] and padding [1  1  1  1]
32 'Decoder-Section-1-ReLU-1'    ReLU    ReLU
33 'Decoder-Section-1-Conv-2'    Convolution    512 3x3x512 convolutions with stride [1  1] and padding [1  1  1  1]
34 'Decoder-Section-1-ReLU-2'    ReLU    ReLU
35 'Decoder-Section-2-UpConv'    Transposed Convolution    256 2×2×512 transposed convolutions with stride [2  2] and cropping [0  0  0  0]
36 'Decoder-Section-2-UpReLU'    ReLU    ReLU
37 'Decoder-Section-2-DepthConcatenation'  Depth concatenation    Depth concatenation of 2 inputs
38 'Decoder-Section-2-Conv-1'    Convolution    256 3×3×512 convolutions with stride [1  1] and padding [1  1  1  1]
39 'Decoder-Section-2-ReLU-1'    ReLU    ReLU
40 'Decoder-Section-2-Conv-2'    Convolution    256 3×3×256 convolutions with stride [1  1] and padding [1  1  1  1]
41 'Decoder-Section-2-ReLU-2'    ReLU    ReLU
42 'Decoder-Section-3-UpConv'    Transposed Convolution    128 2×2×256 transposed convolutions with stride [2  2] and cropping [0  0  0  0]
43 'Decoder-Section-3-UpReLU'    ReLU    ReLU
44 'Decoder-Section-3-DepthConcatenation'  Depth concatenation    Depth concatenation of 2 inputs
45 'Decoder-Section-3-Conv-1'    Convolution    128 3×3×256 convolutions with stride [1  1] and padding [1  1  1  1]
46 'Decoder-Section-3-ReLU-1'    ReLU    ReLU
47 'Decoder-Section-3-Conv-2'    Convolution    128 3×3×128 convolutions with stride [1  1] and padding [1  1  1  1]
48 'Decoder-Section-3-ReLU-2'    ReLU    ReLU
49 'Decoder-Section-4-UpConv'    Transposed Convolution    64 2×2×128 transposed convolutions with stride [2  2] and cropping [0  0  0  0]
50 'Decoder-Section-4-UpReLU'    ReLU    ReLU
51 'Decoder-Section-4-DepthConcatenation'  Depth concatenation    Depth concatenation of 2 inputs
52 'Decoder-Section-4-Conv-1'    Convolution    64 3×3×128 convolutions with stride [1  1] and padding [1  1  1  1]
53 'Decoder-Section-4-ReLU-1'    ReLU    ReLU
54 'Decoder-Section-4-Conv-2'    Convolution    64 3×3×64 convolutions with stride [1  1] and padding [1  1  1  1]
55 'Decoder-Section-4-ReLU-2'    ReLU    ReLU
56 'Final-ConvolutionLayer'    Convolution    18 1×1×64 convolutions with stride [1  1] and padding [0  0  0  0]
57 'Softmax-Layer'    Softmax    softmax
58 'Segmentation-Layer'    Pixel Classification Layer    Cross-entropy loss
```

（5）选择训练选项。

使用具有动量的随机梯度下降（SGDM）优化来训练网络，使用 trainingOptions 函数指定 SGDM 的超参数设置。

训练深度网络是很费时间的，通过指定高学习率可加快训练速度。然而，这可能会导致网络的梯度爆炸或不受控制地增长，阻碍网络训练的成功。要将梯度保持在有意义的范围内，先

通过将 'GradientThreshold'指定为 0.05 来启用梯度裁剪功能，并指定'GradientThresholdMethod'使用梯度的 L2-范数。

```
initialLearningRate = 0.05;
maxEpochs = 150;
minibatchSize = 16;
l2reg = 0.0001;
options = trainingOptions('sgdm',...
    'InitialLearnRate',initialLearningRate, ...
    'Momentum',0.9,...
    'L2Regularization',l2reg,...
    'MaxEpochs',maxEpochs,...
    'MiniBatchSize',minibatchSize,...
    'LearnRateSchedule','piecewise',...
    'Shuffle','every-epoch',...
    'GradientThresholdMethod','l2norm',...
    'GradientThreshold',0.05, ...
    'Plots','training-progress', ...
    'VerboseFrequency',20);
```

（6）训练网络。

在配置训练选项和随机补片提取数据存储后，使用 trainNetwork 函数训练 U-Net 网络。要训练网络，请将以下代码中的 doTraining 参数设置为 true；如果在以下代码中将 doTraining 参数保留为 false，则该实例将返回预训练的 U-Net 网络：

```
doTraining = false;
if doTraining
    modelDateTime = datestr(now,'dd-mmm-yyyy-HH-MM-SS');
    [net,info] = trainNetwork(dsTrain,lgraph,options);
    save(['multispectralUnet-' modelDateTime '-Epoch-' num2str(maxEpochs) '.mat'],'net','options');
else
    load(fullfile(imageDir,'trainedUnet','multispectralUnet.mat'));
end
```

**注意**：在 NVIDIA Titan X 上进行训练大约需要 20h 甚至更长的时间，具体取决于计算机的 GPU 硬件。

下面可以使用 U-Net 对多光谱图像进行语义分割。

（7）对测试数据预测结果。

要基于经过训练的网络执行前向传导，请对验证数据集使用辅助函数 segmentImage，此辅助函数作为支持文件包含在本实例中。segmentImage 辅助函数使用 semanticseg (Computer Vision Toolbox) 函数对图像补片执行分割操作。

```
predictPatchSize = [1024 1024];
segmentedImage = segmentImage(val_data,net,predictPatchSize);
%为了只提取分割的有效部分，需要将分割的图像乘以验证数据的掩膜通道
segmentedImage = uint8(val_data(:,:,7)~=0) .* segmentedImage;
figure
```

```
imshow(segmentedImage,[])   %效果如图 8-5 所示
title('分割图像')
```

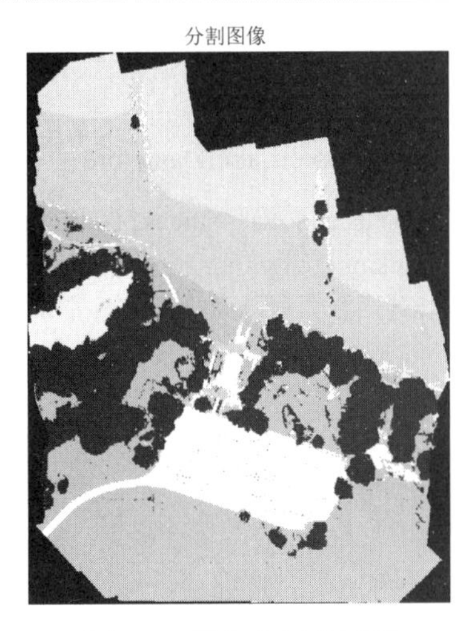


图 8-5　图像分割效果图

语义分割的输出含有噪声，执行图像后处理以去除噪声和杂散像素。使用 medfilt2 函数从分割图像中去除椒盐噪声。去除噪声后，可视化分割后的图像。

```
segmentedImage = medfilt2(segmentedImage,[7,7]);
imshow(segmentedImage,[]);   %效果如图 8-6 所示
title('去除噪声分割图像')
%在经过直方图均衡化处理的 RGB 验证图像上叠加分割后的图像
B = labeloverlay(histeq(val_data(:,:,[3 2 1])),segmentedImage,'Transparency',0.8,'Colormap',cmap);
figure
imshow(B)      %效果如图 8-7 所示
title('标记验证图像')
colorbar('TickLabels',cellstr(classNames),'Ticks',ticks,'TickLength',0,'TickLabelInterpreter','none');
colormap(cmap)
```

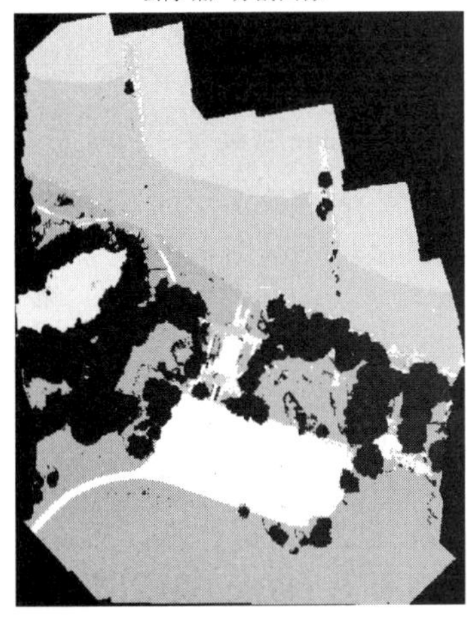


图 8-6　去除噪声分割图像效果图

图 8-7　标记验证图像效果

将分割后的图像和真实值标签另存为 PNG 文件，这些文件将用于计算准确度指标。

```
imwrite(segmentedImage,'results.png');
imwrite(val_labels,'gtruth.png');
```

（8）量化分割准确度。

为分割结果和真实值标签创建一个 pixelLabelDatastore：

```
pxdsResults = pixelLabelDatastore('results.png',classNames,pixelLabelIds);
pxdsTruth = pixelLabelDatastore('gtruth.png',classNames,pixelLabelIds);
%使用 evaluateSemanticSegmentation 函数衡量语义分割的全局准确度
ssm = evaluateSemanticSegmentation(pxdsResults,pxdsTruth,'Metrics','global-accuracy');
Evaluating semantic segmentation results
----------------------------------------
* Selected metrics: global accuracy.
* Processed 1 images.
* Finalizing... Done.
* Data set metrics:
    GlobalAccuracy
    ______________
       0.90698
```

以上全局准确度分数表明，正确分类的像素稍大于 90%。

（9）计算植被覆盖率。

此实例的最终目标是计算多光谱图像中的植被覆盖率。标签 ID 2 ("Trees")、13 ("LowLevelVegetation") 和 14 ("Grass_Lawn") 都属于植被类。通过对掩膜图像关注区域中的像素进行求和，还可以求得有效像素的总数。

```
vegetationClassIds = uint8([2,13,14]);
vegetationPixels = ismember(segmentedImage(:),vegetationClassIds);
validPixels = (segmentedImage~=0);
numVegetationPixels = sum(vegetationPixels(:));
numValidPixels = sum(validPixels(:));
%通过用植被像素数除以有效像素数来计算植被覆盖率
percentVegetationCover = (numVegetationPixels/numValidPixels)*100;
fprintf('The percentage of vegetation cover is %3.2f%%.',percentVegetationCover);
The percentage of vegetation cover is 51.72%.
```

## 8.2 K 均值聚类算法

聚类分析是一种无监督的学习方法，能够从研究对象的特征数据中发现关联规则，因而是一种强大有力的信息处理方法。以聚类法进行图像分割就是将图像空间中的像素点用对应的特征向量表示，根据它们在特征空间的特征相似性对特征空间进行分割，然后将其映射回原图像空间，得到分割结果。其中，K 均值和模糊 C 均值聚类（FCM）算法是最常用的聚类算法。

### 8.2.1 K 均值聚类算法的原理

K 均值聚类算法首先从数据样本中选取 $K$ 个点作为初始聚类中心；其次计算各个样本到聚类中心的距离，把样本归到离它最近的那个聚类中心所在的类；然后计算新形成的每个聚类的数据对象的平均值以得到新的聚类中心；重复以上步骤，直到相邻两次的聚类中心没有任何变化，说明样本调整结束，聚类准则函数达到最优。K 均值聚类算法的流程如图 8-8 所示。

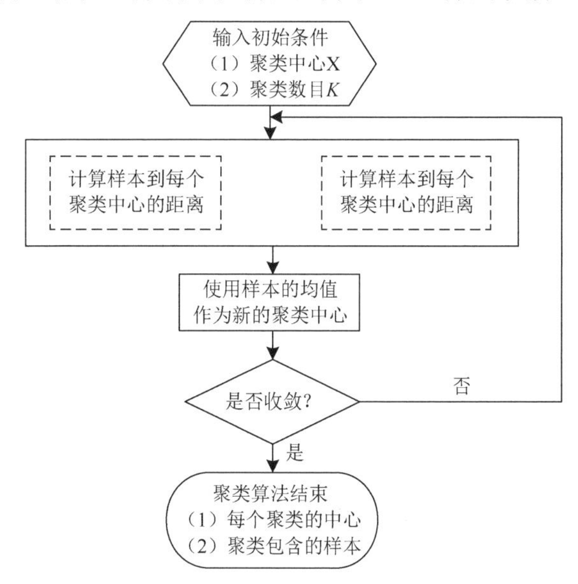


图 8-8 K 均值聚类算法的流程

### 8.2.2 K 均值聚类算法的要点

本节将对 K 均值聚类算法的几个要点展开介绍。

**1．选定某种距离作为数据样本间的相似性度量**

在计算数据样本之间的距离时，可以根据实际需要选择某种距离（欧氏距离、曼哈顿距离、绝对值距离、切比雪夫距离等）作为样本的相似性度量，其中最常用的是欧氏距离：

$$d(x_i,x_j)=\left\|(x_i-x_j)\right\|=(x_i-x_j)^{\mathrm{T}}(x_i-x_j)=\sqrt{\sum_{k=1}^{n}(x_{ik},x_{jk})^2}$$

距离越小，样本 $x_i$ 和 $x_j$ 越相似，差异度越小；距离越大，样本 $x_i$ 和 $x_j$ 越不相似，差异度越大。

**2．聚类中心迭代终止判断条件**

K 均值聚类算法在每次迭代中都要考虑每个样本的分类是否正确，如果不正确，则需要调整。在全部样本都调整完毕后，修改聚类中心，进入下一次迭代，直到满足以下某个终止条件。

（1）不存在能重新分配给不同聚类的对象。

（2）聚类中心不再发生变化。

（3）误差平方和准则函数局部最小。

**3. 以误差平方和准则函数评价聚类性能**

假设给定数据集 $X$ 包含 $k$ 个聚类子集 $X_1, X_2, \cdots, X_k$，各个聚类子集中的样本数量分别为 $n_1, n_2, \cdots, n_k$，各个聚类子集的聚类中心分别为 $\mu_1, \mu_2, \cdots, \mu_k$，则误差平方和准则函数的公式为

$$E = \sum_{i=1}^{k} \sum_{p \in X_i} \|p - \mu_i\|^2$$

### 8.2.3 K 均值聚类算法的缺点

K 均值聚类算法是解决聚类问题的一种经典算法，优点是简单、快速，该算法对于处理大数据集是相对可伸缩和高效率的，结果聚类是密集的。在聚类与聚类之间区别明显时，其效果较好。但是 K 均值聚类算法由于其算法的局限性也存在以下缺点。

（1）K 均值需要给定初始聚类中心以确定初始划分，对于不同的初始聚类中心，可能会导致不同的结果。

（2）K 均值必须事先给定聚类数量，然而聚类的个数 $K$ 往往是难以估计的。

（3）K 均值对于噪声和孤立点很敏感，少量的该类数据能够对平均值产生极大的影响。K 均值聚类算法不采用簇中的平均值作为参照点，可以选用聚类中心处于中心位置的对象，即以中心点作为参照点，从而解决 K 均值聚类算法对孤立点的敏感问题。

（4）K 均值只有在类的平均值被定义的情况下才能使用，这对于处理符号属性（如姓名、性别、学校等）的数据不适用。

### 8.2.4 K 均值聚类算法实现图像分割

在本实例中，图像有 3 个频段，因此将图像分成了 3 类。在以下程序代码中，一个图像分割结果是利用 MATLAB 自带的函数实现的，另一个图像分割结果是通过自定义编写的函数实现的，并将结果进行对比。

```
clear
I = imread('yellowstone_left.png');
figure;imshow(I);                    %效果如图 8-9 所示
title('原始图像')
 [M,N,L] = size(I);
%构造样本空间
A = reshape(I(:, :, 1), M*N, 1);     %将 RGB 分量各转为 K 均值使用的数据格式：n 行 m 列
B = reshape(I(:, :, 2), M*N, 1);
C = reshape(I(:, :, 3), M*N, 1);
K = 3;
dat = [A B C];              %4 个分量组成样本的特征，每个样本有 4 个属性值，共 width×height 个样本
 c2 = KMeans2(double(dat), K);       % 使用聚类算法分为 K 类
r2 = reshape(c2, M, N);              % 反向转化为图片形式
figure, imshow(label2rgb(r2))        % 显示分割结果，效果如图 8-10 所示
title('自定义编写的函数,误差用不等于条件');
c3 = kmeans(double(dat), K);         % 使用聚类算法分为 K 类
r3 = reshape(c3, M, N);              % 反向转化为图片形式
```

```
figure, imshow(label2rgb(r3))          % 显示分割结果，效果如图 8-11 所示
title('MATLAB 库函数');
```

图 8-9　原始图像效果

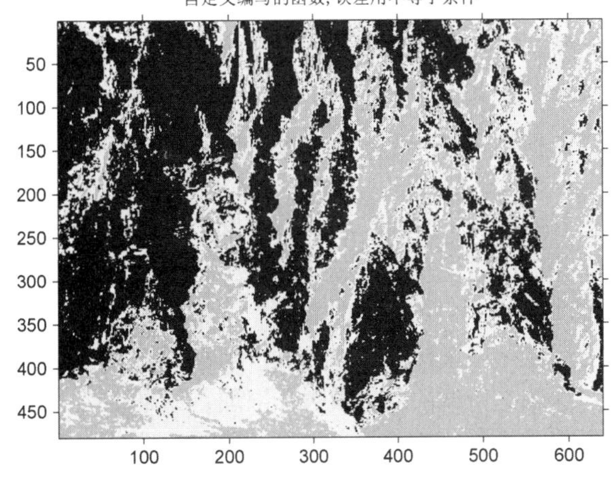


图 8-10　自定义编写函数实现多光谱遥感图像分割效果图

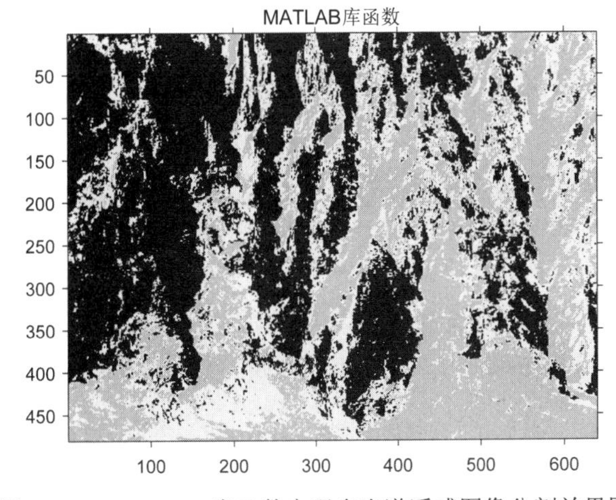


图 8-11　MATLAB 库函数实现多光谱遥感图像分割效果图

# 8.3 纹理滤波和空间信息

在计算机图形学中，纹理滤波是一种针对一个使用材质贴图的像素，使用临近的一个或多个纹素计算其纹理颜色的方法。从数学上来说，纹理滤波是抗锯齿的，但它更着重于滤掉纹理中的高频，而不像其他抗锯齿技术那样着重于改善边界显示效果。简单来说，它使得同一个纹理可以被用于不同的形状、尺寸和角度，同时尽可能减少显示时的模糊和闪烁。

用户可以权衡计算复杂度和图像质量，在许多种纹理滤波方法中进行选择。

## 8.3.1 纹理滤波概述

使用纹理滤波进行分割就是利用图像中不同区域的纹理对图像的区域进行划分。纹理是指一个物体上的颜色模式或物体表现的光滑程度。纹理描述图像中的区域特征，试图直观地定量描述诸如光滑、质地等参数。在遥感、医学图像处理和自动化侦察中，纹理分割图像有着很多用途。利用纹理可以用来检测图像的边缘，从而对图像实现分割。

### 1. 为何需要纹理滤波

在应用纹理贴图时，需要对每个像素中心所在的位置进行查询纹理值的操作。但是由于被渲染的目标表面相对于视角可能处于任意距离或角度，一个像素不一定有一个纹素对应。因此，需要应用某种滤波方式决定其纹理值，缺少滤波或使用不当都会造成最终的图像存在诸如锯齿和闪烁之类的瑕疵。

由于应用纹理贴图的表面相对于视角的距离和角度不同，所以在表面上的一个像素和对应的纹理上的一个或多个纹素之间可能存在多种对应关系，这也导致需要应用不同的滤波方式。如果把一个正方形的纹理映射到一个正方形的表面上，在与视角的某一个距离上，屏幕上的一个像素和一个纹素几乎等尺寸，如果比这个距离近，则纹素的尺寸会比像素的尺寸大，这时就需要将纹素相应地放大，这就是所谓的纹理放大；同理，如果比这个距离远，则纹素的尺寸将比像素的尺寸小，一个像素最终的纹理值就可通过其覆盖的多个纹素的值计算出来，这也就是通常所说的纹理缩小。常见的图像应用程序接口（如 OpenGL）提供了多种缩小和放大滤波方式。

值得注意的是，即使在像素和纹素尺寸相等的情况下，它们之间也不一定就存在一一对应的关系。例如，可能存在由于错位而导致的一个像素覆盖了相邻 4 个纹素的各一部分。因此，在像素和纹素尺寸相等的情况下，仍然需要某种滤波方式。

### 2. Gabor 变换

Gabor 滤波实质上是一种加了高斯窗的傅里叶变换，对于图像来说，窗函数决定了它在空域的局部性，因此，可以通过移动窗口的中心来获得不同位置的空域信息。此外，由于高斯函数在经过傅里叶变换后仍然是高斯函数，使得 Gabor 变换在频域上仍然是局部的。因此，在对纹理图像进行分析时，采用 Gabor 变换，可以同时满足空域和频域上的局部化要求。

对于一个由二维高斯函数调制的二维 Gabor 滤波，它的冲激响应可以表示为

$$g(x,y,k_x,k_y,\delta)=\exp\left[-\left(\frac{1}{2\delta^2}\right)\left(x^2+y^2\right)+\mathrm{j}(k_x x+k_y y)\right] \tag{8-1}$$

其中，$\delta$ 是高斯函数的标准差；$k_x$ 与 $k_y$ 分别代表沿着 $x$ 和 $y$ 坐标轴方向的相对频率。另外，有

$k=\sqrt{k_x^2+k_y^2}$ ，表示径向的相对频率，因此，可以用 $\theta=\arctan\left(\frac{k_y}{k_x}\right)$ 来表示 Gabor 滤波的方向。而二维 Gabor 滤波对应的极坐标的表示形式如下：

$$g(x,y,k_x,k_y,\delta)=\exp\left[-\left(\frac{1}{2\delta^2}\right)\left(x^2+y^2\right)+\mathrm{j}k(x\cos\theta+y\sin\theta)\right] \tag{8-2}$$

Gabor 滤波中心频率的差异可以用来反映纹理具有的准周期性特征，对应于准周期性特征的主频分量。因此，为了获取不同的纹理特征，通常的做法是选取一组具有不同主频的窄带带通 Gabor 滤波来提取图像中的纹理特征。对于已经给定的 $k$ 和 $\delta$ 及一组给定的 $a$ 、$\theta$，如果用 $N$ 个 Gabor 滤波来提取图像的特征，则得到的 $M$ 维矢量 $\boldsymbol{g}(i,j)$ 就构成像素 $(i,j)$ 的特征矢量，像素 $(i,j)$ 对应的特征矢量可以表示为以下形式：

$$\boldsymbol{g}_{(i,j)}(a,k,\theta,\delta)=\left\|\sum_{x=0}^{m-1}\sum_{y=0}^{n-1}f(x,y)\boldsymbol{g}(i-x,j-y,a,k,\theta,\delta)\right\|^2 \tag{8-3}$$

在式（8-3）中，$f(x,y)$ 为原始图像，得到高斯窗空间质心 $(x,y)$ 处的特征为 $\boldsymbol{g}_{(i,j)}(a,k,\theta,\delta)$ ，$k=0,1,\cdots,N$ 。

3．Gabor 小波滤波

Gabor 函数是在测不准的原则下唯一能够取得空域和频域联合不确定关系下限的函数。而 Gabor 小波变换实质上是一个以 Gabor 函数作为基函数的小波变换，常用于对图像进行各种分析。由于 Gabor 函数构成了一个完备的非正交基，当给定函数时，用该基函数展开就提供了一个局域化的频率描述。因此，采用小波为 Gabor 函数的小波变换来提取纹理特征，通过采用不同尺度的滤波，就可以检测到不同尺度下图像的局部特征。

假设一个二维 Gabor 函数为

$$\boldsymbol{g}(x,y)=\left[\frac{1}{2\pi\sigma_x\sigma_y}\right]\exp\left[-\frac{1}{2}\left(\frac{x^2}{\sigma_x^2}+\frac{y^2}{\sigma_y^2}\right)+2\pi\mathrm{j}\boldsymbol{W}_x\right] \tag{8-4}$$

则可以将 $\boldsymbol{g}(x,y)$ 作为母波函数，通过对 $\boldsymbol{g}(x,y)$ 进行一系列的尺度扩张和旋转变换，就可以得到 Gabor 小波，对应的表达式为

$$g_{m,n}(x,y)=a^{-m}\boldsymbol{G}(x',y'),\quad a>1;m\in z \tag{8-5}$$

其中，$(x',y')=a^{-m}(x\cos\theta+y\sin\theta,-x\sin\theta+y\cos\theta)$ ，$\theta=n\frac{\pi}{\boldsymbol{M}}$ ，$\boldsymbol{M}$ 为单位矢量，而 $a^{-m}$ 则用来表示尺度因子，这样一来，就可以通过改变 $m$ 和 $n$ 的值来获得一组不同方向、不同尺度的滤波——Gabor 小波滤波。但这样得到的这些 Gabor 小波簇之间是非正交的，即利用 Gabor 小波簇滤波以后的图像当中仍然有大量的冗余信息。因此，在利用 Gabor 小波滤波的时候，如何设计合适的参数而使冗余信息降到最低是极为重要的。

由于滤波的尺度间隔存在着指数级的关系，即 $U_H=a^{s-1}U_L$ ，所以可以得到尺度参数为

$$a=\left(\frac{U_H}{U_L}\right)^{\frac{1}{s-1}} \tag{8-6}$$

对于滤波参数 $\sigma_x$ 和 $\sigma_y$ ，可以通过式（8-4）来计算：

$$U_H - U_L = t + 2at + 2a^2t + \cdots + 2a^{s-2}t + a^{s-1}t = \frac{a+1}{a-1}(a^{2s-1} - 1)t \tag{8-7}$$

由于标准方差 $\sigma$ 的高斯函数的半幅值是 $\sigma\sqrt{2\ln 2}$，所以对应的最大滤波半幅值就可以表达成 $a^{s-1}t = a_u\sqrt{2\ln 2}$，将这个关系式代入式（8-6）和式（8-7），可得

$$a_u = \frac{(a-1)U_H}{(a+1)\sqrt{2\ln 2}} \tag{8-8}$$

考虑到两个相邻的椭圆的切线角度为 $\varphi = \frac{\pi}{\boldsymbol{M}}$，因此有

$$\frac{(u-U_H)^2}{2\ln 2\sigma_u^2} + \frac{v^2}{2\ln 2\sigma_v^2} = 1 \tag{8-9}$$

因为 $v = \tan\frac{\varphi}{2}u$，所以可得

$$(\sigma_v^2 + \tan^2\frac{\varphi}{2}\sigma_u^2)u^2 - 2U_H\sigma_v^2 u + U_H^2\sigma_v^2 - 2\ln 2\sigma_u^2\sigma_v^2 = 0 \tag{8-10}$$

对于上面的关于 $u$ 的方程，它具有实数解的条件为

$$\sigma_v = \tan\frac{\varphi}{2}\sqrt{\frac{U_H^2}{2\ln 2} - \sigma_u^2} \tag{8-11}$$

由式（8-10）和式（8-11）可得

$$\sigma_v = \tan\left(\frac{\pi}{2M}\right)\left[U_H - 2\ln 2\left(\frac{\sigma_u^2}{U_H}\right) + \ln 2\left(\frac{\sigma_u^2}{U_H^{1/2}}\right)u\right]\left[2\ln 2 - \frac{(2\ln 2)^2\sigma_u^2}{U_H^2}\right]^{\frac{1}{2}} \tag{8-12}$$

通过前面一系列的公式推导，已经将 Gabor 小波滤波的各参数之间的关系呈现出来，并且发现，只要能够确定 $s$、$\boldsymbol{M}$、$U_H$ 及 $U_L$ 这 4 个参数，滤波的其余参数都可以求出来。

Gabor 滤波是在测不准的原则下唯一一个能够同时达到频域和时域最佳分辨率的函数，因此，它具有很好的频域和时域的联合特性。Gabor 滤波多角度特性可以说是 Gabor 小波变换与 Gabor 滤波结合的优点，这一点与人类视觉皮层的感受野的多通道特性相吻合。这种多通道的特点在纹理图像分析中是十分重要的，它可以观察到图像在不同尺寸和方向上的差异。对于一幅图像来说，如果仅仅从某个角度或某一固定的尺度来观察，得到的信息都是具有局限性的，都不能完整地反映图像的全部有用信息；如果从多个角度或多个尺度来观察，则会得到更为丰富的信息，更加全面地将图像的特征信息表现出来。一幅纹理图像在不同的角度和不同的尺度范围内都会呈现出不同的纹理特性，而 Gabor 小波变换恰好能够在多尺度、多角度的条件下对图像进行处理，这就使得它被广泛地应用到了图像的纹理特征提取中，并取得了很好的效果。

### 8.3.2 空间信息概述

空间信息技术在广义上也被称为“地球空间信息科学”，在国外被称为 GeoInformatics，它涉及的主要理论如下。

（1）空间信息的基准问题。

空间信息的基准问题包括几何基准、物理基准和时间基准，是确定空间信息几何形态和时

空分布的基础，是空间信息技术与地球动力学交叉研究的基本问题。

（2）空间信息的标准问题。

空间信息的标准问题主要包括空间数据采集、存储与交换格式标准、空间数据精度和质量标准、空间信息的分类与代码、空间信息的安全、保密及技术服务标准等。空间信息的标准问题是推动空间信息产业发展的根本问题。

（3）空间信息的时空变化问题。

空间信息的时空变化问题主要揭示和掌握空间信息的时空变化特征与规律，并加以形式化描述，形成规范化的理论基础；同时进行时间优化与空间尺度的组合，以解决诸如不同尺度下信息的衔接、共享、融合和变化检测等问题。

（4）空间信息的认知问题。

空间信息以地球空间中各个相互联系、相互制约的元素为载体，在结构上具有圈层性，各元素之间的空间位置、空间形态、空间组织、空间层次、空间排列、空间格局、空间联系及制约关系等均具有可识别性。通过静态上的形态分析、发生上的成因分析、动态上的过程分析、演化上的力学分析及时序上的模拟分析来阐释与推演地球形态，以达到对地球空间的客观认知。

（5）空间信息的不确定性问题。

空间信息的不确定性问题主要包括类型的不确定性、空间位置的不确定性、空间关系的不确定性、时域的不确定性、逻辑上的不一致性和数据的不完整性。

（6）空间信息的解译与反演问题。

空间信息的解译与反演问题旨在通过对空间信息的定性解释和定量反演揭示并展现地球系统现今状态与时空变化规律，从现象到本质地回答地球科学面临的资源、环境和灾害等诸多重大科学问题。

（7）空间信息的表达与可视化问题。

空间信息的表达与可视化问题主要研究空间信息的表达与可视化技术，涉及空间数据库的多尺度（多比例尺）表示、数字地图自动综合、图形可视化、动态仿真和虚拟现实等。

### 8.3.3　纹理滤波和空间信息实现图像分割

下面通过一个实例来演示使用纹理滤波和空间信息改进 K 均值聚类算法以分割图像的过程。具体的实现步骤如下。

（1）将图像读入工作区。减小图像大小以使实例运行得更快：

```
>>clear all;
RGB = imread('kobi.png');
RGB = imresize(RGB,0.5);
imshow(RGB)              %效果如图 8-12 所示
>> %使用 K 均值聚类算法将图像分割成两个区域
L = imsegkmeans(RGB,2);
B = labeloverlay(RGB,L);
imshow(B)                %效果如图 8-13 所示
title('有标号图像')
```

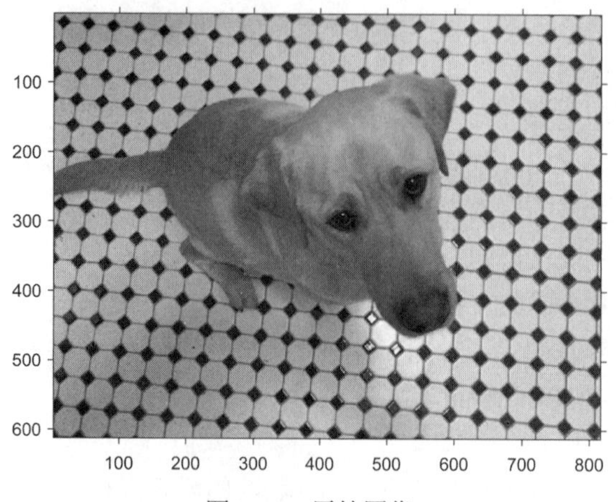

图 8-12　原始图像

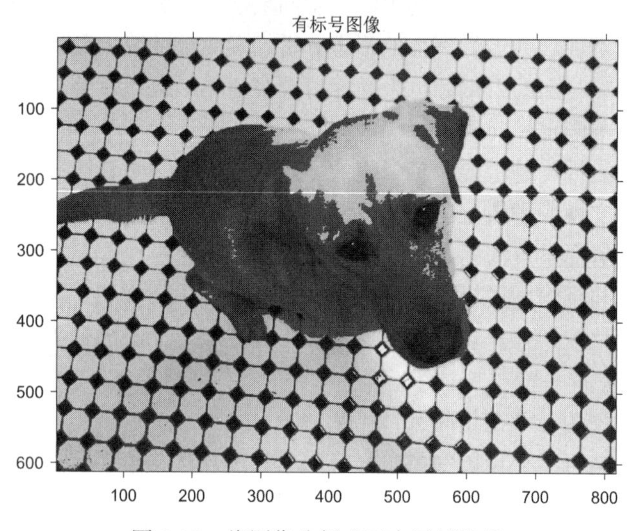

图 8-13　将图像分割成两个区域效果

（2）该实例的后续部分将说明如何通过补充关于每个像素的信息来改进 K 均值聚类算法。使用每个像素邻域中的纹理信息来补充图像，要获取纹理信息，请使用一组 Gabor 滤波对灰度图像进行滤波。

```
%创建一组 Gabor 滤波（包含 24 个），覆盖 6 个波长和 4 个方向
>> wavelength = 2.^(0:5) * 3;
orientation = 0:45:135;
g = gabor(wavelength,orientation);
%将图像转换为灰度图像。
I = rgb2gray(im2single(RGB));
%使用 Gabor 滤波对灰度图像进行滤波。以蒙太奇形式显示 24 幅滤波后的图像
gabormag = imgaborfilt(I,g);
montage(gabormag,'Size',[4 6])      %效果如图 8-14 所示
%对每幅滤波后的图像进行平滑处理以消除局部变化
%以蒙太奇形式显示平滑处理后的图像
for i = 1:length(g)
```

```
    sigma = 0.5*g(i).Wavelength;
    gabormag(:,:,i) = imgaussfilt(gabormag(:,:,i),3*sigma);
end
montage(gabormag,'Size',[4 6])      %效果如图 8-15 所示
```

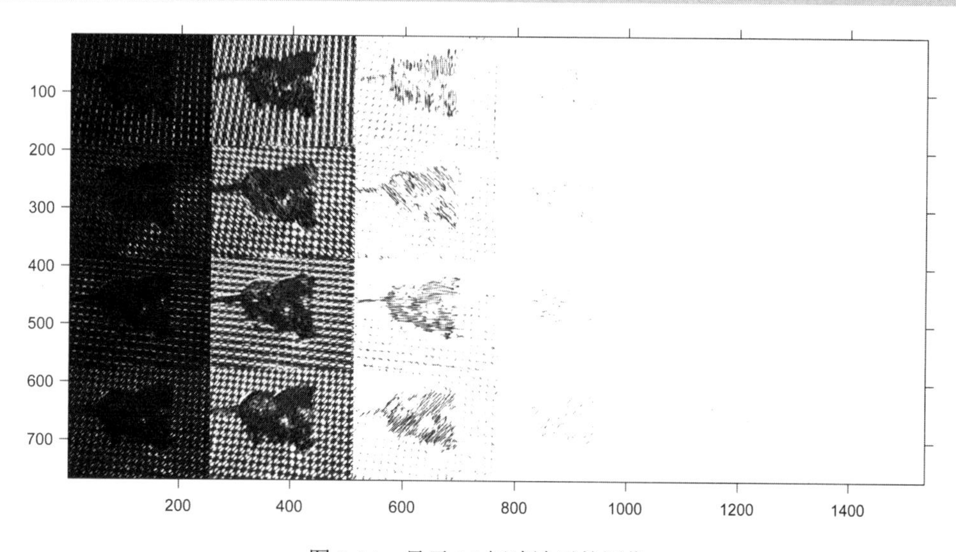


图 8-14　显示 24 幅滤波后的图像

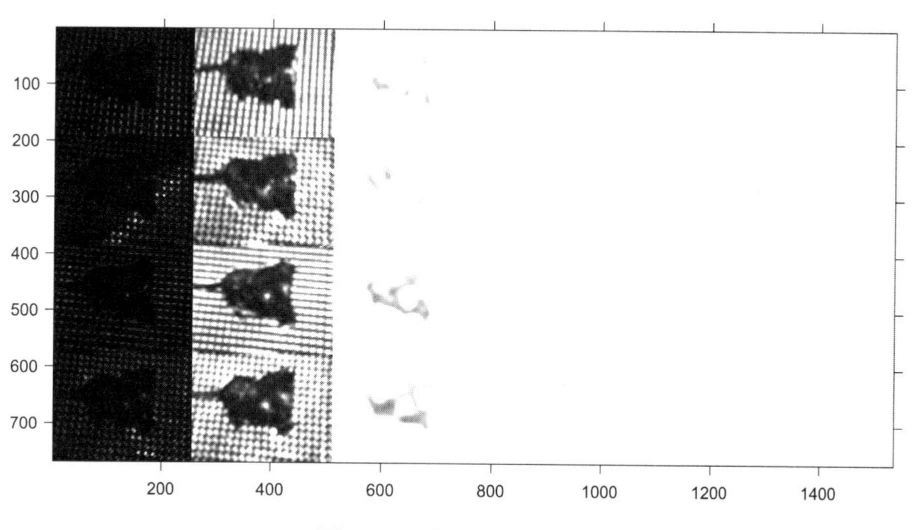


图 8-15　平滑处理后的图像

（3）用空间位置信息补充关于每个像素的信息。此附加信息能够让 K 均值聚类算法在分组时优先考虑空间上相近的像素。

```
%获取输入图像中所有像素的 X 和 Y 坐标
nrows = size(RGB,1);
ncols = size(RGB,2);
[X,Y] = meshgrid(1:ncols,1:nrows);
```

（4）串联有关每个像素的强度信息、邻域纹理信息和空间信息。对于此实例，特征集使用强度图像 I，而不是原始彩色图像 RGB。特征集省略了颜色信息，因为狗毛的黄色与图块的黄色相似，所以颜色通道无法提供足够多的有关狗和背景的差异信息来进行清晰的分割。

```
featureSet = cat(3,I,gabormag,X,Y);
%使用 K 均值聚类算法基于补充特征集将图像分割成两个区域
L2 = imsegkmeans(featureSet,2,'NormalizeInput',true);
C = labeloverlay(RGB,L2);
imshow(C)        %效果如图 8-16 所示
title('带有附加像素信息的标记图像')
```

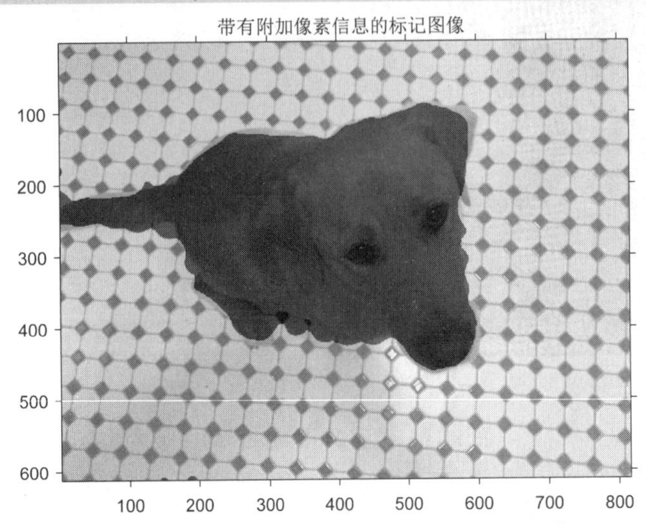


图 8-16　使用 K 均值聚类算法基于补充特征集将图像分割成两个区域效果

## 8.4　测量图像中的距离

本节实例展示如何使用 RoI（Region of Interest，感兴趣区域）直线测量图像中的距离，我们还可以将测量值校准为真实值并指定单位。该实例演示如何在不需要进入任何特定绘图模式的情况下无缝地添加、编辑和删除 RoI。具体的实现过程如下。

下面的代码实现将图像读入工作区并显示图像：

```
>>clear all;
%将图像读入工作区
im = imread('concordorthophoto.png');
%收集关于映像的数据，如它的大小，并将数据存储在可以传递给回调函数的结构中
sz = size(im);
myData.Units = 'pixels';
myData.MaxValue = hypot(sz(1),sz(2));
myData.Colormap = hot;
myData.ScaleFactor = 1;
%以坐标轴显示图像
hIm = imshow(im);    %效果如图 8-17 所示
%为图像上的 ButtonDownFcn 回调指定一个回调函数
%将 myData 结构传递给回调函数，这个回调函数创建了直线对象并开始绘制 RoI
```

```
>> hIm.ButtonDownFcn = @(~,~) startDrawing(hIm.Parent,myData);%效果如图 8-18 所示
```

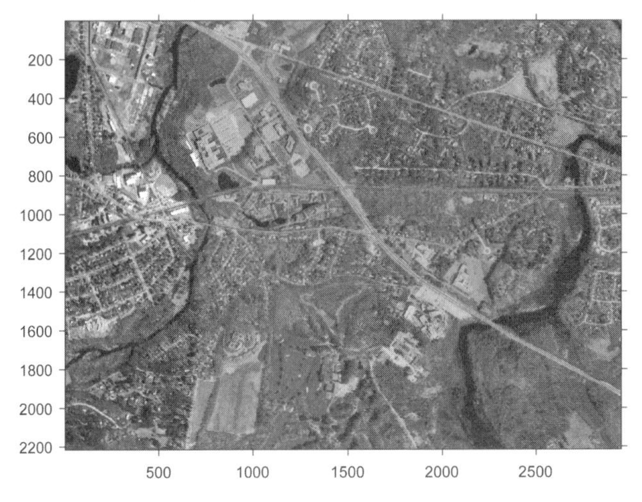


图 8-17　以坐标轴显示图像

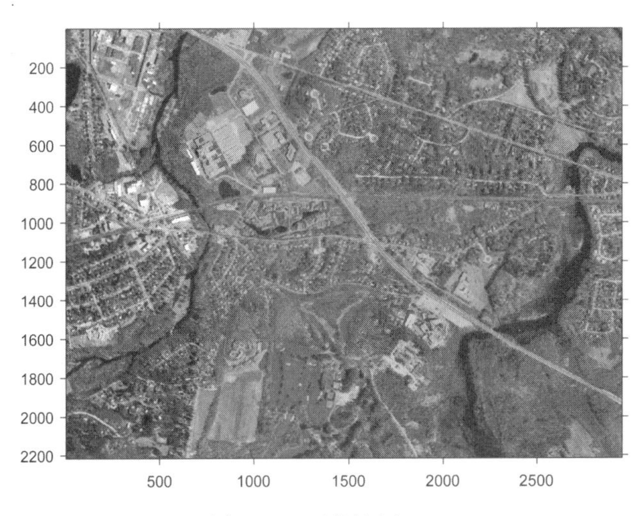


图 8-18　开始绘制 RoI

### 1．创建回调函数并开始绘制 RoI

创建与 ButtonDownFcn 回调一起用于创建 RoI 直线的函数 startDrawing。这个函数用来实现以下功能。

（1）实例化一个 RoI 直线对象。

（2）设置侦听器，对单击和 RoI 的移动做出反应。

（3）在 RoI 中添加一个自定义上下文菜单，其中包括一个“删除所有”选项。

（4）使用在图像中单击的点作为起点，开始绘制 RoI。

startDrawing 函数的源代码为：

```
function startDrawing(hAx,myData)
%创建一个 RoI 直线对象
%指定该行的初始颜色，并将 myData 结构存储在 RoI 的 UserData 属性中
```

```
h = images.roi.Line('Color',[0, 0, 0.5625],'UserData',myData);
%设置一个侦听器以监测 RoI 线的移动
%当 RoI 线移动时，updateLabel 回调将更新 RoI 线标签中的文本并根据其长度更改线的颜色
addlistener(h,'MovingROI',@updateLabel);
%在 RoI 线上设置单击侦听器
%当单击 RoI 线时，updateUnits 回调将打开一个 GUI，允许以实际单位（如 m 或 ft）指定已知距离
addlistener(h,'ROIClicked',@updateUnits);
%从轴的 CurrentPoint 属性获取当前鼠标指针的位置，并提取 X 和 Y 坐标
cp = hAx.CurrentPoint;
cp = [cp(1,1) cp(1,2)];
%从当前鼠标指针的位置开始绘制 RoI
%使用 beginDrawingFromPoint()方法，可以绘制多个 RoI
h.beginDrawingFromPoint(cp);
%在 RoI 中添加一个自定义上下文菜单，其中包括一个“删除所有”选项
c = h.UIContextMenu;
uimenu(c,'Label','Delete All','Callback',@deleteAll);
end
```

在绘制 RoI 直线的过程中，其中一个过程图如图 8-19 所示。

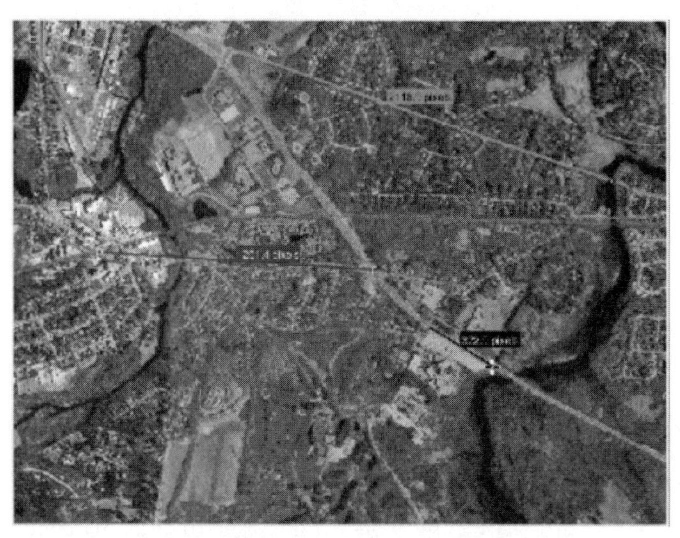

图 8-19　绘制 RoI 直线过程中的一个过程图

### 2. 创建回调函数以更新 RoI 标签和颜色

创建当 RoI 线移动时调用的函数 updateLabel，即当 MovingRoI 事件发生时，函数 updateLabel 用直线的长度更新 RoI 标签，并根据直线的长度改变直线的颜色。

当 RoI 线移动时，重复调用 updateLabel 函数。如果希望仅在移动完成时更新 RoI，则需要侦听 RoIMoved 事件。

updateLabel 函数的源代码为：

```
function updateLabel(src,evt)
% 获取当前行位置
```

```
pos = evt.Source.Position;
% 确定线的长度
diffPos = diff(pos);
mag = hypot(diffPos(1),diffPos(2));
% 根据线的长度从颜色映射中选择一种颜色，线条变长或变短时会改变颜色
color = src.UserData.Colormap(ceil(64*(mag/src.UserData.MaxValue)),:);
% 将比例因子应用于线长，对测量值进行校准
mag = mag*src.UserData.ScaleFactor;
% 更新标签
set(src,'Label',[num2str(mag,'%30.1f') ' ' src.UserData.Units],'Color',color);
end
```

### 3．创建回调函数以更新度量单位

创建每当双击 RoI 标签时调用的函数 updateUnits。updateUnits 函数会打开一个弹出式对话框，可以在其中输入真实距离和单位信息。

updateUnits 函数侦听 RoIClicked 事件，使用事件数据检查单击的类型和单击的 RoI 部分。

弹出对话框提示我们输入此测量的已知距离和单位。有了这些信息，就可以根据真实世界的单位来校准所有 RoI 度量了。

updateUnits 函数的源代码为：

```
function updateUnits(src,evt)
%当双击 RoI 标签时，实例将打开一个弹出式对话框，以获取关于实际距离的信息
%使用这些信息测量所有的 RoI 线
if strcmp(evt.SelectionType,'double') && strcmp(evt.SelectedPart,'label')
    % 显示弹出式对话框
    answer = inputdlg({'Known distance','Distance units'},...
        'Specify known distance',[1 20],{'10','meters'});
    % 根据输入确定比例因子
    num = str2double(answer{1});
    % 获取当前 RoI 线的长度
    pos = src.Position;
    diffPos = diff(pos);
    mag = hypot(diffPos(1),diffPos(2));
    %通过将已知长度值除以以像素为单位的当前长度值来计算比例因子
    scale = num/mag;
    % 将比例因子和单位信息存储在 myData 结构中
    myData.Units = answer{2};
    myData.MaxValue = src.UserData.MaxValue;
    myData.Colormap = src.UserData.Colormap;
    myData.ScaleFactor = scale;
    %重置所有现有 RoI 线对象的 UserData 属性中存储的数据
    %使用 findobj 函数找到所有轴线上的 RoI 线对象
    hAx = src.Parent;
```

```
        hROIs = findobj(hAx,'Type','images.roi.Line');
        set(hROIs,'UserData',myData);
        % 根据在输入对话框中收集的信息，更新每行 RoI 线对象中的标签
        for i = 1:numel(hRoIs)
            pos = hRoIs(i).Position;
            diffPos = diff(pos);
            mag = hypot(diffPos(1),diffPos(2));
            set(hRoIs(i),'Label',[num2str(mag*scale,'%30.1f') ' ' answer{2}]);
        end
        % 使用当前 myData 值重置 ButtonDownFcn 回调函数
        hIm = findobj(hAx,'Type','image');
        hIm.ButtonDownFcn = @(~,~) startDrawing(hAx,myData);
    end
end
```

在更新度量单位的过程中，其中一幅效果图如图 8-20 所示。

图 8-20　更新度量单位效果图（其中的一幅）

### 4．创建回调函数以删除所有 RoI

创建删除所有 RoI 的函数 deleteAll。在本实例中，我们向 startDrawing 回调函数中的每一行 RoI 添加了一个自定义的上下文菜单项，这是与自定义上下文菜单关联的回调。这个回调可使用 findobj 函数搜索 RoI 类型并删除找到的任何 RoI。函数 deleteAll 的源代码为：

```
function deleteAll(src,~)
hFig = ancestor(src,'figure');
hROIs = findobj(hFig,'Type','images.roi.Line');
delete(hROIs)
end
```

删除所有 RoI 后的效果如图 8-21 所示。

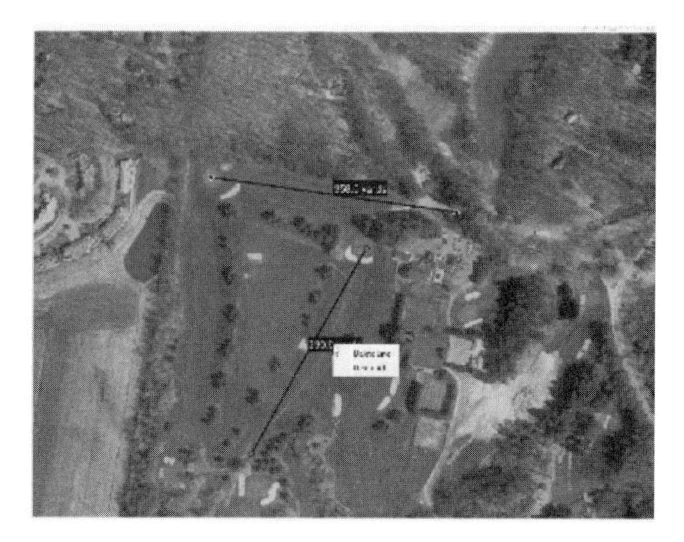

图 8-21 删除所有 RoI 后的效果

# 第 9 章　计算机视觉在人脸识别中的应用

人脸识别（Face Recognition）实现了图像或视频中人脸的检测、分析和比对，包括人脸检测定位、人脸属性识别和人脸对比等独立服务模块，可为开发者和企业提供高性能的在线 API 服务，应用于人脸 AR、人脸识别和认证、大规模人脸检索、照片管理等各种场景。

下面通过几个实例来演示计算机视觉在人脸识别中的应用。

## 9.1　KLT 算法

本节实例展示如何使用特征点自动检测和追踪人脸。目标检测和追踪在许多计算机视觉应用中都很重要，包括活动识别、汽车安全和监控。在这个实例中，即使当人倾斜他（或她）的头或移动/远离相机时，KLT 算法也可以保持追踪的人脸。在介绍使用 KLT 算法进行人脸检测与追踪前，先来了解 KLT 的相关概念。

光流的计算方法可分为以下 3 类。

（1）基于区域或基于特征的匹配方法。

（2）基于频域的方法。

（3）基于梯度的方法。

### 9.1.1　光流的概念

简单来说，光流是空间运动物体在观测成像平面上的像素运动的瞬时速度。光流研究的是利用图像序列中的像素强度数据的时域变化和相关性来确定各自像素位置的“运动”。研究光流场就是为了从图片序列中近似得到不能直接得到的运动场。

使用光流法的前提条件如下。

（1）相邻帧之间的亮度恒定。

（2）相邻帧的取帧时间连续，或者相邻帧之间物体的运动比较“微小”。

（3）保持空间一致性，即同一子图像的像素点具有同样的运动。

此处有两个概念需要解释。

- 运动场：事实上就是物体在三维真实世界中的运动。
- 光流场：运动场在二维图像平面上的投影。

光流法用于目标检测的原理：给图像中的每个像素点赋予一个速度矢量，这样就形成了一个运动矢量场。在某一特定时刻，图像上的点与三维物体上的点一一对应，这样的对应关系能够通过投影计算得到。依据各个像素点的速度矢量特征，能够对图像进行动态分析，假设图像中没有运动目标，则速度矢量在整个图像区域是连续变化的。当图像中有运动物体时，目标和

背景存在着相对运动，运动物体形成的速度矢量必定和背景的速度矢量有所不同，如此便能够计算出运动物体的位置。

需要注意的是，在利用光流法进行运动物体检测时，计算量较大，无法保证实时性和有用性。

光流法用于目标追踪的原理如下。

（1）对一个连续的视频帧序列进行处理。

（2）针对每个视频帧序列，利用一定的目标检测方法，检测可能出现的前景目标。

（3）假设某一帧出现了前景目标，则找到其具有代表性的关键特征点（能够随机产生，也能够利用角点作为特征点）。

（4）对于之后的随意两个相邻帧，寻找上一帧中出现的关键特征点在当前帧中的最佳位置，从而得到前景目标在当前帧中的位置坐标。

（5）如此迭代，便可实现目标的追踪。

### 9.1.2　KLT 算法概述

KLT（Kanade Lucas Tomasi）算法属于光流法的一种，其前提假设条件如下。

（1）亮度恒定。

（2）时间连续或运动是“小运动”。

（3）空间一致，临近点有相似运动，保持相邻。

非常直观地讲，如果推断一个视频的相邻两帧 $I$ 、$J$ 在某局部窗体 $w$ 上是一样的，则在窗体 $w$ 内有 $I(x,y,t)=J(x',y,t+\tau)$ 。如果为条件（1)，则是为了保证其等号成立不受亮度的影响；如果为条件（2)，则是为了保证 KLT 算法可以找到点；如果为条件（3)，则为以下原因假设（对于同一个窗口，所有点的偏移量都相等）：在窗口 $w$ 上，所有 $(x,y)$ 都向一个方向移动了 $(\mathrm{d}x,\mathrm{d}y)$ ，从而得到 $(x',y')$ ，即 $t$ 时刻的 $(x,y)$ 点在 $t+\tau$ 时刻为 $(x+\mathrm{d}x,y+\mathrm{d}y)$ ，因此，寻求匹配的问题归结为寻求问题的最小值或问题的最小化。下面直接通过实例来演示怎样利用 KTL 算法实现视频中的人脸追踪。

### 9.1.3　KTL 算法实现人脸追踪

在本实例中，将开发一个简单的人脸追踪系统，将追踪问题分为以下 3 部分。

- 检测一张脸。
- 识别面部特征以追踪。
- 追踪的脸。

具体的实现步骤如下。

（1）检测一张脸。

首先，必须使用 CascadeObjectDetector 目标检测器检测人脸在视频帧中的位置。CascadeObjectDetector 目标检测器使用 Viola-Jones 检测算法对经过训练的分类模型进行检测。在默认情况下，检测器被配置为检测面孔，但它也可以用于检测其他类型的对象。

```
>>clear all;
%创建级联对象检测器
```

```
faceDetector = vision.CascadeObjectDetector();
% 读取视频帧并运行人脸检测器
videoReader = VideoReader('tilted_face.avi');
videoFrame      = readFrame(videoReader);
bbox            = step(faceDetector, videoFrame);
% 在检测到的人脸周围绘制返回的边界框
videoFrame = insertShape(videoFrame, 'Rectangle', bbox);
figure; imshow(videoFrame); title('检测人脸');    %效果如图 9-1 所示
%将第一个边界框转换为 4 个点的列表，这需要能够可视化物体的旋转
bboxPoints = bbox2points(bbox(1, :));
```

**提示**：为了随时间追踪人脸，本实例使用了 KLT 算法进行追踪。虽然可以在每帧上使用级联对象检测器，但它在计算上是不够灵活的，当对象转动或倾斜头部时，它可能无法发现脸部。本实例只检测一次人脸，然后使用 KLT 算法通过视频帧追踪人脸。

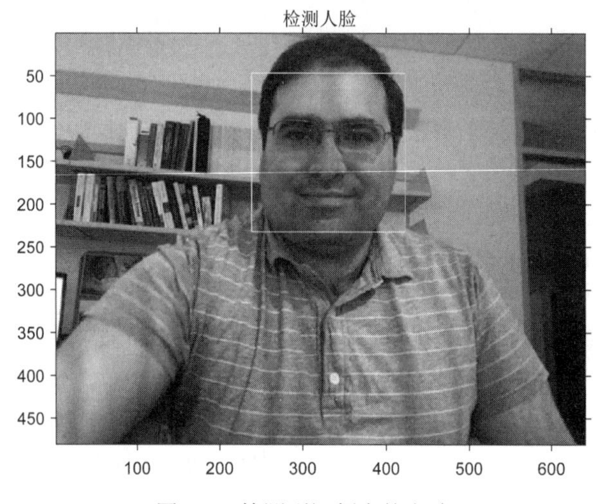


图 9-1　检测到视频中的人脸

（2）识别面部特征以追踪。

KLT 算法在视频帧间追踪一组特征点，一旦检测到了人脸，下一步就是识别追踪的特征点。

```
points = detectMinEigenFeatures(rgb2gray(videoFrame), 'RoI', bbox);
%显示特征点
figure, imshow(videoFrame), hold on, title('检测特征点');   %效果如图 9-2 所示
plot(points);
```

（3）初始化追踪器以追踪点。

识别了特征点之后，就可以使用视图了，使用点追踪器系统对象来追踪它们。对于前一帧中的每个点，点追踪器尝试在当前帧中找到对应的点，然后利用几何变换函数估计新点和旧点之间的平移、旋转与比例。此处创建一个点追踪器，并启用双向误差约束功能，使其在存在噪声和杂波时更加健壮：

```
% 初始化点位置和点追踪器
videoPlayer   = vision.VideoPlayer('Position',...
    [100 100 [size(videoFrame, 2), size(videoFrame, 1)]+30]);
```

```
>> oldPoints = points;
while hasFrame(videoReader)
    % 获取下一帧
    videoFrame = readFrame(videoReader);
    %追踪点。注意：有些分数可能会丢失
    [points, isFound] = step(pointTracker, videoFrame);
    visiblePoints = points(isFound, :);
    oldInliers = oldPoints(isFound, :);
    if size(visiblePoints, 1) >= 2 % need at least 2 points
        %估计旧点和新点之间的几何变换，并消除异常值
        [xform, oldInliers, visiblePoints] = estimateGeometricTransform(...
            oldInliers, visiblePoints, 'similarity', 'MaxDistance', 4);
        %对边界框点应用转换
        bboxPoints = transformPointsForward(xform, bboxPoints);
        %在被追踪对象周围插入一个边框
        bboxPolygon = reshape(bboxPoints', 1, []);
        videoFrame = insertShape(videoFrame, 'Polygon', bboxPolygon, ...
            'LineWidth', 2);
        %显示追踪点
        videoFrame = insertMarker(videoFrame, visiblePoints, '+', ...
            'Color', 'white');
                %重置点
        oldPoints = visiblePoints;
        setPoints(pointTracker, oldPoints);
    end
    %使用视频播放器对象显示带注释的视频帧
    step(videoPlayer, videoFrame);   %效果如图 9-3 所示
end
%清理
release(videoPlayer);
release(pointTracker);
```

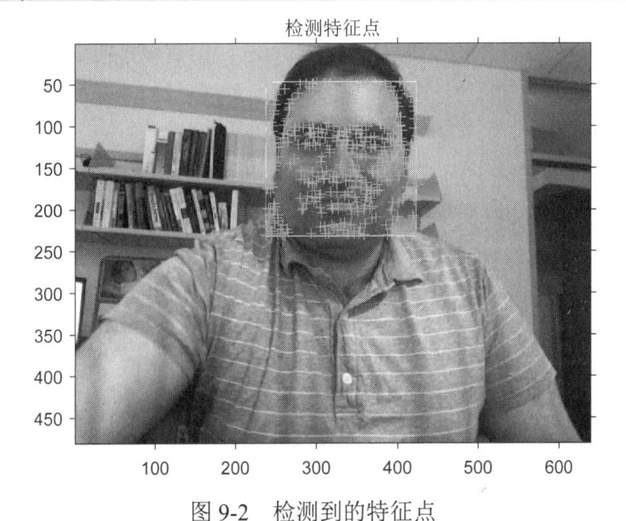

图 9-2　检测到的特征点

图 9-3　追踪视频人脸过程中的一帧效果图

### 9.1.4　在场景中追踪人脸

下面再通过一个实例来演示如何在场景中追踪一张脸。

```
>> clear all;
%创建系统对象。用于读取和显示视频并绘制对象的边框
videoReader = VideoReader('visionface.avi');
videoPlayer = vision.VideoPlayer('Position',[100,100,680,520]);
%定义区域，读取包含对象的第一个视频帧
>> objectFrame = readFrame(videoReader);
objectRegion = [264,122,93,93];
%作为另一种选择，使用以下命令实现使用鼠标选择对象区域
%物体必须占据大部分区域
%用红色边框显示第一个视频帧
>> objectImage = insertShape(objectFrame,'Rectangle',objectRegion,'Color','red');
figure;
imshow(objectImage);            %效果如图 9-4 所示
title('红框显示对象区域');
%检测目标区域中的兴趣点
>> points = detectMinEigenFeatures(rgb2gray(objectFrame),'RoI',objectRegion);
%显示探测点
>> pointImage = insertMarker(objectFrame,points.Location,'+','Color','white');
figure;
imshow(pointImage);   %效果如图 9-5 所示
title('检测兴趣点');
%创建一个追踪器对象
>> tracker = vision.PointTracker('MaxBidirectionalError',1);
%初始化追踪
>> initialize(tracker,points.Location,objectFrame);
%在每个视频帧中读取、追踪、显示点和结果
>> while hasFrame(videoReader)
      frame = readFrame(videoReader);
```

```
        [points,validity] = tracker(frame);
        out = insertMarker(frame,points(validity, :),'+');
        videoPlayer(out);    %效果如图 9-6 所示
    end
    %释放视频播放器
    >> release(videoPlayer);   %效果如图 9-7 所示
```

图 9-4　红框显示人脸

图 9-5　检测兴趣点

图 9-6　追踪过程中的一幅效果图

图 9-7　释放视频播放器效果图

# 9.2　CAMShift 算法

目标检测和追踪在许多计算机视觉应用中都很重要，包括活动目标识别、汽车安全和监控。本节将使用 CAMShift 算法实现对人脸的检测和追踪，下面先对 CAMShift 算法进行介绍。

## 9.2.1　CAMShift 算法概述

CAMShift（Continuously Adaptive Mean Shift）算法是 MeanShift 算法的改进，称为连续自适应的 MeanShift 算法。它的基本思想是对视频图像的所有帧做 MeanShift 运算，并将上一帧的结果（搜索窗口的中心和大小）作为下一帧 MeanShift 算法的搜索窗口的初始值，如此迭代下去，就可以实现对目标的追踪。因为在每次搜索前都需要将搜索窗口的位置和大小设置为运动目标当前中心的位置和大小，而运动目标通常在此区域附近，所以缩短了搜索时间。另外，在目标运动过程中，由于颜色变化不大，故该算法具有良好的鲁棒性。CAMShift 算法已被广泛应用到运动人体追踪、人脸追踪等领域。

### 1. 算法

CAMShift 算法的流程如图 9-8 所示。

### 2. 实现步骤

CAMShift 算法的具体实现步骤如下。

（1）计算目标区域内的颜色直方图，通常将输入图像转换到 HSV 颜色空间，目标区域为初始设定的搜索窗口范围，分离出色调 H，做该区域的色调直方图计算。因为 RGB 颜色空间对光线条件的改变较为敏感，所以要减小该因素对追踪效果的影响，CAMShift 算法通常采用 HSV 颜色空间进行处理（当然也可以用其他颜色空间计算），这样即得到目标模板的颜色直方图。

（2）根据获得的颜色直方图将原始输入图像转化成颜色概率分布图像，该过程称为反向投影。所谓直方图反向投影，就是指输入图像在已知目标颜色直方图的条件下的颜色概率密度分

布图，包含了目标在当前帧中的相干信息。对于输入图像中的每个像素，通过查询目标模型颜色直方图，对于目标区域内的像素，可以得到该像素属于目标像素的概率；对于非目标区域内的像素，该概率为0。

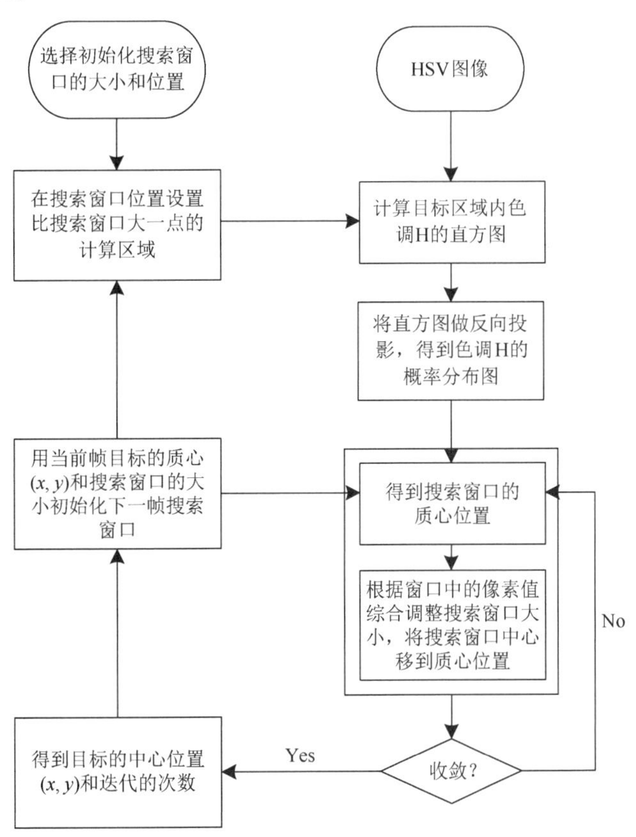


图9-8 CAMShift 算法流程

（3）MeanShift 迭代过程，即图9-8中右边大矩形框内的部分，是CAMShift算法的核心，目的在于找到目标中心在当前帧中的位置。首先在颜色概率密度分布图中选择搜索窗口的大小和初始位置，然后计算搜索窗口的质心位置。设像素点 $(i,j)$ 位于搜索窗口内，$I(i,j)$ 是颜色直方图的反向投影图中该像素点对应的值，定义搜索窗口的零阶矩 $\boldsymbol{M}_{00}$ 和一阶矩 $\boldsymbol{M}_{10}$、$\boldsymbol{M}_{01}$：

$$\boldsymbol{M}_{00}=\sum_{i=0}^{M-1}\sum_{j=0}^{N-1}I(i,j) \tag{9-1}$$

$$\boldsymbol{M}_{10}=\sum_{i=0}^{M-1}\sum_{j=0}^{N-1}i\cdot I(i,j) \tag{9-2}$$

$$\boldsymbol{M}_{01}=\sum_{i=0}^{M-1}\sum_{j=0}^{N-1}j\cdot I(i,j) \tag{9-3}$$

则搜索窗口的质心位置为 $(\boldsymbol{M}_{10}/\boldsymbol{M}_{00},\boldsymbol{M}_{01}/\boldsymbol{M}_{00})$。

接着调整搜索窗口中心到质心的距离。零阶矩阵反映了搜索窗口的尺寸，依据它调整搜索窗口大小，并将搜索窗口的中心移到质心位置，如果移动距离大于设定的阈值，则重新计算调整后的搜索窗口质心，进行新一轮的搜索窗口位置和尺寸调整。直到搜索窗口中心与质心之间的移动距离小于阈值，或者迭代次数达到某一最大值，认为收敛条件满足，将搜索窗口位置和大小作为下一帧的目标位置输入，开始对下一帧图像进行新的目标搜索。

### 9.2.2　CAMShift 算法实现人脸检测与追踪

在这个实例中，将开发一个简单的人脸追踪系统，可以把追踪问题分成 3 个独立的问题。

- 检测人脸进行追踪。
- 识别面部特征以追踪。
- 追踪的脸。

实例的实现步骤如下。

（1）检测人脸进行追踪。

在开始追踪一张脸之前，需要先使用视觉检测它，利用 CascadeObjectDetector 对象检测人脸在视频帧中的位置。CascadeObjectDetector 对象使用 Viola-Jones 检测算法和经过训练的分类模型进行检测。在默认情况下，将检测器配置为检测面，但也可以配置为其他对象类型。

```
>> clear all;
%创建 CascadeObjectDetector 对象
faceDetector = vision.CascadeObjectDetector();
% 读取视频帧并运行检测器
videoFileReader = VideoReader('visionface.avi');
videoFrame      = readFrame(videoFileReader);
bbox            = step(faceDetector, videoFrame);
% 在检测到的人脸周围绘制返回的边界框
videoOut = insertObjectAnnotation(videoFrame,'rectangle',bbox,'脸');
figure, imshow(videoOut), title('检测脸');     %效果如图 9-9 所示
```

图 9-9　检测到的人脸

可以使用 CascadeObjectDetector 对象在连续的视频帧中追踪人脸。然而，当脸部倾斜或目标人物转动他们的头时，可能失去追踪，这种限制是由于用于检测的训练分类模型的类型导致的。为了避免这种限制，并且由于对每一帧视频进行人脸检测需要做大量的计算，所以本实例

使用了一个简单的人脸特征进行追踪。

（2）识别面部特征以追踪。

一旦在视频中检测到了人脸，下一步就是确定一个能帮助我们追踪人脸的特征。例如，可以使用形状、纹理或颜色选择一个对象特有的特征，并且即使在对象移动时也保持不变。

在本实例中，使用肤色作为要追踪的特性，肤色在脸部和背景之间提供了大量的对比，并且不会随着脸部的旋转或移动而改变。

```
%从转换到 HSV 颜色空间的视频帧中提取色调，获取肤色信息
>> [hueChannel,~,~] = rgb2hsv(videoFrame);
% 显示颜色通道数据并绘制脸部周围的边界框
figure, imshow(hueChannel), title('颜色通道数据');   %效果如图 9-10 所示
rectangle('Position',bbox(1,:),'LineWidth',2,'EdgeColor',[1 1 0])
```

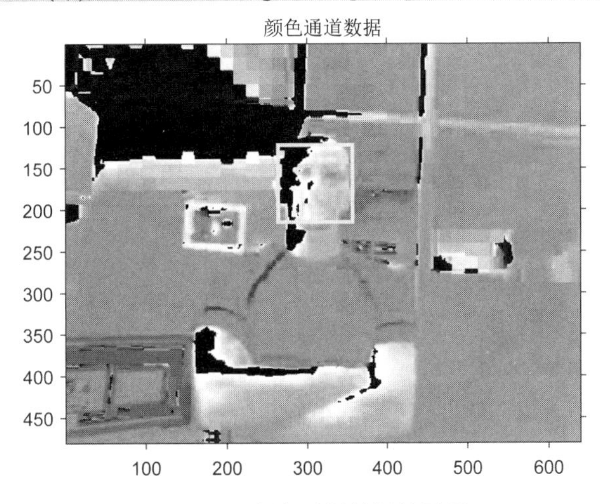


图 9-10　颜色通道数据效果图

（3）追踪的脸。

选择肤色作为要追踪的特性后，可以使用视觉 HistogramBasedTracker 对象追踪。基于直方图的追踪使用 CAMShift 算法，它提供了使用像素值的直方图追踪对象的能力。在本实例中，从检测到人脸的鼻子区域提取颜色通道像素，这些像素用于初始化追踪器的直方图。本实例使用直方图在连续的视频帧中追踪对象。

```
%检测面部区域内的鼻子
%因为鼻子不包含任何背景像素，所以它提供了更准确的肤色测量
>> noseDetector = vision.CascadeObjectDetector('Nose', 'UseROI', true);
noseBBox        = step(noseDetector, videoFrame, bbox(1,:));
% 创建一个追踪器对象
tracker = vision.HistogramBasedTracker;
% 使用来自鼻子的颜色通道像素初始化追踪器的直方图
initializeObject(tracker, hueChannel, noseBBox(1,:));
% 创建用于显示视频帧的视频播放器对象
videoPlayer    = vision.VideoPlayer;
% 在连续的视频帧中追踪脸部直到视频结束
while hasFrame(videoFileReader)
```

```
    % 提取下一个视频帧
    videoFrame = readFrame(videoFileReader);
    % 将 RGB 转换为 HSV
    [hueChannel,~,~] = rgb2hsv(videoFrame);
    %使用颜色通道跟踪数据
    bbox = step(tracker, hueChannel);
    % 在被追踪对象周围插入一个边界框
    videoOut = insertObjectAnnotation(videoFrame,'rectangle',bbox,'Face');
    % 使用视频播放器对象显示带注释的视频帧
    step(videoPlayer, videoOut);   %效果如图 9-11 所示
end
% 释放资源
release(videoPlayer);
```

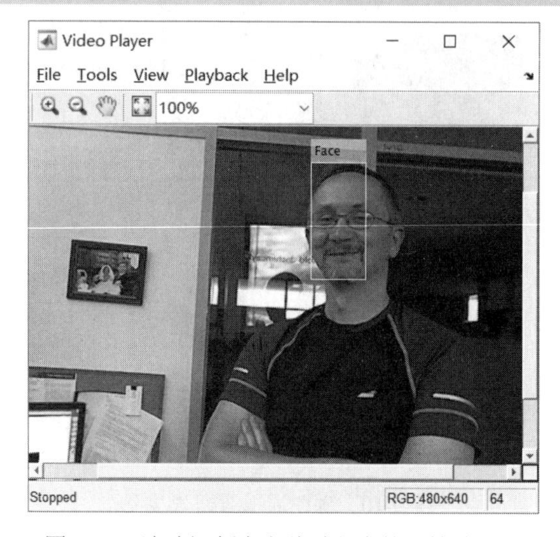


图 9-11　追踪视频中人脸过程中的一帧效果图

# 参考文献

[1] 许国根，贾瑛．模式识别与智能计算的 MATLAB 实现[M]．北京：北京航空航天大学出版社．2012．

[2] 高成，董长虹，郭磊，等．Matlab 小波分析与应用[M]．2 版．北京：国防工业出版社，2007．

[3] 包子阳，继周．智能优化算法及其 MATLAB 实例[M]．北京：电子工业出版社，2016．

[4] 刘衍琦，詹福宇，王德建，等．计算机视觉与深度学习实战[M]．北京：电子工业出版社，2019．

[5] 王爱玲，叶明生，邓秋香．MATLAB R2007 图像处理技术与应用[M]．北京：电子工业出版社，2008．

[6] 杨淑莹，张桦．模式识别与智能计算——MATLAB 技术实现[M]．3 版．北京：电子工业出版社，2015．

[7] 赵小川．MATLAB 图像处理——能力提高与应用案例[M]．北京：北京航空航天大学出版社，2014．

# 反侵权盗版声明

MATLAB

# 计算机视觉经典应用

丁伟雄 编著

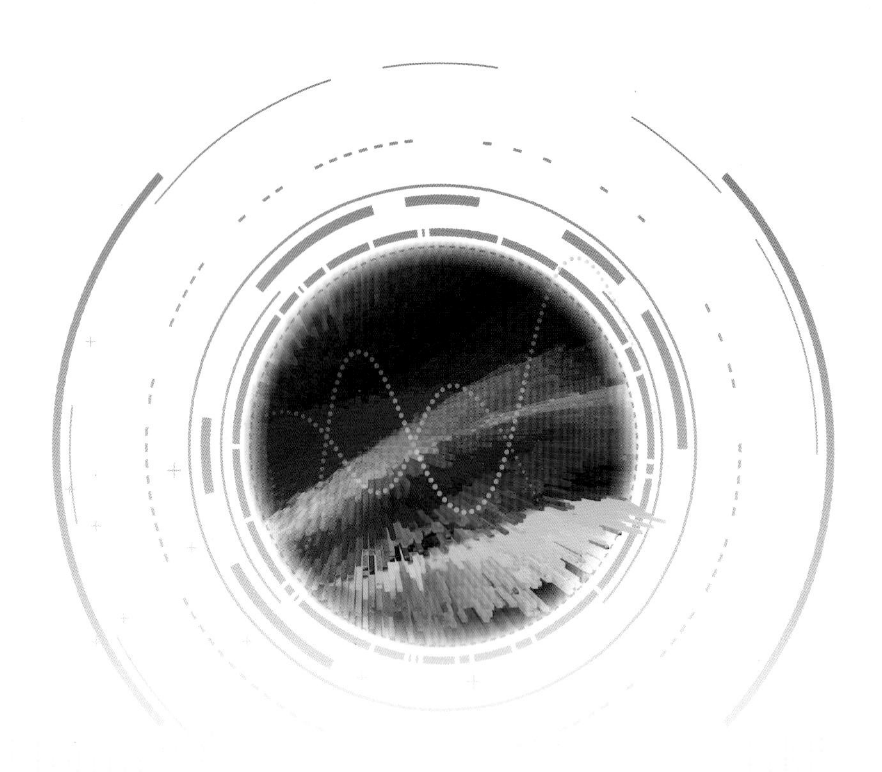

中国工信出版集团